火工品技术
（第2版）

叶迎华　吴立志　胡　艳 ◎ 编著

TECHNOLOGY OF PYROTECHNIC DEVICE (2ND EDITION)

北京理工大学出版社
BEIJING INSTITUTE OF TECHNOLOGY PRESS

内 容 简 介

本书为 2007 年北京理工大学出版社出版发行的普通高等教育"十一五"国家级规划教材《火工品技术》的修订本。全书共分 12 章，对军民用火工品结构、工艺及其应用进行了系统的介绍。第 1 章绪论，介绍了火工品的基本知识、分类及技术要求；第 2 章至第 11 章分别介绍了用于引信点火/传火序列和起爆/传爆序列的火工品、发射弹丸用火工品、导弹用火工品、索类火工品，以及工程雷管的设计思想、基本要求和影响产品质量的主要因素；第 12 章介绍了火工品的最新发展状况。

全书内容安排合理，深入浅出，注重理论联系实际，内容丰富翔实，适合作为特种能源技术与工程、弹药工程与爆炸技术、武器系统与工程等专业的本科生教材，也可作为相关学科或专业研究生的教材或参考书，对从事研究、生产、使用火工品的工程技术人员也有参考价值。

图书在版编目(CIP)数据

火工品技术 / 叶迎华，吴立志，胡艳编著．--2 版
．--北京：北京理工大学出版社，2023.7
工业和信息化部"十四五"规划教材
ISBN 978-7-5763-2645-1

Ⅰ.①火…　Ⅱ.①叶…　②吴…　③胡…　Ⅲ.①火工品
-高等学校-教材　Ⅳ.①TJ45

中国国家版本馆 CIP 数据核字(2023)第 139455 号

责任编辑：刘　派　　文案编辑：李丁一
责任校对：周瑞红　　责任印制：李志强

出版发行 / 北京理工大学出版社有限责任公司
社　　址 / 北京市丰台区四合庄路 6 号
邮　　编 / 100070
电　　话 / (010)68944439（学术售后服务热线）
网　　址 / http://www.bitpress.com.cn

版 印 次 / 2023 年 7 月第 2 版第 1 次印刷
印　　刷 / 保定市中画美凯印刷有限公司
开　　本 / 787 mm×1092 mm　1/16
印　　张 / 16.75
字　　数 / 393 千字
定　　价 / 48.00 元

2007 年，北京理工大学出版社出版发行了普通高等教育"十一五"国家级规划教材《火工品技术》，该教材自出版以来一直被国内设有特种能源技术与工程专业的高校选作为专业课教材，得到广大读者的认可。

目前，随着"卓越工程师教育培养计划"的实施，对高校人才培养模式提出了新的要求，在宽基础的同时强化培养学生的工程能力和创新能力。为了适应这一新的培养目标，创新高校与行业企业联合培养人才的机制，提升学生的工程实践能力、创新能力和国际竞争力，构建布局合理、结构优化、类型多样、主动适应经济社会发展需要、具有中国特色的社会主义现代高等工程教育体系，加快我国向工程教育强国迈进，2013 年，《火工品技术》修订了部分内容，以适应培养模式的改变。修订的该书丰富了火工品结构与工艺相关内容，补充了国内外在火工品技术领域所取得的一些最新研究进展，全书内容安排更加合理，注重理论联系实际，内容丰富翔实。本次在 2007 年版本和 2013 年修订版的基础上，对内容重新进行了梳理和修订，并且丰富了火工品性能测试的内容，部分章节内容有适当删减和更新。本教材适合作为特种能源技术与工程的本科生教材，也可用作相关学科或专业研究生的教材或参考书，对从事研究、生产、使用火工品的工程技术人员也有参考价值。

由于编著者水平有限，书中错误之处在所难免，敬请读者指正。

编著者
2022 年 9 月

目　录
CONTENTS

第1章

绪　　论

火工品是一类小型较敏感装有火炸药的爆炸元件。它能在外界不大的某种形式能量（机械、热或电能）的激发下发生燃烧、爆炸等化学反应，并用其所释放的能量以获得某种化学物理效应或机械效应，如点燃火药、起爆炸药或作为某种特定的动力能源等。

1.1　火工品的发展史

使用武器弹药必须解决点火与起爆的问题。古代的武器以黑火药作为装药，并用火绳和燧石来引火。18 世纪末，加瓦特研制成功雷汞，有了雷汞才有了真正意义上的火工品。1807 年，苏格兰人福沙依特用氯酸钾、硫和碳制成混合击发药，随后又出现了雷汞、氯酸钾、硫化锑等混合击发药。1817 年，英国人采用铜盂装击发药，这就是最初的火帽。火帽的应用使武器得到了极大的改善，从此出现了用撞针击发火帽而发火射击的武器。同年，美国引入第一个火帽式枪械。1932 年，火冒式枪械成为美国军队的装备。火冒式枪械不仅使用方便，而且显著地提高了射击速度，因而促进了武器的发展。19 世纪末，英国人巴克瑟将火帽和点火药（黑火药）组成一个元件，用作火炮中发射药的点火，这一组件即为撞击底火，更换了 19 世纪前半期火炮发射药点火用的摩擦式传火管，提高了火炮的发射速度。

19 世纪 60 年代，发现在雷汞的作用下，炸药能非常猛烈地爆炸，产生所谓的爆轰现象，因而出现了用雷汞装填的雷管。19 世纪末 20 世纪初又相继研制成功叠氮化铅、四氮烯、三硝基间苯二酚铅等起爆药。1907 年，德国人维列里发明了装叠氮化铅的雷管，代替了雷汞雷管。雷管的发明和爆轰现象的发现是炸药应用史上的一个转折点。在雷管的作用下，许多猛炸药都能引起正常的爆轰，这就开拓了猛炸药在工程技术中，特别是在弹药中广泛应用的可能性，因而提高了武器的威力。

19 世纪初，法国的徐洛首先发明了用电流使火药发火，制成了电火工品。1830 年，美国人取得了火花式电火工品的专利，在纽约港的爆破工程中首次使用了电火工品，20 世纪初开始应用于美海军炮。电火工品的出现大大提高了武器射击速度和引信的瞬发度，促进了武器系统和爆破技术的不断更新和发展。

1831 年，英国人毕克福在我国古代信管的基础上发明了导火索。1908 年，法国最先研制出金属导爆索，当时药芯为梯恩梯。发展到 20 世纪 60 年代，药芯装药已经有泰安、黑索金、奥克托今、特屈儿、六硝基芪等，外壳材料有棉线、纸条、塑料、化纤、合成橡胶、铅锑合金和银等。20 世纪 70 年代，瑞典发明了塑料导爆管。

第二次世界大战期间，由于火箭弹、反坦克破甲弹、原子弹等新型弹药的出现和发展，促进了火工品的发展。在此期间，美、英等国研制出了硅—铅丹延期药，后又相继研制出多种微气体延期药。第二次世界大战后，随着科学技术的发展出现了导弹及其他空间飞行器。导弹的出现使武器的打击力量产生了一个飞跃，它在现代战争中表现出极重要的作用。因为火工品具有许多独特的优点（如具有高能量密度、高可靠性、尺寸小和瞬时释放能量大等），故在导弹武器及其他空间飞行器中得到了广泛的应用。火工品不仅用于点火和起爆元件，还广泛作为完成特殊作用的动力元件，这就使火工品的应用领域更为扩大。这里的火工品包括点火器、起爆器、解除保险装置、分离装置、释放装置、弹射装置、切割装置、延期装置、爆炸开关、驱动器、燃气发生器等。美国在 1969 年发射的阿波罗宇宙飞船上有 218 个火工品，航天飞机上的火工品多达五百多个。

20 世纪以来，科学技术的发展推动了火工品的发展，20 世纪 60 年代出现了用激光作为能源的激光起爆器，20 世纪 70 年代出现了半导体桥雷管、微电子雷管、动力源火工品等。20 世纪 70 年代后期，美、法、苏联等国相继研究了爆炸逻辑网络和直列式起爆技术等。

综上所述，火工品伴随着兵器的出现而出现，也随着火炸药、武器弹药及民用烟火技术发展而发展。

1.2　火工品的用途

火工品首先在弹药中得到应用，弹丸的发射和爆炸要以火工品为先导。随着科学技术的进步，拓宽了火工品的应用领域。可以说，凡是以含能材料为能源的武器系统均离不开火工品。越是高新技术武器，其中火工品的种类和数量越多。火工品不仅广泛应用于军事武器系统中，而且在民用方面的应用也越来越广泛，以下分别从军民两方面来叙述火工品的用途。

1.2.1　军用火工品

火工品在军用上主要是组成武器弹药的点火传火序列和引爆传爆序列。所谓序列一般是通过一系列感度由高到低、威力由小到大的火工品组成的激发系统。它能将较小的初始冲能加以转换、放大或减弱，并控制一定的时间，最后形成一个合适的输出，适时可靠地引发弹丸装药。现以一枚 57 mm 榴弹的发射过程为例说明。

炮弹上膛发射时，首先是撞针撞击底火，底火发火点燃发射药；发射药燃烧产生高温气体，具有很高的压力，把弹丸推出炮膛；当弹丸到达目标（飞机）时，引信中的火工品组成的引爆系统起作用，达到适时可靠地引爆弹丸中的猛炸药，其中引信的延期机构保证弹丸进入飞机内部一定距离爆炸。如果弹丸没有碰上目标，则要自动销毁。

由这发弹的作用过程来看，弹丸的发射要底火先起作用，弹丸中的炸药的爆炸要引信先起作用。底火是火工品，引信中装有火工品，这样火工品就是最先作用的元件。现在来看看底火和引信中的火工品是起什么作用的。

1. 从弹丸的发射过程看底火的作用

底火是由撞击火帽和点火药构成的组合体。该组合体构成了一个点火序列，它的作用是能量转换和放大。当撞针撞击底火底部时，底火底部变形，导致火帽发火，机械能经火帽转换成火焰形式的能量，并经底火中的点火药加强放大，然后点燃发射药，推出弹丸。

2. 从弹丸的爆炸看引信中火工品的作用

火工品在引信中组成传爆序列，根据弹的要求不同，传爆序列的长短和内容也不同。

榴-2引信用于57 mm的榴弹中。这是一种全保险型的引信，针刺雷管装在转动盘座内，平时击针和雷管不对准，只有解除保险后击针和雷管对准。在保险解除后弹丸碰击目标，击针刺入雷管，雷管引爆传爆药，传爆药再引爆主装药，这是主传爆序列。如果要求弹丸进入目标内部一定距离再爆炸，则在主传爆序列中还有延期元件。另有一辅传爆序列，构成自炸机构，供弹丸没有碰上目标时自动销毁用。即在发射时，由于惯性作用，侧向击针引燃火帽，火帽点燃延期药，延期药引燃药盘雷管，再引爆传爆药和主装药。

由上述例子可以看出，火工品在弹药中主要是组成弹丸的点火、延期、传火序列和引爆、传爆序列。除此之外，在其他军事技术中，还可用于切割、分离、气体发生、瞬时热量供给、遥测和遥控开关闭合、座舱弹射等多种做功装置中。

总之，火工品在武器系统中的主要功能包括以下几点。

（1）组成点火、延期、传火序列，保证武器的发射、运载等系统安全可靠运行。

（2）组成引爆、传爆序列，保证战斗部安全可靠运行，实现对敌目标的毁伤。

（3）作为动力源，完成武器系统的推、拉、切割、分离、抛撒和姿态控制等。

1.2.2　民用火工品

火工品在民用工业上也得到了广泛的应用。首先是用于工程爆破作业，如开山采石、水利施工、修路筑坝及建筑物拆除等。凡是用到引爆炸药的地方都离不了雷管。其次，火工品也广泛用作动力源器件，如射钉弹用于安装工程，射孔弹用于冶金炼钢，导爆索用于截断大型钢管，爆炸焊接用于修补高压电线，麻醉枪弹用于狩猎等。另外，在爆炸合成金刚石、沙漠沉杆、航空救生、汽车安全气囊等方面，火工品也起到了越来越重要的作用。总之，凡是要求一次、快速、大威力的做功动作，采用火工品是非常简便的，其应用还将不断得到开发。

1.3　火工品中药剂的化学反应形式

火工品在引信、弹药中广泛作为传火序列与传爆序列的点火传火元件、引爆传爆元件和延期元件。毫无疑问，火工品完成各种作用的能源，来自其所装填药剂在爆炸变化时所释放出的能量。另外，火工品作用的可靠性、使用的安全性等和其中药剂所发生的爆炸变化的特性有着密切的关系。因此，要了解火工品就必须对炸药爆炸变化的化学物理过程以及各类炸药的特性有一个基本的认识。

药剂的爆炸变化按其传播速度和特性的不同分为热分解、燃烧和爆轰。药剂整体加热时发生分解反应，若环境温度较低，热分解反应比较缓慢，其热分解只消耗微量的反应物。良好的热传递条件使热分解产生的热量全部传递到周围环境，热量不能积累，热分解反应能稳定缓慢地进行下去，不会自行加快；随着环境温度上升，热分解的热量不能全部传递到环境，使系统的热大于失热，出现热量的积累，温度上升，放热反应的速率随温度升高呈指数增加，释放更多的热量；系统内积累更多的热量，温度进一步上升，如此循环，直至热自燃或热爆炸。药剂的燃烧或爆炸往往在某一局部的物质先吸收能量而形成活化中心（或反应中心）。活化分子具有比普通分子平均动能更多的活化能，在一般条件下是不稳定的，容易与其他物质分子进行反应而生成新的活化中心，形成一系列连锁反应，使燃烧得以持续进行。由于燃烧速度受外界条件的影响，特别是受环境压力的影响较大，当传播速度大于物质的音速时，燃烧就转为爆轰。所以，药剂化学变化的 3 种形式在性质上虽存在质的差别，但它们之间却有着紧密的内在联系，缓慢的化学分解在一定条件下可以转为燃烧，燃烧在一定条件下又可转变为爆轰。一般来说，对于起爆药及猛炸药，其化学反应速度极快，爆轰成长期短，其表现形式主要是由不稳定爆轰转为稳定爆轰。各类火工器件利用了炸药的燃烧和爆轰这两种形式的爆炸变化来完成特定任务的。

把火工品中所装填的药剂统称为炸药。炸药的燃烧（有时也称爆燃）不同于一般燃料的燃烧，炸药本身含有氧与可燃成分，因此，其燃烧不需借助空气中的氧气便可进行。炸药的燃烧是一种激烈的物理化学变化过程，这种变化沿炸药表面法线方向上传播的速度通称为燃烧速度或燃速。通常燃速为 $1 \sim 10$ m/s，最大燃速能达 9×10^2 m/s。这种燃速受外界的影响，特别是压力的影响很大，随外界压力的升高而显著地增加。燃烧反应在大气中进行比较缓慢，没有声响效应；而在有限制的容器中进行就快得多，压力上升迅速，并且伴随有声响效应，通常利用这种反应来做抛射功。

爆轰是一种比燃烧更为剧烈的物理化学变化，它是一种以爆轰波的形式沿炸药装药高速自行传播的现象。所谓爆轰波简单地说就是炸药进行爆炸变化时的带有高速化学反应区的冲击波。爆轰过程的传播速度（即爆速）通常从数千米每秒至 10 km/s，其传播速度受外界的影响极小。爆轰还有稳定爆轰和非稳定爆轰之分。一般情况下所指的爆轰多为稳定爆轰，炸药达到稳定爆轰时，其传播速度是不变的；而非稳定爆轰的传播速度是变化的，有时把非稳定爆轰称为爆炸。炸药的非稳定爆轰在传播过程中可能增强转为稳定爆轰，也可能被减弱转为燃烧甚至熄灭。

燃烧和爆轰是两种性质不同的爆炸变化过程，这两种形式不同的爆炸变化在一定条件下又是可以转化的。归纳起来它们之间的主要区别在于以下 4 点。

（1）过程传播的机理不同：燃烧时传递能量的形式是通过热的传导、辐射及燃烧产物扩散作用来进行的；而爆轰则是通过爆轰波来传递的。

（2）过程传播的速度不同：燃烧速度一般为 100 m/s 以下；而爆轰速度一般为 $2 \sim 8$ km/s。

（3）受外界的影响程度不同：燃烧过程受外界特别是压力的影响较大；而爆轰过程不受外界的影响。稳定的爆速是炸药的特征示性数。

（4）产物质点运动的方向不同：燃烧时其产物质点运动的方向是和燃烧面运动的方向相反的，因此燃烧面内的压力较低；而爆轰时其产物质点运动的方向与爆轰波传播的方向相同，爆轰波内反应区的压力可达 10 GPa。

1.4　常用的火工药剂

火工药剂的品种很多，根据其组成、物理化学性质和爆炸性质的不同，可以有不同的分类方法，但人们最关心的是按用途来分类。按用途的不同，可以分为起爆药、猛炸药、火药、点火药、针刺药、击发药，延期药等。

1.4.1　起爆药

起爆药是最敏感的一种药剂，受外界较小能量的作用就能发生爆炸变化，而且在很短的时间内其变化速度可增至最大（即所谓爆轰成长期短）。但是起爆药的威力较小，一般不能单独使用，只是用来作为火帽、雷管装药的一个组分，用以引燃火药或引爆猛炸药。

常用的起爆药有雷汞（$Hg(ONC)_2$，已被淘汰）、叠氮化铅（$Pb(N_3)_2$）、三硝基间苯二酚铅（$C_6H(NO_2)_3O_2Pb$）、四氮烯（$C_2H_8ON_{10}$）、二硝基重氮酚（$C_6H_2(NO_2)_2N_2O$）以及以这些药为主所组成的共沉淀药剂、硝酸肼镍、叠氮肼镍、GTG 等。

叠氮化铅因工艺条件不同，有两种白色晶型：短柱状的 α 型结晶和长针状的 β 型结晶。β 型结晶很敏感，不稳定，制造时应避免生成这种针状结晶。α 型叠氮化铅的真密度为 4.71 g/cm^3，假密度为 0.8 g/cm^3，耐压性好，无"压死"现象。它不吸湿，也不溶于水。它能与稀硝酸或溶有少量亚硝酸钠的稀醋酸作用，可以利用这一特性来洗涤粘有叠氮化铅的器皿，避免发生危险。叠氮化铅与镍、铝不起作用，但能与铜作用，尤其在含有水分及二氧化碳存在的情况下，反应生成机械感度更大的碱式叠氮化铜，容易发生危险。叠氮化铅的化学安定性好，即使在 50 ℃下长期加热也不会改变性质。它的针刺感度和火焰感度均较小，而起爆能力较大，被广泛用于雷管及火帽中。

三硝基间苯二酚铅又称斯蒂酚酸铅，真密度为 3.80 g/cm^3，假密度为 0.99～1.00 g/cm^3，呈深黄色。因流散性不好，常用沥青造粒后使用。为了克服它静电感度大的缺点，常用石墨斯蒂酚酸铅来减小静电积累。斯蒂酚酸铅的吸湿性很小，不溶于水和酒精等一般有机溶剂，可被稀硫酸或硝酸分解，利用这一性质可以销毁少量废药。斯蒂酚酸铅与金属不起作用，化学安定性好，加热至 100 ℃时失去结晶水但不分解，可长期贮存。斯蒂酚酸铅的冲击感度比较低，和其他起爆药相比，它的摩擦积累静电的能力强，并且火花感度和火焰感度均较大，但是起爆能力弱，因此不能单独作为雷管中的起爆药使用。

四氮烯又称特屈拉辛，是淡黄色粉末结晶，真密度为 1.65 g/cm^3，假密度为 0.45 g/cm^3，在受压 49.5 MPa 时容易"压死"。四氮烯不吸湿，不溶于水及一般有机溶剂，不与金属作用，在一般贮存条件下安定，加热到 50 ℃时开始分解，在 60 ℃以上的水中则强烈分解，可利用这一性质来销毁少量的废药。它的摩擦感度与火焰感度均较小，而针刺感度和冲击感度较大，因此在针刺雷管中用作针刺药组分的敏感剂。它的起爆能力弱，不能单独作起爆药用。

二硝基重氮酚又称 DDNP，主要在工程雷管中应用较多。

硝酸肼镍、叠氮肼镍和 GTG 是新研发的起爆药，显著优点是环保。

1.4.2 猛炸药

猛炸药典型的爆炸变化形式是爆轰，常用作各种弹药的主装药、传爆药及雷管和导爆索的装药。猛炸药感度较低，它需要较大的外界能量作用才能激起爆炸变化，一般用起爆药来起爆。

常用的猛炸药有梯恩梯（$C_6H_2(NO_2)_3CH_3$）、特屈儿（$C_6H_2(NO_2)_4NCH_3$）、黑索金[CH_2N-NO_2]、泰安（$C_5H_8(ONO_2)_4$）、奥克托今（CH_2N-NO_2）等单质炸药及以黑索金和奥克托今为主体的混合炸药。

梯恩梯为淡黄色的结晶物，工业生产的是鳞片状产品。阳光照射下会逐渐变成褐色，这是由于紫外线的作用，发生光学异构化的缘故。梯恩梯的真密度为 1.66 g/cm^3，假密度为 0.9 g/cm^3。梯恩梯的熔点为 80.9 ℃，在熔化时不分解，热安定性良好；在 150 ℃时开始缓慢分解，因此可用熔铸法来装填弹药。梯恩梯的吸湿性小，一般为 0.05%。梯恩梯不与金属起作用，但与碱类反应生成比它更为敏感的物质。梯恩梯主要作为战斗部的主装药使用。

特屈儿为淡黄色结晶物，真密度为 $1.78\ g/cm^3$，假密度为 $0.90 \sim 1.00\ g/cm^3$。特屈儿的威力比梯恩梯稍大，容易被起爆。但是因为毒性大，价格较高，基本不再使用。

黑索金为白色结晶物，真密度为 $1.80\ g/cm^3$，假密度为 $0.80 \sim 0.90\ g/cm^3$。纯黑索金的熔点为 203 ℃，熔化时分解。黑索金不吸湿，不溶于水和一般有机溶剂，只有丙酮和浓硝酸对它的溶解情况较好，因此，丙酮和浓硝酸可以作为黑索金重结晶的溶剂。稀硫酸或稀苛性碱与黑索金一起较长时间煮沸时可使之水解。可根据这一特性来处理少量废药和清洗生产设备。黑索金与金属不起作用。黑索金具有威力大、起爆感度大、原料广和安定性好等优点，因此它的使用范围较广。单质黑索金可以用作导爆索芯药，钝化黑索金可用作传爆药、雷管中的装药以及各种弹药的爆炸装药，也可用作传爆药。

泰安是白色结晶，真密度为 $1.77\ g/cm^3$，假密度为 $1.2 \sim 1.3\ g/cm^3$。纯泰安的熔点为142 ℃，熔化时开始分解，故不能铸装；但是它能溶解于梯恩梯中，故可将它们做成熔合物使用。泰安不吸湿，也不溶于水、酒精，易溶于丙酮。泰安不与金属起作用，安定性好。泰安加热到 170 ℃时冒黄烟分解。泰安的机械感度在常用猛炸药中较为敏感，广泛用于导爆索的药芯装药，钝泰安可用于雷管装药和传爆药。

奥克托今为无色结晶，随着晶型不同密度不同：α 型结晶的密度为 $1.846\ g/cm^3$，β 型结晶的密度为 $1.902\ g/cm^3$。奥克托今不吸湿，能溶于丙酮、浓硝酸等。奥克托今的熔点为278 ℃，在室温下不挥发，热安定性好。奥克托今的机械感度在常用猛炸药中最敏感，具有较大的威力。由于奥克托今具有爆速高、密度大和高温热安定性好等优点，因此可以用于高威力导弹及火箭弹战斗部、复合推进剂的组分及深井爆破用装药，改性后也可作为传爆药使用。

1.4.3　火药

火药典型的爆炸变化形式是燃烧。火药可以在没有外界助燃剂（如氧）的参与下，在相当宽的压力范围内保持有规律的燃烧，放出大量的气体和热能，对外做抛射功和推送功，因此，火药常用作发射武器的能源，如常用作枪、炮弹的发射药，火箭发动机的推进剂，也广泛应用于火工品中。常用的火药有黑火药、单基药（以硝化棉为主体的火药）以及双基药（以硝化甘油和硝化棉为主体的火药）。

1.4.4　点火药、延期药

点火药、延期药通常是以氧化剂和可燃物为主体的混合药剂。点火药的特点是热感度较高、点火能力较强，主要用作点火、传火类火工品的装药。常用的点火药有高氯酸四氨双（5 - 硝基四唑）合钴、锆/过氯酸钾、硼/硝酸钾等。延期药一般由火焰点燃后，经过稳定的燃烧来控制作用的时间，以引燃或引爆序列中的下一个火工元件。延期药用于各种延期体包括延期雷管中。为了易于压制成型，在延期药中常加入少量的黏合剂，有时调整燃速还加入其他附加物。延期药分为有气体延期药（黑火药）和微气体延期药，常用的微延期药有钨系、硼系、锆系等。

1.4.5　击发药、针刺药

击发药、针刺药主要由起爆药、氧化剂和可燃剂等混合而成。起爆药作为感度调节剂，用于针刺火帽和针刺雷管中。

1.5　火工品的特点、分类和技术要求

1.5.1　火工品的特点

武器系统从发射到毁伤整个作用过程均是从火工品首发作用开始，几乎所有的弹药都要配备一种或多种火工品。作为决定武器系统最终效能的火工品，具有以下特点。

1.　功能首发性

以典型的点火序列为例：底火—发射药或火帽—点火具（或传火管）—增程火药，序列的第一个元件是火工品；以典型的爆炸序列为例：火帽（电点火管）—火焰雷管—导爆管—传爆管和主装药或针刺雷管（或电雷管）—导爆管—传爆管和主装药，序列的第一个元件也是火工品。因此，武器系统中的燃烧和爆轰以点火器（点火具等）的点火和起爆器（雷管等）的爆炸为始发能源。

2.　作用敏感性

火工品在武器系统的点火序列和爆炸序列中处于首发地位，也是最敏感的元件。其中所装填的火工药剂是武器系统所用药剂中感度最高的，如在点火序列中药剂感度从高到低的顺序为点火药—延期药—发射药或推进剂；在爆炸序列中药剂的感度从高到低的顺序为起爆药—传爆药—主装药。

3.　使用广泛性

火工品的功能首发性和作用敏感性决定了它在武器系统中的地位和作用。火工品广泛应用于常规武器弹药系统、航空航天系统及各种特种用途系统。

为有效打击各种目标，适应未来战争和作战环境，火工品从点火、起爆、做特种功等基本作用拓展到能实现定向起爆和可控起爆等更高层次的用途。火工品的作用不仅仅体现在初始点火起爆这一环节，更全面地体现在武器系统的战场生存、运载过程修正、毁伤等多个环节。火工品不仅广泛应用于武器系统中，而且在民用方面也得到了越来越广泛的应用。

4.　作用一次性

火工品是一次性作用的元件，同一发产品其功能无法重现。

1.5.2　火工品的分类和命名

1.　火工品的分类

由于使用条件不同，火工品要求的输入能量的形式和大小可能有较大的差别，在结构和体积上也有差别，相应地在输出能量上也有较大的差别。

《火工品分类和命名规则》（GJB347-87）规定了火工品的分类和命名。该标准将火工品分为16类：火帽、点火头、点火管、底火、点火具（器）、点火装置、电爆管、传火具（含传火管、传火药柱、传火药盒）、延期件、索类、雷管、传爆管（含传爆药柱、导爆药柱）、曳光管（含曳光药柱）、作动器（含推销器、拔销器、爆炸开关、爆炸阀门、切割索

等）、抛放弹、爆炸螺栓（含爆炸螺帽）。

如果按输入能量形式来分类，可以分为以下几类：

机械能：针刺、撞击、摩擦。

热能：火焰、热气体、绝热压缩。

电能：灼热桥丝、薄膜桥式、导电药式、火花式、爆炸桥丝、飞片式。

光能：可见光、激光。

化学能：浓硫酸点火弹药雷管。

爆炸能：炸药引爆。

如果按其输出特性来分，可以分为以下几类：

点火器材：多用于引燃各种火药装药。

起爆器材：多用于引爆各种爆炸装药。

2. 火工品的命名

火工品统一命名方法是技术管理标准化的一个方面，也便于产品的发展和选用。我国火工品命名方法中，采用输入能量、产品威力、产品用途混合命名法。最为普遍的是先分类再命名，即火工品按雷管、火帽、底火、传火具和电点火具分类再分别命名，以下分别叙述。

（1）雷管的命名。在雷管中有针刺、火焰和电发火雷管。在用途上分弹药用雷管和工程雷管，在命名上只标"工程"雷管，不标"弹药"雷管。其命名如表 1-1 所示。

表 1-1　雷管命名举例

名称	代号	曾用名称
1 号针刺雷管	LZ-1	b-30M
1 号火焰雷管	LH-1	3MP-T
1 号电雷管	LD-1	J-203，火花式电雷管
3 号工程火雷管	LHG-3	军用铜雷管
1 号工程电雷管	LDG-1	军用 8 号铜雷管

在雷管型号中，全用汉语拼音字第一个字母来标注，各符号意义为：L 代表雷管，D 代表电能输入，H 代表火焰输入，Z 代表针刺输入，G 代表用于爆破工程。其中阿拉伯数字代表威力大小，阿拉伯数字较小时威力也较小，相对尺寸也较小。

（2）火帽的命名。在火帽中有针刺、撞击和摩擦火帽 3 种，用途上未加以区分，其命名如 1-2 所示。

表 1-2　火帽命名举例

名称	代号	曾用名称
1 号针刺火帽	HZ-1	Z-1，B-37
1 号撞击火帽	HJ-1	D-1，KB-2
1 号摩擦火帽	HM-1	M-1，木柄手榴弹拉火帽

表 1-2 中，H 代表火帽，Z 代表输入能量形式为针刺，J 代表输入能量形式为撞针撞

击，M 代表输入能量形式为机械摩擦。阿拉伯数字小时则威力小，相对尺寸也小。

（3）底火的命名。底火分为撞击底火和电底火两种，其命名如表 1-3 所示。

表 1-3　底火命名举例

名称	代号	曾用名称
4 号撞击底火	DJ-4	克-4，底-4，KB-4
6 号撞击底火	DJ-6	KBM-3
1 号电底火	DD-1	30 电底火
2 号电底火	DD-2	KB-2（苏）

表 1-3 中，第一个字母 D 代表底火，第二个字母 D 代表电发火，J 代表撞击发火；阿拉伯数字代表底火号数。

（4）传火具和点火具的命名。点火具分为两种发火方式：①以火焰点燃只起到传火作用的称为传火具；②通电以后可以发火的称为电点火具。具体命名如表 1-4、表 1-5 所示。

表 1-4　传火具命名举例

名称	代号	曾用名称
1 号传火具	JH-1	CH-1，107 火箭弹传火具、鱼雷传火具
4 号传火具	JH-4	鱼雷传火具
7 号传火具	JH-7	—

表 1-4 中，J 代表箭用传火具，H 代表箭火炮点火发火。

表 1-5　电点火具命名举例

名称	代号	曾用名称
1 号电点火具	JD-1	DF-2，nn-9
5 号电点火具	JD-5	TB-5，DF-9
3 号电点火具	JD-3	DF-10，Y3-2
7 号电点火具	JD-7	

表 1-5 中，J 代表电点火具，D 代表电发火；阿拉伯数字代表号数。

通过以上实例介绍可以看出，在代号中第一个字母代表火工品的功能符号，也反映了输出能量形式，第二个字母代表外界激发能源形式，阿拉伯数字代表产品威力大小。

1.5.3　对火工品的技术要求

虽然火工品的种类繁多，但是，为了满足使用要求，且能适应广泛的应用范围，火工品必须具有以下一般技术要求。

1. 合适的感度

火工品作用时所需能量的多少叫感度，感度高输入的能量小，反之则大。要求感度的目的是保证作用的确实性（或称可靠性）。感度过小，常要求大的输入能量，如果保证不了，则不能作用；感度过高则又会使得产品在不应发火的时候就发火，不容易保证安全。例如电雷管规定有最小发火电流，还要规定有最大的安全电流。

2. 适当的威力

火工品输出能量的大小称为火工品的威力。火工品的威力是根据使用要求提出的，过大、过小都不利于使用。如用于引信传爆序列中的雷管，威力过小就不能引爆导引传爆药、传爆药，降低了引信的可靠性；而威力过大，又会使引信的保险机构失去作用，降低了引信的安全性，或要求大尺寸的保险机构，给引信设计增加困难。所以火工品的威力应适当。

3. 使用的安全性

火工品是敏感的元件，必须保证其在生产、运输、装配、发射和飞行中的安全。安全和感度有时会发生矛盾，因此要辩证地解决这一矛盾，这是十分重要的。

4. 长期贮存的安定性

火工品在一定条件下贮存，不发生变化与失效的特性称为长期贮存的安定性。贮存中的外界条件（主要是温湿度）经常会发生变化，如果产品的安定性不好就会变质或失效。一般军用火工品规定贮存期为 15 年以上。而民用火工品则根据具体情况而定，如工程爆破雷管只要求 2 年。

温湿度引起产品变化的原因，主要是火工品中药剂各成分之间以及药剂与其他金属和非金属之间，由于温度或水分促成的化学反应以及温度所引起的热胀冷缩的物理效应，这不仅要在选用材料时充分考虑成分的相容性问题，还必须很好注意它们的结构形式。

5. 适应环境的能力

火工品在制造使用过程中将遇到各种环境力的作用。

（1）中国幅员辽阔，火工品又广泛地应用于海陆空诸军种，各军种兵器又会在不同气候条件下使用，因此应用条件比较复杂。

（2）火工品的应用条件除了人们可以直接感觉的条件外，还存在许多不能直接感觉的客观因素：如环境为充满了电磁波的空间，就要求火工品具有防射频的能力；在应用绝缘材料时会遇到摩擦带电，要求火工品能防静电；在高空及高原应用的火工品则遇到高能粒子的辐射问题；防霉菌问题。

在火工品应用中，还应具体分析使用条件，如在速射武器中，可能会发生射击故障，会造成弹丸长时间留膛，这样给火工品带来了耐高温问题。在石油射孔弹中，火工品不仅要耐高温，而且还要耐高压。

6. 其他特殊要求

由于使用条件不同，可以提出一些特殊的要求，例如作用时间、时间精度、体积大小等。另外，制造火工品的原材料应立足国内，应结构简单、制造容易、成本低、易于大批量生产。

思 考 题

1. 试说明火工品的发展历程。
2. 火工品的特点有哪些？
3. 举例说明火工品的重要性。
4. 武器系统对火工品的技术要求有哪些？

第 2 章

火　　帽

2.1　概　　述

火帽通常是点火或起爆序列中的首发元件。在点火序列中，火帽由枪机（或炮闩）上的撞针撞击而发火，产生的火焰点燃发射药或经点火药放大后点燃发射药。在起爆序列中，火帽由击针刺入而发火，产生的火焰点燃雷管或延期药。因此，火帽是受机械能作用而发出火焰，也就是说火帽的作用是把机械能转换为热能—火焰，发出火焰是火帽的共性。

火帽按用途分类，可分为药筒火帽（底火火帽）、引信火帽和用于切断销子、启动开关和激发热电池等动作所用的火帽。按激发方式分类，可分为针刺火帽、撞击火帽、摩擦火帽、碰炸火帽、电火帽、绝热压缩空气火帽等。本章主要介绍针刺火帽和撞击火帽。

2.2　针刺火帽

以击针刺击发火的火帽称为针刺火帽。针刺火帽主要用于引信的传火序列和传爆序列中，因此，有时也将针刺火帽称为引信火帽。

引信中通常根据不同的需要，将多种不同作用的火工品按其感度递减、能量递增的次序组合成一定序列。序列可以分为两大类：序列最后元件完成起爆作用的称为传爆序列；完成点火作用的称为传火序列。

引信中典型的序列有 4 种：

（1）击针→火帽→延期药→扩焰药→火焰雷管→导引传爆药→传爆药→爆炸装药。

（2）击针→火帽→时间药盘→扩焰药→传火药→抛射装药。

（3）击针→火帽→保险药。

（4）击针→火帽→延期药→自炸药盘→爆炸装药。

由此可见，火帽可用于引信中的点火序列、起爆序列以及保险机构和自炸机构中，其用途有如下几个方面：

（1）作为引信主要传爆序列中的元件，完成引爆弹丸的作用。它在引信中的位置、作用和特性随引信的不同而不同。

炮弹中的引信按其作用方式可分为两大类：①着发引信；②空炸引信。着发引信在弹丸碰击目标时才起作用，而空炸引信则在弹丸尚未触及目标前的某弹道点上爆炸。相应地用于此类引信中的火帽分为着发引信火帽和空炸引信火帽。着发引信火帽只在弹丸碰击目标后才因击针的刺击而起作用。着发引信按作用原理和作用时间又可分为瞬发、惯性和延期 3 种。

空炸引信火帽在弹丸触及目标前就起作用。空炸引信又可分为时间引信和非接触引信。时间引信需在发射前装定，非接触引信则不需要预先装定。应用于不同引信中的火帽应具有不同的特性。

（2）用于引信的某些侧火道的保险机构中，完成引信的炮口保险或隔离保险的作用。这类火帽在弹丸发射时，在膛内受惯性力的作用而发火。

（3）用于引信的自炸或空炸机构中，使未击中目标的弹丸自行销毁。这类火帽是在膛内受惯性力的作用而发火的。

2.2.1　针刺火帽应满足的技术要求

针刺火帽的技术要求主要是根据其用途和使用条件而提出的。从用途出发提出的要求反映了引信火帽应完成的任务；从使用条件出发提出的要求反映了引信火帽是在怎样完成任务的，以及它应具备什么样的功能。这两个出发点是相辅相成的。火帽在引信中以其火焰来完成点火作用，去点燃时间药剂、延期药及火焰雷管。火帽多数是受击针刺击而发火，同时因为是和炮弹连在一起的，因此要求能承受发射时膛内的冲击震动，保证射击过程中的膛内安全。具体要求有以下几个方面：

1. 有足够的点火能力

针刺火帽主要解决引信中延期药、时间药剂、火焰雷管等的点火问题，因此对针刺火帽的第一个要求是要有足够的点火能力。所谓点火能力是指火帽在受到击发后，其输出的火焰能可靠地引燃爆炸序列中下段的延期药或时间药剂，或可靠地引爆下段的火焰雷管的能力。这是对引信火帽共同性的要求。但是它的作用却根据不同引信中用的火帽而不同。若不与具体的弹丸引信相适应，就不能保证弹丸作用的可靠性，因为火帽点火能力的改变将会影响药剂的燃烧速度和雷管作用的有效性。

例如小口径高射炮弹，一般配着发引信，但因为弹小杀伤范围小，所以要求进入飞机内部再爆炸，这就要求有一定的作用时间，即有一定的延期时间。一般依机型和部位的不同以进入飞机 30~50 cm 后发生爆炸效果最好，这种引信总作用时间为 0.000 4 s。若弹丸末速为 500 m/s，则在引信作用时间内弹丸只能穿入飞机内 20 cm，要钻入 30~50 cm，则需要 0.000 6~0.001 s。要保证这个时间就需要延期，这种延期对火帽点火能力有新要求，要求火帽应确实点燃延期药但不应过猛，因为过猛会把延期药冲碎，从而影响延期时间。

2. 合适的感度

火帽虽然应具有足够的点火能力，但是首先要解决在使用条件下如何体现点火能力的问题，因此对火帽来说还要有个合适的感度。

由于多数引信火帽是在针刺作用下发火的，因此，这里指的是针刺感度。火帽的针刺感度在落锤仪上测定，以一定质量的落锤从一定高度落下打击在击针上，击针刺入火帽，观察火帽的发火情况。火帽感度用一定落高下的发火百分数或感度曲线表示。针刺火帽所需发火能量一般为 800~1 200 g/cm(8×10^{-2}~12×10^{-2} J)。针刺火帽的感度应适当，太小不能保证作用确实，太大又不能保证安全。

3. 对发射震动的安全性

着发引信中的火帽要在碰击目标后才受击针的刺击而发生作用，这就要求针刺火帽具有对发射时震动的安全性。

发射时膛内压力很高，尤其是小口径火炮，它的直线过载系数达 70 000 g，因此引信内各零件均受到很大的应力。如果火帽不能满足耐震动的要求，将可能引起引信早炸；如果是延期引信，则会在距炮口不远处爆炸（炮口炸）；如果是瞬发引信，则可能会在膛内发生爆炸（膛炸）。即使是保险型引信避免了膛炸，这发炮弹也报废了，打出去也不起作用，影响实战的火力。

4. 具有一些对火工品共同的要求

火帽应经得起运输、勤务处理时的震动。在运输过程中，弹药常要经受汽车、火车等的颠簸，这时火帽的性能不应变化，更不允许发火。

此外，火帽还应长期贮存性能安定，相容性好。不允许火帽药剂各成分发生物理、化学变化，或与火帽壳起变化；也不允许火帽壳有破裂、生锈等变化。一般要求 15 年性能不变，同时还应考虑成本低，原料来源广泛，无毒。

2.2.2　针刺火帽结构

针刺火帽主要由管壳、药剂和盖片（或加强帽）组成。典型针刺火帽结构如图 2－1 所示。

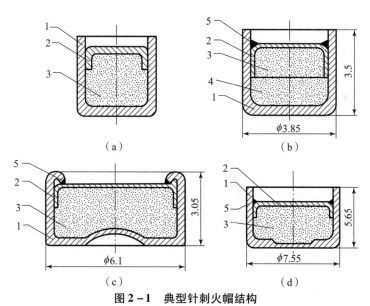

图 2－1　典型针刺火帽结构

（a）2 号甲针刺火帽；（b）3 号乙针刺火帽；（c）14 号甲针刺火帽；（d）16 号甲针刺火帽
1—火帽壳；2—加强帽；3—击发药；4—加强药；5—虫胶漆

火帽的尺寸与结构决定于引信中火帽的用途和位置。火帽的直径一般为 3 ~ 6 mm，高度为 2 ~ 5 mm。

火帽的外壳为盂形，多数是平底，也有的是凹底，火帽壳使火帽具有一定的形状。外壳材料一般是用紫铜片冲压成壳体后表面镀镍而制成。火帽的盖片多数也是盂形，有的为小圆片，也是用紫铜片冲成的，材料较薄。针刺火帽中的药剂常称为击发药，它是用来产生一定强度的火焰，以有效地点燃被点火对象。击发药是针刺火帽的核心，火帽的性能主要由击发药决定。击发药一般由氧化剂、可燃物及起爆药组成。针刺火帽一般只装一种击发药，有时为了提高输出威力而装两种药剂，即击发药和点火药。

2.2.3　针刺火帽的发火机理

引信中的火帽绝大部分是针刺火帽，即当击针刺入火帽时，先通过盖片，再进入压紧的药剂。针刺起爆是由针尖端刺入压紧的药剂中引起的，这一过程可以看成是冲击与摩擦的联合作用过程。经典针刺起爆模型包括摩擦和撞击两种作用方式，1982 年 Robert、Spear 和 Elischer 通过对 17 种含能材料针刺起爆过程的研究，认为针刺起爆是由摩擦使机械能转变成热能的，而后来的研究就越来越倾向于摩擦起爆（图 2–2）。

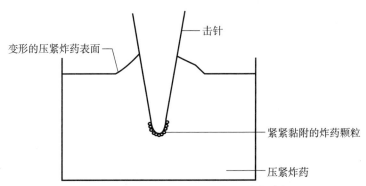

图 2–2　击针刺入过程中与药剂的摩擦过程

在击针刺入药剂时，一方面药剂为腾出击针刺入的空间而受挤压，使药粒之间发生摩擦；另一方面击针和药剂的接触面上也有摩擦，如图 2–2 所示；如果击针端部有个平面，则此平面对药剂有撞击作用。在击针的表面及药剂中有棱角的地方，便形成应力集中现象并产生"热点"。"热点"很小（直径为 $10^{-5} \sim 10^{-3}$ cm），但是温度很高，当"热点"温度足够高，并维持一定时间（$10^{-5} \sim 10^{-3}$ s）时，火帽就被起爆。Chaudhri 摩擦模型计算结果表明，当刺入深度达到 0.4 mm 时，即达到稳态温升。试验证明，击针进入药剂深 $1 \sim 1.5$ mm，火帽就发火。在爆炸变化时首先是感度大的起爆药被击发分解，然后是氧化剂与可燃物的反应。

因此，针刺火帽的发火机理可归纳为：击针刺击导致帽壳变形，由于应力集中在药剂中产生"热点"。当击针刺入药剂一定深度，"热点"达到一定温度，并维持一定时间时，感度较大的药剂开始分解，继而整个药剂发火。

从上述机理来看，要使针刺火帽发生爆炸变化必须有外界和内在的因素。外界因素是击针刺入的条件：击针的硬度、刺入药剂的速度和深度；内在因素是药剂的性质：药剂的感度。外界因素为药剂的爆炸变化提供了条件。击针硬度大，刺入速度快，产生"热点"的可能性就大，有利于起爆。而内因是变化的依据，使针刺火帽具有爆炸变化的可能性。

2.2.4　影响火帽感度的因素

影响火帽感度的因素有药剂、加强帽或盖片及发火条件等。

1. 药剂因素

火帽中所用药剂通常是由氧化剂、可燃物和起爆药组成的混合药剂。因此，药剂的影响主要有以下几方面。

（1）起爆药的感度。起爆药是击发药中保证感度的主要成分，击发药应选用机械感度适当高的起爆药。常用的几种起爆药的感度如表 2－1 所示。

表 2－1　常用起爆药的感度

爆化点和感度		雷汞	糊精氮化铅	药剂		四氮烯	二硝基重氮酚
				三硝基间苯二酚铅			
				结晶	沥青		
爆发点/ ℃		170～180	320～330	265	265	134～154	170～173
冲击感度	上限/cm	9.5	24	36	37	6.0	>40
	下限/cm	3.5	10.5	11.5	26.5	3.0	17.5
摩擦感度（发火)/%		100	76	70	40	70	25
火焰感度/cm		20	<8	54	49	15	17

（2）击发药的成分配比。起爆药是保证击发药感度的主要成分，因此起爆药的含量不能过少，过少平均感度较低而且精度不好。因为击发药的起爆主要靠起爆药，所以当起爆药含量过少时，所产生的热点过少，爆炸不容易扩张，起爆概率也较小。

药剂中其他成分对感度的影响可以看成杂质对起爆药感度的影响，杂质的硬度大，起爆药的感度大。例如硫化锑（Sb_2S_3），由于它的熔点高（560 ℃）、硬度大，有提高感度的作用。而氯酸钾则相反，它的熔点低（360 ℃）、硬度低，使感度有所下降。另外，有些药剂中为了提高感度而加入少量的玻璃粉或金刚砂。为了造粒而加入的虫胶漆、糊精、沥青等都使药剂的感度降低。

（3）药剂中各成分的粒度。粒度大有利于能量在较少的热点上集中，热点温度高，起爆感度大。但是在实际中不采取增加粒度的办法来提高感度，因为粒度太大感度精度不好。击发药是混合药剂，其均匀性与药粒大小有关，粒度相差很大时混合不容易均匀，为了保证性能的均一，火帽药剂都采用很细的粒径。

硫化锑是较硬的物质，适当地加大硫化锑的粒度，可以提高感度。起爆药晶体粒径大，感度大。因为大晶体在晶面及内部有许多缺陷，受外力作用时，这些有缺陷的地方就折裂，晶面之间就发生摩擦而产生"热点"。另外，晶形最好接近球形，比较容易混合均匀。

（4）装药密度。针刺感度开始随装药密度增加而增大，在一定密度后基本不变。这是因为密度小，当击针刺入后，药剂会产生运动而消耗部分能量，导致感度降低。装药密度增加，药粒之间的紧密程度增加，药粒之间活动性受到限制，"热点"比较容易生成，所以增加密度可以增加感度。但是随着密度进一步增大时，爆炸变化扩张困难，不利于起爆，感度反而下降。

（5）装药量。一般药量对感度无影响，但是药量过少，小于 0.5 mm 药层厚度时，则感度下降。在针刺火帽中要求药层的厚度达到 1～1.5 mm。

2. 加强帽或盖片

针刺火帽由击针刺入发火，有一部分能量消耗在盖片（或加强帽）上，因此盖片厚度越大，硬度越大，在盖片上消耗的能量越多，火帽的感度会随之下降。

3. 使用条件

火帽使用的条件对火帽发火的概率有很大的影响，包括装配条件、击针性质、机械能输入的方式等。

（1）装配条件。火帽在火帽座中装配的紧密性不仅对感度有影响，还关系到安全性。松动装配的火帽感度低而且安全性差。因为火帽松动，在击针（或撞针）刺入时会产生位移消耗一部分能量。所以在引信中火帽和火帽座装配时要配合紧密。同时松动的火帽在勤务处理时容易撒药，撒出浮药是很不安全的。

（2）击针性质。击针的硬度和针尖的角度对发火有影响。击针的硬度大、感度大，如钢击针比硬铝的击针感度大，试验用的击针一般还要淬火保证 RC58 的硬度。击针的角度在使用中是 25°~30°，因为角度大会使感度下降，而过尖的击针又保证不了针尖的强度。标准试验击针的端面过去用过 90°击针，如图 2-3（b）所示。现在均采用平头击针，如图 2-3（a）所示。美国规定平头的直径为 0.375 mm，我国规定为 0.25 mm。平头面积和炸药的机械感度有关，各种炸药都有所需发火能量最小的直径 φ_{min}。炸药感度越低，φ_{min} 之值越大。击针头部形状对火帽感度的影响如表 2-2 所示。

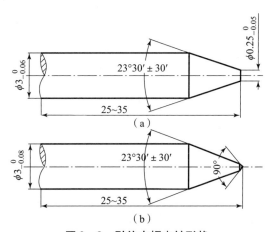

图 2-3 引信火帽击针形状

（a）平头击针；（b）90°击针

表 2-2 击针头部形状对火帽感度的影响

击针头部形状发火率	落高/cm								
	0.5	1.0	1.5	2.0	2.5	3.0	3.5	4.0	4.5
90°击针发火率/%	0	11.3	48.6	75.3	86.6	98.0	98.0	98.6	99.3
φ0.25 mm 平头击针发火率/%	0	9.3	48.0	82.6	98.6	99.3	99.3	100	100

（3）输入能量。火帽发火所需能量的大小表示感度，所需能量小感度大。输入能量中总有一部分被损失掉而没有作用到产品上，因此损失的部分越多，则输入能量作用到产品上就少，产品表现为钝感。因为能量损失随时间的增加而增加，所以，输入能量的速度慢损失大，输入速度快损失小。在输入功率很大时，损失的部分甚至可以忽略掉。例如，在落锤仪上测感度时，如果同样的冲击能量（即落锤重和落高的乘积相同），则小落锤大落高将比大落锤小落高的发火率高些，这是因为前者的末速高，能量输入速度快。

2.2.5 影响火帽点火能力的因素

点火能力是个比较含糊的词，点火能力的强弱体现在以下几个方面：①火焰的成分（火焰中固体、液体及气体生成物成分）；②火焰温度；③火焰强度（包括火焰的长度及燃烧生成物的压力）；④火焰持续的时间。

良好的点火能力，希望生成物中有固体成分和气体成分。因为固体有较大的密度和热容，起到储热体的作用，固体质点能增大点火能力；而气体生成物能任意包围药粒，扩大点火面积。反应温度高，火焰长度长，意味着点火能力强。

击发药是火帽的能源，点火能力归根结底是药剂燃烧反应所产生的能量的体现，所以分析点火能力应从燃烧反应的能量关系上入手。影响点火能力的因素有以下几方面。

1. 击发药的组成

击发药中有氧化剂、可燃物及起爆药。点火能力既然主要靠氧化剂和可燃物间的反应，那么要使它们点火能力强，就要使它们在反应时放出最大能量。要使它们放出能量最大，首先要选择含氧量多的氧化剂及燃烧热大的可燃物来组成击发药。其次，击发药中应有足够的氧化剂，使氧化剂和可燃物进行完全反应，这就是说它们在药剂中的比例要大，而且配比要恰当。含有氯酸钾与三硫化二锑（Sb_2S_3）成分的零氧平衡药剂的计算为

$$3KClO_3 + Sb_2S_3 \rightarrow Sb_2O_3 + 3SO_2 + 3KCl$$

因此零氧平衡中，氯酸钾与三硫化二锑组分的重量比应为

$$KClO_3 : Sb_2S_3 = 52 : 48 = 1 : 0.9 \approx 1 : 1$$

当然这样的计算并不能反映真实情况，因为实际的反应远较此复杂，而且可能随击发条件而不同。

良好的点火能力要求有一定的固体、液体生成物，为此应考虑生成物的熔点及沸点。氯酸钾与三硫化二锑反应时生成氧化锑及氯化钾，可以保证火帽爆炸生成物中含有固体成分。

点火能力强还要有一定的持续时间，而起爆药的爆炸反应太快，因此，单一的起爆药不能作为火帽的击发药。在药剂中加入起爆药是为了保证感度的要求，而不是点火能力的需要，在保证感度的前提下应尽量少加起爆药。

早期击发药用得较多的是由氯酸钾、三硫化二锑和雷汞组成的混合物，称为含汞击发药。

雷汞击发药沿用多年，但是因为它的腐蚀性、毒性与污染以及安定性差、低温容易半爆等缺点，已经被淘汰。目前，用四氮烯和三硝基间苯二酚铅的正盐（或碱性盐）两种起爆药代替雷汞。其中，四氮烯保证击发药的感度，但是四氮烯发热量小，不足以分解氧化剂，故添加三硝基间苯二酚铅来提高能量。

氯酸钾燃烧反应后生成氯化钾。在高温条件下，氯化钾是液体，冷却后易于附在金属表面上，在空气中有吸潮而水解现象，生成氯离子，对枪膛有强烈的腐蚀作用。现在大多数击发药中用硝酸钡来代替氯酸钾。硝酸钡的分解温度比较高（560 ℃），放氧速度比较慢，故击发药中三硝基间苯二酚铅的含量比较高，有时还用二氧化铅来加强硝酸钡的作用。作为氧化剂，硝酸钡的加入可以提高火帽感度。

三硫化二锑的优点较多，所以至今还没有完全被取代的趋势，但是由于各种火帽的技术要求不同，也可以用其他可燃剂取代部分或全部。这些可燃剂有锆、铝、硫氰酸铅等，也可以附加少量的猛炸药，如 TNT、PETN 等。

总之，火帽击发药的选择必须首先确定其中的氧化剂及可燃物，并采取合适的比例，加入起爆药保证击发药的感度。表 2 - 3 和表 2 - 4 是分别以氯酸钾和硝酸钡为氧化剂的击发药的组成。

表 2 - 3　以氯酸钾为氧化剂的击发药的组成　　　　单位:%

序号	四氮烯	三硝基间苯二酚铅	氯酸钾（$KClO_3$）	三硫化二锑（Sb_2S_3）	二氧化铅（PbO_2）	铝（Al）	木炭	硫氰酸铝（Pb（CNS）$_2$）	TNT
1	5	—	38	45	10	2	—	—	—
2	—	—	50	25	25		—	—	—
3	—	—	40	25			20	15	—
4	—	—	53	17	—			25	5
5	5	20	37.5	37.5					
6	5	22	33	40					

表 2 - 4　以硝酸钡为氧化剂的击发药　　　　单位:%

序号	四氮烯	三硝基间苯二酚铅	硝酸钡（Ba（NO_3）$_2$）	三硫化二锑（Sb_2S_3）	二氧化铅（PbO_2）	叠氮化铅（PbN_6）	锆（Zr）	PETN	铝（Al）	代号
1	5	27	18	41	9	—	—	—	—	—
2	5	40	20	15		20	—	—	—	NoL130
3	3	38	49	5	5			5	—	—
4	12	36	22	7	9		9	5	—	FA989
5	5	53	22	10					10	PA101

2. 击发药的物理状态

点火能力主要取决于氧化剂与可燃物间的反应。击发药是非均相反应，因此它的反应与药粒大小有关。反应速度主要取决于击发药中不活泼成分，而氯酸钾属于活泼的氧化剂，因此主要取决于三硫化二锑的粒度。粒度大，反应持续时间长，一般来说点火能力大。另外，粒度大感度均一性就差。为了解决这一矛盾可用细粒的三硫化二锑，经过造粒来增大粒度，从而既保证了点火能力又不影响感度。

3. 药剂的密度和量

药量增大使火焰持续时间增长，点火能力增强。引信火帽击发药的量一般为 0.13 ~ 0.22 g，也有少到 0.032 g 的。密度大，一般点火能力就大。因为密度大，燃速小，燃烧持续时间长，同时燃烧时药粒不易喷射。但是密度增大到一定程度后它的影响就不大了。

4. 环境条件

被点燃对象放置的距离（如果是通道的话，则通道的长度、宽度、曲折表面光洁度等情况以及通道中有无小孔等）和环境的温度、气体压力等都对点燃的难易程度有影响。其原因是显而易见的，例如通道长、曲折多、通道截面半径小、内壁不光滑等都对火帽点火能力提出更高的要求。

环境主要指温度和气压。总而言之，气压低，不容易点燃（密封的无影响），温度低点燃也较难。

2.3　撞击火帽

以撞击激发的火帽称为撞击火帽。撞击火帽主要用于枪弹药筒和各种炮弹的撞击底火、迫击炮的尾管及特种弹的药筒中，用来引燃底火与传火管中的传火药，因此也称为底火火帽。

在枪弹和小口径炮弹中，常见的传火序列为：

击针撞击药筒中的火帽→火帽发出火焰→点燃发射用火药装药。

在大中口径弹药中，通常组成包括撞击火帽与底火的传火序列，即：

击针撞击底火→底火变形→使药筒火帽变形→火台阻止击发药前冲→击发药发火→点燃底火中的点火药→点燃火药装药。

在上述传火序列中，撞击火帽和底火是基本的火工元件。一般情况下，它们是受击针撞击而发火的，产生火焰形式能量以点燃火药。火药燃烧产生一定膛压，因而赋予弹丸一定的初速。火药燃烧的规律与其最初的点火情况密切有关。

2.3.1　撞击火帽的作用和一般要求

用于弹药中的撞击火帽必须满足一定的要求。从用途分析，火帽是用来点燃火药的，火帽所产生的火焰应足以点燃发射装药或点火药。发射装药的燃烧与火帽的性能有关，例如，若火帽的点火能力不够，则在击针撞击火帽后火药不是立即发火，而是经过一定的延迟时间后才发火，这样就会影响射击速度，而且容易发生危险，因为这时如果射手误认为瞎火，而过早地打开炮闩或枪栓就可能发生危险。

从用途出发还要求撞击火帽具有作用的一致性。若正常条件下同一批号的火帽点燃火药时产生的膛压不一样，则弹丸的初速就不一样，在这种情况下就会影响弹丸初速及射击精度。

从使用条件分析，撞击火帽受到武器击针的撞击作用时应确实发火。火帽发火后又去点燃火药，火药燃烧时具有较高的膛压，这意味着火帽在作用前后均需承受较大的力，因此必须考虑其感度和强度问题。

综上所述，对撞击火帽的要求有以下几点：

（1）具有点燃火药的可靠性和作用一致性，包括点火时间的一致，点火效果的一致，从而保证火药装药弹道性能的一致。

（2）有适当的撞击感度。撞击火帽在适当的能量作用下必须确实发火。

（3）壳体有一定的强度。

（4）撞击火帽爆炸反应的生成物不应对武器产生有害影响。

2.3.2　撞击火帽的结构

撞击火帽主要由火帽壳、盖片、击发药、火台等部分组成。典型撞击火帽的结构如图 2-4 所示。火台可以装在底火中、枪弹壳上或和火帽结合在一起。火帽多采用黄铜冲压而成，通常采用涂虫胶漆或采用镀镍的方法，提高火帽壳与药剂的相容性。

火帽壳的作用是装击发药、固定药剂、密封防潮和调节感度。为了保证使用的安全性，

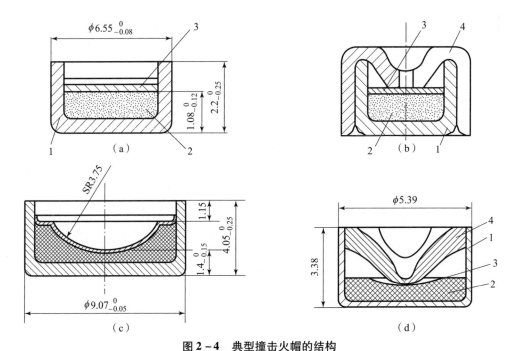

图 2 - 4　典型撞击火帽的结构

（a）9 号甲撞击火帽；（b）3 号甲撞击火帽；（c）穿爆燃弹底火；（d）33 号甲撞击火帽

1—火帽壳；2—击发药；3—盖片；4—火台

要求火帽壳具有一定的机械强度。另外，火帽壳底厚、壁厚以及底到壁的过渡半径均应配合适当。曾经发生过火帽装配好存放一定时间后火帽壳发生自裂的现象，主要原因就是底到壁的过渡半径不适当。

击发药的作用是保证火帽有合适的感度和足够的点火能力。

盖片通常由金属箔或涂虫胶漆后的羊皮纸冲压而成，起密封药剂、防潮等作用。

2.3.3　撞击火帽的发火机理

撞击火帽的发火机理：撞针作用于火帽上时，火帽的底部变形向内凹入，因为火台是紧压在火帽盖片上并且固定在药筒或底火体中（插入式火帽自带火台），所以，火帽中的药剂受到火台和底火底部变形引起的挤压而发火。当药剂受到挤压时，其中的起爆药受到撞击、压碎、摩擦等形式的力的作用，药粒之间相互移动。在起爆药的棱角或棱边上产生热点，这些热点很快扩散，使整个装药发火，产生的火焰点燃发射药或底火中的黑火药。因此，撞击起爆也属于热点起爆机理。要使热点温度高，就要求撞针的能量集中于部分药剂上，所以，火台的尖端面积、撞击的半径、火帽壳底部的硬度和厚度等都影响火帽的感度。

2.3.4　撞击火帽设计中的几个问题

1. 击发药成分、药量及压力的选择

由于火帽使用条件的不同，击发药的成分、药量和压力不一定相同。在轻武器及小口径火炮弹药中，火帽直接受到击针撞击而发火，其击发能力较强，因而其击发药中起爆药的含量较少。同时在这种情况下，火帽本身还有密闭药室的作用，故多用强度较大的具有一定厚度的黄铜作火帽壳，以防止火帽的击穿。火帽药量取决于弹药中火药装药的情况。

在大中口径火炮的弹药中，火帽不是直接受击针撞击而发火的，此时击针的能量首先作用于底火底部，使底火体变形，随后火帽受撞击而发火，其击发力量较弱。因此，为了保证火帽的发火，击发药中的起爆药应多些，同时采用强度较小的紫铜作火帽壳，而其药量只要求能可靠点燃底火中的火药即可。

在迫击炮弹中，由于击发机的力量较弱，为了保证作用的确实，火帽击发药中的起爆药的含量应高，而火帽壳用强度小的紫铜来制作，且壳体也较薄。

同样，各种火帽的压药压力，要根据使用条件来决定。

2. 零件的材料、尺寸和配合对撞击火帽性能的影响

火帽壳具有盛装击发药、同时兼有密闭枪弹和小口径火炮药室的作用，此外还可以用它来调整火帽的撞击感度。

火帽壳应具有一定的机械性能，并不与击发药发生化学反应。同时与火帽室装配时应配合良好，以保证火帽具有一定的撞击感度和长贮安定性，保证在运输和使用过程中火帽不致在火帽室内移动，在射击时防止火药气体从壳底、壳壁和火帽室配合处漏出。

火帽应有规定的尺寸，这些尺寸包括外径、高度、内径、底厚、壁厚和底到壁的过渡半径。我国常用撞击火帽的外径为 5.9 ~ 9.07 mm，高为 2.79 ~ 6.08 mm，底厚为 0.23 ~ 1.35 mm，内径与高度决定盛装击发药的容积。

火帽壳的底厚和壁厚对于枪弹火帽来说，取决于射击时的膛压和击发时能量的大小。如果射击时的膛压大而火帽壳太薄，会造成射击过程中漏气和击穿，而太厚时火帽的撞击感度又会降低。

值得注意的是火帽壳到壁的过渡半径。如果此半径设计不合适，则在火帽壳的冲压过程中和火帽的装配过程中，都可能使火帽壳产生大的内应力，从而影响到火帽的性能。

枪弹火帽壳应很好地选定火帽壳外径与火帽室配合的过盈量，一般为 0.08 mm。选择不当时，在刚装好火帽的子弹或是存放一段时间后的子弹中，会出现火帽径向裂口的现象。

火帽中的盖片用以固定药剂，同时也可防止火帽受潮。盖片的材料及厚度可以调整撞击火帽的感度。盖片材料用锡箔或镀锡的铅箔，为了降低火帽的撞击感度也有采用羊皮纸作盖片的。盖片的直径决定于火帽壳的内径，厚度一般为 0.06 ~ 0.08 mm。

3. 火台对撞击火帽感度的影响

火帽中火台的形状和材料影响到火帽的发火率。火台剖面图如图 2-5 所示。火台的形状指的是火台的锥角与火台的工作面。在火台受到相等的撞击能量时，不同锥角的火台与火帽相对运动的速度是不同的。火帽受到击针撞击时，火台挤进火帽。若火台锥度较大，火台挤进火帽时的阻力就大，火台轴向运动的速度就小；相反，当火台的锥角较小时，火台挤进火帽时的阻力就小，运动速度就大。

火台工作面积较小时，由于撞击能量集中于部分击发药，因而易发火。在规定范围内，火台工作面越窄，发火率就越高；而火台工作面越宽，发火率就越低。

在火台工作面尺寸相同时，用硬质合金作火台的火帽比用碳钢作火台的火帽发火率高。

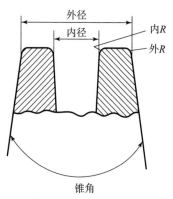

图 2-5 火台剖面图

4. 性能试验和验收的主要内容

工厂生产的撞击火帽以一定数量（5万~15万发）组批后，经军代表抽验合格后才能使用。抽验的主要内容有：外观检验；尺寸检验；撞击感度试验；振动试验；温、湿度变化安定性试验；实弹射击检验；包装质量的检查和试验。检验项目的标准有相应的技术文件规定。

试验时经常遇到的质量问题是感度不合格。撞击火帽的感度在专用的落锤仪上进行。该落锤仪以一定重量的落锤从不同高度落下撞击击针而使火帽发火，用此情况下的发火率来表征火帽的感度。和引信火帽表示感度大小的方法相似，在生产中用上、下限表示。要求每10批打一次感度曲线。感度曲线应落在规定的曲线范围内，此曲线范围是在新设计火帽或更改设计时确定的。一般从下限开始，每隔1~2 cm高度选一点直到上限。中间点试验50发，上、下限各试验100发，这样累积数据画出曲线范围作为生产的依据。试验时若火帽的感度曲线落在曲线范围之内即为合格。若平均感度（即50%发火时的落高）不变，下限升高，上限降低，则表示火帽质量较好；若下限下降，上限上升，则表示火帽质量变坏。

2.4 火帽的装压药工艺

这里只介绍火帽的装压药工艺，关于药剂准备、帽壳准备和工装模具不作讨论。

2.4.1 火帽装压药工艺流程

以针刺火帽为例。

针刺火帽虽各有不同，但是装配工艺基本大同小异，主要流程如图2-6所示。

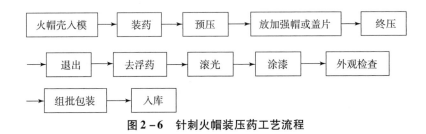

图2-6 针刺火帽装压药工艺流程

2.4.2 重要工序介绍

（1）装击发药工序：这个工序的要求是把准确的药量装入每个火帽壳中，既要保证药剂各成分比例的均匀，又要保证技术安全。应有一定的技安措施，一般采用隔离操作。

（2）影响装药量的准确性的因素：①药剂粒度大小的均匀性和外形；②药剂流散性和装药时操动中板的速度；③工房温湿度；④药剂和装药室及定量板的温差；⑤药槽内药层高度和药剂高度均一性。

（3）火帽压药：火帽压药根据所需的压力可以采用不同的压机。压药是危险工序，必须注意安全。

火帽压药分两次压，第一次的目的是平药面便于放盖片；第二次是终压，这是保证药剂最终密度的压力，因此需要控制。可以用定压力，也可以用定高度。高度在换算为压力时应符合要求。定压力所得的产品精度比定高度的好。

（4）其他工序：压完药后，火帽自模中退出，引信火帽的壳比较薄，压药后易变形，需要用压机（压力较小）退出。退出的火帽难免附有药粉，所以要滚光。滚光可以除去药粉和盖片不牢的火帽。

滚光是把火帽和木屑以一定的比例倒入小布袋中。将三四个布袋放入木滚筒内，木滚筒以 35~45 r/min 的速度转动 13~15 min，取出后在筛子上进行筛分，以分离木屑和火帽。另外，因为装药量少、压药压力小的火帽在滚光的过程中会出现掉帽和掉药现象，所以，滚光工序可以将装药量少、压药压力小的火帽剔除。筛分后可用压缩空气对火帽吹，除去附着的木屑。

无论的滚光还是筛分都会产生静电，因此要有防静电措施。除设备接地外，空气中的相对湿度也要控制，筛后要停几分钟再取出。

（5）收口：有些火帽要求收口（例如 HZ-14），这样的火帽有较大的耐震性。有收口工序时，压药只需压一次，而收口工序在放盖片之后。收口分两次进行，这样可以保证收口平整。第一次把壳口收成 45°角，第二次把边卷进去。收完口后在接缝处涂虫胶漆，以加强密封性。

2.5　火帽的检验

火帽在交验前要组批抽验。检验的项目基本是按照技术要求来确定，一般有以下内容：①尺寸和外观检验；②感度试验；③点火能力试验；④发射安全性试验；⑤运输震动安全性试验；⑥对温、湿度变化的安定性试验。

尺寸检验：包括外径、高度和压药高度，都要在规定的范围之内。

外观检验：不允许加强帽上沾有浮药、加强帽与火帽壳间涂漆不全、火帽有毛刺、加强帽有突起和变形等。

我国 GJB5309.8—2004《火工品试验方法针刺感度试验》规定，针刺感度试验用击针应符合 WJ2241《针刺感度试验用击针规范》规定。火帽的感度在落锤仪上测定。图 2-7 是针刺火帽感度落锤仪，该落锤仪与撞击火帽感度落锤仪的结构虽然不一样，但是原理是一样的。即用一定重量的锤，从一定高度落下打在击针上，击针刺入火帽而发火。火帽感度以一定落高下的发火百分数来表示或用感度曲线表示。

测试针刺火帽感度的具体试验步骤如下。

（1）首先按照火帽设计参数选择落锤的重量和落高，并且在试验工具中装入假火帽，放上击针，调节落锤的高度，使落锤锤底至击针上端面的距离为要求的高度。

（2）将待测火帽装入试验工具，盖上模盖，把击针轻轻放入模盖孔内部，并且使针尖与火帽相接触。

（3）把装好火帽和击针的试验工具装进导向孔，随后关闭防护罩门。

（4）闭合操作开关，落锤下落打击击针。

（5）如果火帽发火，取出试验工具和落锤，用纱布蘸酒精擦拭干净，将落锤放入落锤孔，用样柱检查模盖孔直径是否合格。

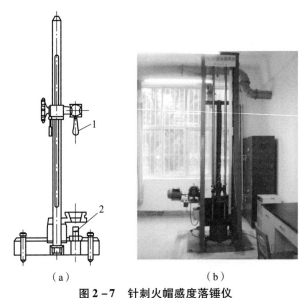

（a）　　　　　　　　　　　（b）

图 2 - 7　针刺火帽感度落锤仪

（a）原理图；（b）实物图

1—落锤；2—结合器

在针刺感度测试过程中需要注意以下几点：①装击针时要小心轻放；②不得开启防护门进行试验；③火帽不发火时禁止用手拔击针或打开防护门拔击针；④试验用的试验工具、落锤及器件等均需清擦后涂油，防止锈蚀。

如果火帽瞎火，需用长柄钳伸入防护门的窗口，把落锤挂住或放在旁边，取出击针；再打开防护门，拿出试验工具及未发火的火帽，将火帽放入盛有水的容器，集中销毁。

测试撞击火帽感度的具体试验步骤简述如下。

（1）分别检查底座的水平性以及导轨的垂直度、落锤和导轨的间隔、撞针外形、火台及火帽尺寸，按试验要求检查落锤仪及附件的各个部位。

（2）将撞针装入落锤内，辅助工具安装牢固。

（3）根据试验产品的落高要求调整好落锤的高度。

（4）在辅助工具内放入空的底火或火帽，并且进行击打试验，此时在空产品上被击打的痕迹中心的不同心度不得大于 0.5 mm。

（5）将试验用的底火或火帽安装在底火室或火台上。

（6）搬动扳手使落锤脱离挂杆沿导轨落下，通过撞针撞击底火或火帽。

（7）排烟后退出已试验的底火或火帽，并且清理底火室或火台和撞针上的残渣。

火帽的感度曲线试验是将一批火帽抽样分成若干组，每组打一个落高的发火试验，获得其发火百分数；然后以落高和发火百分数为坐标画出曲线，即为感度曲线，如图 2 - 8 所示。标准曲线用多批产品的试验来确定。针刺火帽是由生产中积累的 50 条感度曲线围成的有效范围，如图 2 - 8（a）所示。在生产过程中，为了保证产品精度，要求每批产品的感度曲线试验点均落在此范围内。撞击感度只有一条曲线，如图 2 - 8（b）所示，但要求每个落高的发火率在一定范围内。标准试验要求上限和下限各试验 100 发，中间点各 50 发。实际产品要求在大量试验下，上限发火率大于 99.5%，下限发火率小于 1/300。

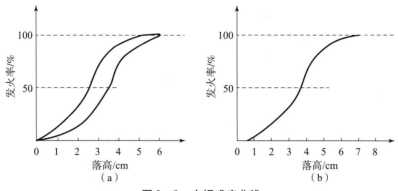

图 2 - 8　火帽感度曲线

（a）针刺感度曲线；（b）撞击感度曲线

火帽的感度经常用上、下限和平均感度来表示。

上限指火帽 100% 发火的最低落高，它是保证火帽确实发火的最低界限。一般引信火帽用 200 g 落锤时，上限为 4~6 cm。下限指火帽 100% 不发火的最高落高，它保证火帽运输、贮存、使用时安全的最高界限，一般锤重 200 g 时，落高为 0.5 cm。平均感度指 50% 发火的能量，它代表一批火帽的平均感度。每一种火帽均有其规定的感度曲线。感度不正常的情况如图 2 - 9 所示。实际中所遇到不合格的情况可能包括下列几种。

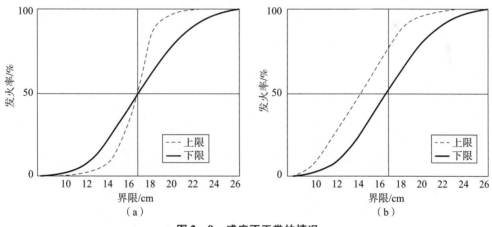

图 2 - 9　感度不正常的情况

（a）平均感度不变，上、下限改变；（b）上、下限不变，平均感度改变

（1）平均感度不变而上下限改变：假如上、下限接近，表示这批产品精度较高；反之，下限下降或上限升高都说明产品的精度下降。

（2）假如平均感度改变，而曲线是按平行的情况左右移动，则说明生产过程中存在着系统误差，例如击发药的含量百分比改变了，或壳底盖片加厚了等。

不论是（1）还是（2）的情况，其产品均为不合格，应报废。

影响感度的因素如下：

（1）属于火帽本身的原因：例如击发药的感度，包括药剂的配比、物理状态、附加剂等，此外，还有壳或盖片的厚度（引信火帽的壳的厚度对感度的影响甚微）、压药的密度等。

（2）属于检验中的原因：首先，是击针问题，经过试验证明击针是影响火帽敏感度的最重要的因素。其次，击针的材料性质、角度、尺寸、硬度、光洁度对火帽都有着不同程度的影响，特别是角度的影响更大。它们都影响击针刺入火帽的速度和摩擦的激烈性。

当然击针改变并不能改变火帽的本质，但火帽感度测定时的数据却和击针有很大关系，因此检验时使用一种严格标准的击针是十分重要的。

另外，落锤的高度和锤重之间有一定的关系，因为火帽的发火不仅依靠锤所给出的动能，而且和锤的落速及它所造成的击针落速或冲量有关，因为冲量大时，击针刺入速度大，故发火的可能性也大些，因此用不同重量的落锤不改变位能（锤重乘落高）的大小来试验时，可以看到锤小落高大的感度更大些。同样原因使得实际所得的感度曲线不能镜面对称。因此感度曲线是以落高（或能量）作横坐标，不是以冲量作横坐标的。

因为打感度曲线需消耗大量产品，故火帽生产中一般只核对上、下限及平均感度。经过一段时间生产或者原材料换批、工装设备调整等都要求打感度曲线验证。引信火帽常用两条曲线之间的面积来限制，如图2-8（a）所示，凡检验的点必须落在此面积内，否则不合格，该批火帽报废。

试验情况记录时可能有3种情形：①立即发火；②延迟一定时间才发火；③瞎火。延迟发火的火帽，在上限时算瞎火，而在测定下限时算发火。

火帽发射时对振动的安全性试验在锤击试验机上进行，如图2-10所示。试验时给火帽一个相当于在发射时所受到的惯性力的振动，考核火帽在受到此种惯性力振动时是否会发火或破裂等。锤击后火帽不能发火，帽壳不能破裂，盖片不能鼓起。

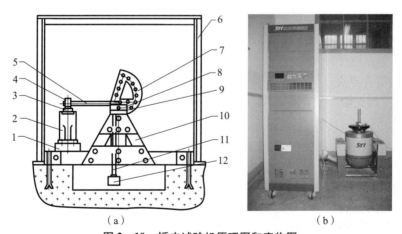

（a）　　　　　　　　　（b）

图2-10　锤击试验机原理图和实物图

（a）原理图；（b）实物图

1—垫板；2—击砧座；3—击砧；4—击锤；5—锤柄；6—护板；

7—半圆轮；8—机轴；9—轴承；10—机架；11—皮带；12—重铊

锤击试验是以弧形运动代替直线运动，重锤重37 kg，击锤重2 kg，旋转的距离以棘轮上的齿数来表示，通常为23齿。试验时，被试火帽放在结合器内，结合器拧在击锤上面，用手将手柄转动，木柄抬起；在轴上装有带卡齿的棘轮，用以固定木柄，这样就使击锤呈待击状态，当击锤下落时就打在击砧上。在击锤碰击砧台时，运动突然停止。这时击锤有一个很大的负加速度，固定在结合器中的火帽也有一个相应的负加速度。在验收火帽时，火帽所受的负加速度的绝对值应大于火炮发射时火帽所受的最大加速度的绝对值。

一般采用 23 齿时，过载系数相当于 29 kg，其加速度为 17 ~ 18 m/s^2，相当于从 16m 高度处的投弹试验。对于某些小口径火炮用的火帽验收时，此过载系数还嫌小，往往采用空气炮或其他的方法进行检验。

运输和勤务处理时的安全性试验在振动试验机上进行，如图 2 – 11 所示。

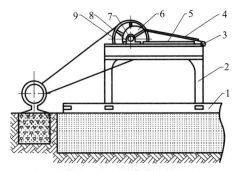

图 2 – 11　振动试验机

1—底座；2—机身；3—铰链；4—上板；5—下板；6—凸轮；
7—主轴；8—轴承；9—皮带轮

将火帽放在与运输相类似的木箱内，在落高为 15 cm、频率为 1 Hz 的情况下，振动 2 h，此时火帽不应发火，盖片及火帽体不应有相对移动。

温、湿度变化的安定性试验是在温度为 16 ~ 35 ℃ 的测试条件下，相对湿度为 95% 以上保存 3 h，以及在温度为 ±50 ℃ 下存放 3 h。经过两项试验的火帽应保持其性能不变。

火帽点火能力通常用测压力、温度和火焰长度试验的方法来考核。比较直接的方法是测定引燃距离，但是这个距离也很难符合实际情况，也不同于火帽的火焰长度。因为不是整个的火焰长度上都有点火能力，有效的点火能力常只有实际火焰长度的 1/2 到 1/4（从火焰的一端算起）。针刺火帽一般可在假引信内试验其点火的确实性。

思　考　题

1. 试分析针刺火帽和撞击火帽的发火机理。影响火帽感度的因素有哪些？
2. 影响火帽的点火能力的主要因素有哪些？设计火帽时应注意什么？
3. 试说明感度曲线的制作方法。

第3章

延期药和延期元件

3.1　概　　述

在弹药中，常常需要通过时间机构来控制弹药的爆炸时机，以期有效地利用爆炸效果。在弹药中完成定时作用有多种方法，如钟表机构、电子线路、化学腐蚀和延期燃烧等。几种方法各有优缺点，一般说机械和电子的延期时间精度比较高，但是结构复杂，价格较高。延期燃烧是指用黑火药或烟火剂的燃烧时间来控制的，它的优点是结构简单、价格便宜，但是目前延期精度还不如机械和电子，在短延期时间采用较多。化学腐蚀方法已不多见。本章仅讨论延期燃烧用的延期药和延期元件。

在弹药传爆序列中，延期药是控制时间的元件。它一般由火帽火焰点燃，经过稳定燃烧来控制作用的时间，以引燃或引爆序列中的下一个火工元件。除了在弹药引信中使用外，延期药也在民用工业中发挥作用，如在爆破工程中使用的各种时间的延期雷管。

延期药和延期元件除了应满足火工品的共同性要求外，还应满足以下要求：

（1）延期时间要精确。延期元件的作用时间通常根据引信的性能来决定。延期时间的保证由延期药来控制，因此，应选择合适的延期药，并采用合适的尺寸和压药密度。

（2）应有较好的火焰感度。延期元件一般由火帽的火焰点火。由于延期药的密度较大，不容易点火，因此，通常在延期药柱的点火端压装密度较小而又容易点燃的引燃药，保证延期药可靠地被火帽点燃。

（3）作用可靠。在引信的传爆序列中，延期元件的火焰输出要能保证引燃或引爆序列的下一个火工元件。为此，常在延期药柱的输出端压入一定量的起扩焰作用的接力药。

（4）足够的机械强度。这是为了保证制造、运输、使用时的安全和能承受发射时的震动而结构不被破坏、药剂不碎裂，确保延时精度。

延期元件中所装的延期药，按燃烧后的产物状态分为有气体和无（微）气体两种。所谓有气体延期药指的是黑火药，而无（微）气体延期药通常是指金属类的可燃剂和氧化剂混合成的烟火剂。对应的延期元件分为通气式和密封式。

3.2　有气体延期药——黑火药

我国于公元808年以前就由炼丹家发明了黑火药，但是直到100年后才用于军事目的。由于黑火药具有良好的点燃性能，并且点火能力较强，至今仍被世界各国广泛地应用于弹药及民用烟火。

3.2.1　成分及主要性能

3.2.1.1　成分

黑火药一般是由硝酸钾、木炭和硫三元混合而成。硝酸钾是氧化剂；木炭是可燃物；硫一方面做可燃物，使药剂易于点火，同时也作黏合剂以增大药粒的强度。

黑火药中各成分的比例，应根据用途及燃烧性质的要求，通过试验而确定。用途不同，其成分的比例也不同，一般如表 3-1 所示。

表 3-1　几种黑火药的配比百分数

种类	硝酸钾/%	木炭/%	硫/%
军用一般黑火药	75	15	10
导火索芯药	78	12	10
普通引信用黑火药	73~75	17.5~14.5	9.5~10.5

因黑火药的用途不同，故制成的药粒大小也不同。一般分为下列几种：①大粒黑火药（按颗粒大小依次分为大粒 1、2、3 号）；②小粒黑火药（按颗粒大小依次分为小粒 1、2、3、4 号）；③普通粒状导火索药。它们的尺寸在相应的手册中可查到。

3.2.1.2　主要性能

（1）外观。

①药粒经滚光后其颜色为灰黑色至黑色，有光泽。

②不含肉眼可见杂质。

③不允许有手指拨动与挤压而散不开的结块药粒，或药粒散开后失去原来光泽。

④药粒表面不允许有结晶出来的硝酸钾白霜和硫磺斑点。

（2）感度。

①黑火药的火焰感度很高，易点燃。爆发点 290~310 ℃。

②机械感度也较大，受到强烈的冲击和摩擦即可发火或爆炸。

③50% 爆炸的冲击感度为 84 kg/cm。

④摩擦感度较大，将它放在两个木板间摩擦就可能发火。

（3）爆温。约为 2 100 ℃。

（4）黑火药的燃烧。黑火药易点燃，反应热大，点火能力强，传火及燃烧速度快。密度大时，能均匀地逐层燃烧。如按硝酸钾∶木炭∶硫 = 75∶15∶10 作为零氧平衡计算，黑火药化学反应方程式为

$$2KNO_3 + S + 3C \rightarrow K_2S + 3CO_2 + N_2 + 73.2kJ/g$$

3.2.2　黑火药的用途

根据粒度大小黑火药有不同的用途：①用作点火药和延期药的是小粒黑火药；②用于炮弹发射药的是大粒黑火药；③粉状黑火药是三元混合物，未经过热压处理，一般用于制造导火索。本章主要讨论用作引信中延期药的黑火药。

3.2.3 影响黑火药燃速的因素

3.2.3.1 原料的影响

三组分黑火药原料中对燃速影响最大的是木炭。木炭根据点火性质和含碳量主要分为3类：①含 80%～85% 碳的黑炭；②含 70%～75% 碳的褐炭；③含 50%～55% 碳的栗炭。此外还有许多介于这些炭化度之间的木炭，如黑褐炭、褐栗炭。不同含碳量的木炭有不同的发火点。其中中级碳化的木炭（含 70%～80% 碳）具有好的点燃性，而栗炭及剧烈碳化的木炭点火相当困难，且燃速低。此外，炭的物理结构也影响燃速，用硬木烧成的炭结构致密，燃速较小，而松软木烧成的炭燃速较大。同一种树采伐的季节不同对燃速也有影响。

3.2.3.2 成分配比的影响

目前采用的成分配比，可以在 1%～1.5% 之间变动。当固定硫的成分不变而增加硝酸钾和减少木炭含量的配比时，黑火药的燃速显著下降，如表 3－2 所示。

表 3－2　黑火药的配比对燃速的影响（一）

黑火药成分配比/%			在药盘内的燃烧时间/s
硝酸钾	硫	木炭	
75	10	15	12.4
78	10	12	16.9
80	10	10	24.2
81	10	9	25.8
84	10	6	49.7
87	10	3	不燃

这是因为在黑火药燃烧时，木炭被氧化为二氧化碳，同时放出大量的热。随着木炭含量的减少，黑火药燃烧时放出的热量减少，反应速度降低，以致熄灭。

如果硝酸钾不变，改变木炭和硫的配比其燃速变化如表 3－3 所示。

表 3－3　黑火药配比对燃速的影响（二）

黑火药成分配比/%			在药盘内燃烧时间/s
硝酸钾	硫	木炭	
75	1	24	10.9
75	4	21	11.2
75	7	18	11.8
75	10	15	12.4
75	13	12	13.2
75	20	5	28.8

从表 3－3 可以看出，当硫和木炭两成分占总量的 25% 时，随硫含量的增加和木炭含

量的减少，燃烧时间逐渐增加。这是因为硫增加时，减低了黑火药的爆热（1 g 硫燃烧放出 2.72 kJ 热，1 g 碳燃烧放出 11.62 kJ 热），因此硫增多不利于连续燃烧。

3.2.3.3　水分的影响

黑火药中的惰性杂质和水分都会直接影响火焰感度和时间精度，特别是水分的影响更大。由于黑火药容易吸潮，因而在贮存时黑火药中的水分可能增加。黑火药中的水分有两种作用：①水分在燃烧时汽化吸热，使燃速降低；②水分参加化学物理反应使燃速增加。水分含量为 1% 时，黑火药有最大的燃速；水分含量增至 2%~4% 时，黑火药点火困难，燃速减慢。当水分含量超过 4% 时，由于水分增多，硝酸钾溶解于水中，干后脱硝使成分均匀性变坏，因而点火更困难，燃速更慢。当水分含量超过 15% 后，就不能点燃，失去燃烧性能了。水分使燃速的变化会导致设计和应用之间发生偏差，所以规定军用黑火药水分的含量为 0.7%~1.0%。

3.2.3.4　装填条件对延期药燃烧速度的影响

黑火药药粒的真密度一般为 1.6~1.95 g/cm^3，密度小时易点火且燃速大，在此密度范围内，燃速可相差 10~20 倍。药柱压装密度小于等于 1.7 g/cm^3 时，不能按平行层燃烧，所以药柱密度要控制为 1.7~1.9 g/cm^3。

延期药管和药盘的材料及尺寸影响着燃烧时热量的散失，因而影响燃速。一般来说管径小，材料的传热系数大，会使燃速降低。

3.2.3.5　外界条件对延期药燃速的影响

温度对黑火药燃烧速度的影响较大，常用下列经验公式计算：

$$\frac{\Delta u}{u} = 0.0005\Delta t$$

式中，u 为温度 t 时的燃速；Δu 为速度增量；Δt 为温度增量。

环境（或大气）压力对黑火药燃速的影响表现为压力增大燃速增大，压力降低燃速就降低。试验证明，压力在 40 kPa 以下时，黑火药就不能燃烧而熄灭，这就给高空情况下使用黑火药带来困难。

黑火药作为延期药的优点：黑火药对火焰敏感，在一个大气压下能很好地按平行层燃烧，因此在这种条件下易于控制时间；黑火药在燃烧时温度较高，生成物中有一半以上是固体，能将反应热在药粒或药柱中层层传递，因此在一般条件下易于持续燃烧。但是黑火药的燃速较快，要求长时间延期时不适用；同时，由于黑火药燃烧时生成大量气体，因此燃烧时受外界影响较大。此外，黑火药易吸湿，影响延期时间的精度。

3.3　微气体延期药

为了减少周围大气压力对燃速的影响而发展了微气体延期药，微气体延期药是金属和金属氧化物组成的。这类药剂在燃烧时只产生少量的气体，甚至不产生气体。

3.3.1　微气体延期药的原材料选择

从成分上看微气体延期药是一类氧化剂与可燃物的混合物。为了易于压制成型，常加入少量的黏合剂；有时为了调整燃速还加入其他附加物。微气体延期药的性质与其成分有密切关系，以下分别讨论选择微气体延期药各成分的依据。

3.3.1.1 氧化剂的选择

微气体延期药的主反应是氧化剂的分解，然后与可燃剂进行反应。为此，氧化剂的熔点、氧化剂的含氧量、氧化剂的分解热、分解生成物的熔点和沸点，都是选择氧化剂的参考要素。

1. 氧化剂的熔点

（1）氧化剂的熔点和它的分解温度有着密切的关系。大多数氧化剂在其熔点或稍高于熔点的温度下，能急剧地进行分解。因此，根据所用氧化剂熔点的高低，大致可判断延期药被点燃的难易程度和燃烧反应的快慢。

（2）在选用或设计时，氧化剂的熔点或分解温度必须适合药剂的燃烧速度。燃烧速度大的药剂，应选择熔点低的氧化剂，反之则选择熔点高的。需要注意的是，用熔点高的氧化剂来配制药剂时，其药剂比较难点燃。因此，知道各种氧化剂的熔点，对合理选择氧化剂有重要意义，一些氧化剂的熔点数据可以从相关手册中查到。

2. 氧化剂的含氧量

氧化剂的含氧量并不是指氧化剂中总共有多少氧，而是指其中能直接用于氧化可燃物的那部分氧，通常称为有效氧量。有效氧量是评定氧化剂氧化能力的重要指标之一。一般来说，药剂要求燃速快，应选择有效含氧量多的氧化剂；反之，可选用有效含氧量少的氧化剂。

3. 氧化剂的分解热

氧化剂在分解时要吸收或放出热量。氧化剂放出氧的难易程度和它在分解时放热或吸热多少有关。例如，氯酸盐分解时放热，而过氯酸盐分解时吸热，所以氯酸盐放氧比过氯酸盐容易，并且用它和可燃物配成的延期药在燃烧时，其燃烧速度也比过氯酸盐快。因此，要使药剂在燃烧时放出的热量大，可选择在分解时需要热量少或放热的氧化剂（对同一可燃物而言）。需要指出的是，这种药剂其机械感度比较大。

4. 氧化剂分解生成物的熔点和沸点

根据氧化剂分解生成物的熔点和沸点可以预估药剂在燃烧时有无气体、液体或固体生成。为了避免燃速受外界条件变化的影响，要求分解生成物是难挥发的物质。

5. 氧化剂的吸湿性

氧化剂的吸湿性是选择氧化剂时必须注意的问题。吸湿性大的氧化剂不能用。为了保证延期药有良好的化学安定性，在选用金属盐类作为氧化剂时，除了要满足不吸湿的要求外，还要求其中金属元素的电动势顺序应比金属可燃物高，否则延期药中含有少量的水分就会发生化学反应，影响安定性。

氧化剂的吸湿性以吸湿点来衡量。吸湿点值越大，其吸湿性就越小；反之，吸湿点值越小，吸湿性越大。同种盐的吸湿点一般随温度升高而降低。在没有某种氧化剂吸湿性的试验数据时，一般可根据该种氧化剂在水中的溶解度来判断它的吸湿性，即氧化剂的溶解度越大，它的吸湿性也越大。

从上述对氧化剂的物理化学性质的讨论可以看出，氧化剂对延期药性能的影响主要表现在3个方面：燃烧速度、安定性和机械感度；同时还可以看出，氧化剂的物理化学性质对延期药性能的影响，有时存在一些矛盾。所以在选择氧化剂时，应就其物理化学性质对延期药性能的影响做一个全面的分析，抓住其主要性能的影响方面，同时又要考虑如何采取一些措施，减小次要性能的影响，设计出符合要求的延期药。

综合上述要求，常用的氧化剂有下列几种：

氯酸盐和过氯酸盐：$KClO_3$、$KClO_4$ 等；

铬酸盐和重铬酸盐：$BaCrO_4$、$PbCrO_4$、K_2CrO_4、$BaCr_2O_7$ 等；

高锰酸盐：$KMnO_4$；

氧化物和过氧化物：BaO_2、MnO_2、PbO_2、Pb_3O_4、Fe_2O_3、CaO_2 等；

硝酸盐：KNO_3、$Ba(NO_3)_2$ 等。

3.3.1.2　可燃物的选择

在选择延期药中的可燃物时，其化学活性、燃烧热、燃烧生成物和可燃物的粉碎程度都是应该注意的。

1. 可燃物的化学活性

燃烧是一种激烈的氧化作用，在其他条件相同时，燃烧速度在很大程度上取决于其所含金属可燃物的化学活性。如对含同一种氧化剂来说，含锰粉的药剂比含锑粉的药剂燃速要快些。因此在选用金属可燃物时，可根据药剂所要求的燃速来选择不同化学活性的金属；但是，对于活性大的金属可燃物往往先将其钝化后再使用，以免其表面被氧化。

2. 可燃物的燃烧热

可燃物的燃烧热和药剂的燃烧性能有着密切的关系。一般燃速大的延期药宜选用燃烧热大的可燃物，燃速小的则选用燃烧热小的可燃物。目前延期药采用中等燃烧热的可燃物居多，如锑（Sb）、铁－硅（Fe－Si）、锆（Zr）、锰（Mn）等。采用燃烧热小的可燃物时往往会发生燃烧时中途熄灭的现象，尤其是压装在金属管内，外界条件变化（如温度下降）时最易产生这种现象。

3. 可燃物燃烧生成物

药剂中可燃物燃烧时生成物的物理状态，跟外界条件（压力）对药剂燃烧性能的影响有很大关系。为了避免这种影响，要求可燃物燃烧的生成物在燃烧温度下为凝聚状态。

4. 可燃物的粉碎度

由于延期药是一种机械混合物，因此它能否均匀燃烧与其原料的粉碎度及混合均匀程度有关。延期药在燃烧时，可燃物的氧化首先从表面开始，然后逐渐向里进行。粒子越小，比表面越大，燃烧反应速度就越快，延期时间就会缩短，而且时间精度越高；相反，燃烧速度就缓慢，延期时间变长，精度差。因此，药剂（特别是可燃物）必须满足一定的粒度要求。如果粒度的大小达到 5 μm，则时间精度可达 5%。但是粒度太细带来了加工困难。另外，某些活性大的可燃物，如果被粉碎得很细，就会产生自燃氧化，易着火。

从上面的讨论可以看出，可燃物决定延期药的燃烧性能和安定性。

常用的可燃物有下列几种：

金属可燃物：Mg、Al、Mn、Zr、Sb、Zn 等；

非金属可燃物：Si、S、Se、B、Te 等；

硫化物：Sb_2S_3、Sb_2S_5 等；

合金：Fe－Si、Zr－Ni、Ca－Si、Ce－Mg 等。

3.3.1.3　黏合剂及其他附加物的选择

为了便于延期药的造粒成型及改善药柱的机械强度，延期药中常加入少量的黏合剂。黏合剂同时还起着钝化剂的作用，它能降低燃速，降低药剂的机械感度，并且在药剂表面形成一层薄膜，改善药剂的物理、化学安定性。

常用的黏合剂有硝化棉、虫胶、松香、亚麻油、硫、酚醛树脂、聚硫橡胶、氯丁橡胶、聚乙二醇、聚醋酸乙烯酯、聚甲基丙烯酸丁酯、有机多硫化物及其他物质等。这些黏合剂都采用适当溶剂，将其溶解后，均匀地混合于药剂中。其用量控制在药剂总量的 5% 以下。如果用量过多，则反应生成气体量就多，从而影响药剂的燃烧性质。

另外，为了调整延期药的燃烧时间，有时在药剂中加入一些燃速调整剂，如石墨、铜、硅藻土和氟化钙等。

3.3.2　延期药的组成

3.3.2.1　成分

延期药的成分主要根据燃速来选择，同时还应考虑其他的技术要求，例如，不密封的延期元件不能采用吸湿性高的材料；有解除保险的滑动零件时，不能有大量固体燃烧产物，否则容易卡住滑块。

3.3.2.2　配比

延期药的配比是由试验来确定的，因为延期药燃烧反应式较难确定，而且影响燃速的因素很多，除了成分、配比外，还与药粒大小、压药压力、外界条件等有关。所以，在确定延期药配比时，一般先通过理论计算得到一个配比，然后围绕此配比进行大量的试验，通过测定不同配比时药剂的燃速，得到配比和燃速的曲线。在使用时常选用曲线的最大点，即曲线斜率最小处作为延期药的配方。

理论计算的基础是氧平衡，所谓氧平衡是指延期药中可燃物完全燃烧时所需要氧化剂的氧量多余或不足的情况。

延期药中可燃剂氧化程度与氧化剂供给的有效氧量相关，如果氧化剂供给充分的氧，则延期药燃烧放出的热量多，反应温度也高，燃烧快。通常氧化剂的用量可按氧平衡来计算。以锆—铅丹药剂为例介绍配比的确定方法。

锆—铅丹药剂的反应方程式可以有很多种，这里按最大的氧化程度计算，则反应方程式为

$$2Zr + Pb_3O_4 \rightarrow 2ZrO_2 + 3Pb$$

如果是按此反应方程式进行计算，令

$$X - 锆分子量 = 92.1, \quad Y - Pb_3O_4 分子量 = 686$$

则锆含量百分数为

$$锆的百分含量 = \frac{2X}{2X + Y} \times 100\%$$

$$= \frac{2 \times 91.2}{2 \times 91.2 + 686} \times 100\% = 21\%$$

则 Pb_3O_4（四氧化三铅）的百分含量为 79%。

以上结果说明按上述反应方程式进行反应的零氧平衡配比为 $Pb_3O_4 : Zr = 79 : 21$，而根据

试验确定的实际使用的配比为 72∶28。表面看来这一配比是负氧平衡，但是，因为锆粉中有一部分是 ZrO_2，其不参与反应，因此锆粉中活性锆含量小于 28%。

一般原料锆中活性锆的含量为 69%~81%，这样 28g 锆中活性锆的含量为

$$28 \times 69\% = 18.32，28 \times 81\% = 22.68$$

即锆的含量为 18.32~22.68g。

前面计算得出零氧平衡时锆的含量为 21g，处于 18.32~22.68 g 之间，所以这个配方基本上在零氧平衡附近。

3.3.3　微气体延期药燃烧机理及影响燃速的因素

3.3.3.1　延期药的燃烧机理

近年来对延期药燃烧机理的研究，正从研究各种影响因数开始而转化为用现代手段研究其不同阶段的反应产物和控制燃速的关键阶段。这些手段包括差热分析（DTA）、热失重分析（TGA）、差示扫描量热法（DSC）和 X 衍射技术等。延期药的燃烧机理是很复杂的，而且常随条件不同而不同，在此只做简单介绍。

用现代手段研究得知，有许多微气体延期药在氧化剂分解放出氧之前，可燃物已开始氧化反应，称为预点火反应（PIR）。此种反应为固—固相反应，反应时氧从固体氧化剂扩散到可燃物中，或可燃物扩散到氧化剂中，这样就不需要氧化剂分解出来的氧再和可燃物反应。

为了说明此反应的存在，Maclain 曾做过这样的试验：在 U 形管的两边，一边加铁粉，一边加过氧化钡，放在 335 ℃炉内加热 4 小时，取出后分析，结果没有发现过氧化钡的分解现象，也没有发现铁粉的氧化现象。可是，如果把铁粉和过氧化钡混合，只要加热到 100 ℃才会发生反应；而且，即使将此混合物放在真空下加热，在 100 ℃也发生反应。这一结果证明了在主反应之前，就有固—固相间的预反应。这种预反应也是放热的，显然它也促进反应的自持进行。

固—固相间的预反应可以举出许多例子，但是主反应是否是固相反应不能一概而论。因为延期药在进行主反应时温度一般很高，如果高于氧化剂的分解温度，氧化剂的氧就会分解出来，这种速度显然比固相氧化剂那种以扩散方式进行的速度要快得多。另外，对于比较复杂的氧化剂，如 $BaCrO_4$、$PbCrO_4$ 等，氧是难以从氧化剂固体中扩散出来的。因此，可以认为主反应大多数是在氧和可燃物的气—固相间进行的。

3.3.3.2　延期药燃烧速度

假设延期药燃烧反应从氧化剂分解放出氧开始，然后氧和可燃剂反应，进入稳定燃烧，即等速燃烧。

在稳定燃烧时可将燃烧的药柱的温度绘成图，如图 3-1 所示。图 3-1 中，Ⅰ为药柱的未燃区，Ⅱ为反应区，Ⅲ为已燃区。AB 为燃烧面，T_r 为室温，T_i 为药柱的发火点，T_b 为燃烧后的温度。

这条温度分布曲线构成了燃烧波，可以把药柱的燃烧看成是燃烧波在药柱中经过。为方便起见，也可以把燃烧波看成是不动的，而药柱以相

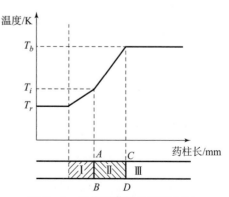

图 3-1　燃烧时药柱的温度分布

反的方向对着燃烧波推进。

因为是等速的燃烧，所以，药柱以等速向燃烧区推进，而燃烧波不动，并设药柱截面为1单位。

根据传热学定律，热量由高温向低温流动，而流动的速度为 $\mathrm{d}q$，

$$\mathrm{d}q = \mathrm{d}Q/\mathrm{d}t$$

$$\mathrm{d}Q_1 = \lambda \frac{\mathrm{d}T}{\mathrm{d}L}\mathrm{d}t$$

$$= \lambda \frac{T_b - T_i}{L}\mathrm{d}t \tag{3-1}$$

式中，$\mathrm{d}Q_1$ 为从反应区向预热区流动的热量；λ 为传热系数（因为不考虑气体，所以热量只以传导方式流动）；$\mathrm{d}t$ 为时间；L 为反应区长度。

从反应区流出的热量用于将药剂从 T_r 加热到 T_i，设 $\mathrm{d}Q_2$ 为此加热所需的热量，即

$$\mathrm{d}Q_2 = C_1(T_i - T_r)\mathrm{d}s \cdot \rho \tag{3-2}$$

式中，C_1 为药剂的平均热容；$\mathrm{d}s$ 为距离；ρ 为药剂密度，在稳定燃烧时，

$$\mathrm{d}Q_1 = \mathrm{d}Q_2$$

则

$$\lambda \frac{T_b - T_i}{L}\mathrm{d}t = C_1(T_i - T_r)\mathrm{d}s \cdot \rho$$

$$\therefore \frac{\mathrm{d}s}{\mathrm{d}t} = V = \frac{\lambda(T_b - T_i)}{LC_1\rho(T_i - T_r)} \tag{3-3}$$

式中，V 为燃速。由此式可以看到 V 和导热系数 λ 温差 $(T_b - T_i)$ 成正比和反应区长度 L、药剂比热 C_1、药剂密度 ρ 以及温差 $(T_i - T_r)$ 成反比，但此式在使用时仍有困难，因为 L 为未知数，因此需从式中消去。

令药剂从 AB 燃烧到 CD 面（即 L）所需之时间为 τ。如一粒可燃剂在 AB 界面上时表面上开始向内氧化，当它到达 CD 面时，正好中心氧化完毕。因为是固相反应，所生成的氧化物仍附于可燃物的表面上。这层氧化物成了氧化的障碍，氧必须扩散过这层氧化物后方可使可燃物氧化。因为扩散是比较缓慢的过程，因此氧的扩散速度控制反应的进行。药柱的扩散燃烧模型如图 3-2 所示。

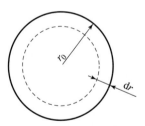

图 3-2 药粒扩散燃烧模型

根据扩散方程式，扩散速度为

$$\frac{\mathrm{d}r}{\mathrm{d}t} = K\frac{1}{r}，\quad 即 \quad r\mathrm{d}r = K\mathrm{d}t \tag{3-4}$$

式中，$\frac{\mathrm{d}r}{\mathrm{d}t}$ 为扩散速度；K 为扩散系数；r_0 为药粒半径；r 为氧化层厚度。边界条件：

反应前：$t = 0$，$r = 0$

反应后：$t = \tau$，$r = r_0$

$$\therefore \int_0^{r_0} r\mathrm{d}r = \int_0^{\tau} K\mathrm{d}t$$

$$r_0^2 = 2K\tau \tag{3-5}$$

$$\therefore \tau = \frac{r_0^2}{2K}$$

$$\therefore L = v\tau = v\frac{r_0^2}{2K}$$

代入燃烧方程式可得

$$V^2 = \frac{\lambda(T_b - T_i)2 \cdot K}{r_0^2 C_1 \rho(T_i - T_r)} \tag{3-6}$$

即

$$V = \sqrt{\frac{\lambda(T_b - T_i)2 \cdot K}{C_1 \rho(T_i - T_r)r_0^2}} \tag{3-7}$$

式（3-7）说明了燃速 V 和各种因素的关系，如果能测得延期药稳定燃烧的温度 T_b，其他的参数已知，就可以计算延期药的燃烧速度。

但是在推导方程式（3-7）时，曾作了许多假设：例如不产生气体，药剂密度不变，氧化层是固体紧密地附于可燃剂上，可燃剂是均匀的粒子，燃烧中的热量传递是以传导的方式进行等。但不是所有药剂的燃烧都符合这些假设的，所以方程式（3-7）只能作为参考，只是提供了改变燃速的一些方法。

3.3.3.3　影响燃烧速度的因素

1. 原料

由 Mg、B、Ti 等作可燃物的药剂，其燃速较大；而用 Sb、Zn、Te 等作可燃物的药剂燃速则较小。

在其他条件相同下，分解温度低的氧化剂如 $KClO_3$、$KClO_4$ 有较大的燃速，分解温度较高的氧化剂如 $BaCrO_4$、$PbCrO_4$ 等燃速较小。

黏合剂的加入一般总是降低燃速的，其中硝化棉和带有 OH 基的有机物对燃速的影响较小。

杂质及水分对燃速也有影响，尤其是水分。不仅是由于水分在分解反应时消耗热量，降低燃速，重要的是它能促使药剂各组分间发生化学反应，最后导致延期药的延期时间精度变差。因此，一般水分含量控制在 0.10% ~ 0.15% 及以下。

有时为了提高燃速的精度，可在药剂中加入 CaF_2。这可能是由于 CaF_2 在燃烧时变成液体，减少了药剂孔隙的缘故，但是这时燃速也将下降。

固定成分不变而改变其配比时，燃速也会发生变化。

2. 原料粒度

试验证明，原料细度增加，特别是可燃物的细度增加，能提高燃速；与此同时，燃速的精度也大大提高。因为细度增加，使两者混合的均匀性增加。若时间精度要求高，则药剂的粒子越细越好。一般时间精度要求在 5% 时，粒子的大小应小于 5 μm。

当药剂细度增加时，反应比表面增加，燃速显著增加。另外，粒子越小，燃烧反应越完全。但是，对于某些易氧化的可燃物，如果粒子过细，就可能发生自然氧化，即贮存一段时间后，燃烧速度会降低。因此，原料粒度的大小要根据产品的时间精度和药剂性能来确定。

3. 药柱直径

延期药柱的直径减小时，径向热量散失相对增加，燃速因此下降。当直径减小到某一值时，燃烧过程中就会出现熄火；当反应生成热小于散失的热量时，燃烧反应也就停止了。保证燃烧进行而不致熄灭的最小直径叫作延期药的临界直径。临界直径的大小和药剂成分、配比、壳体材料、外界温度等都有很大的关系，但不是一个固定值，其中主要取决于药剂成分配比。如果直径增大延期药时间就会缩短，当直径大到一定程度时，直径对燃速的影响就不显著了。

4. 管壳材料及厚度

管壳对延期药燃速的影响在于热损失。管壳材料导热系数和壳体厚度增加都会使热损失增加，而使燃速下降。

5. 装药密度

代号为654的药剂在航引-1引信药盘上进行装药密度与燃烧时间的关系的试验结果如图3-3所示。

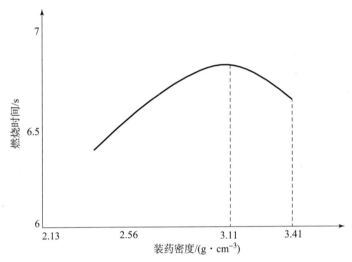

图 3-3　装药密度与燃烧时间的关系

图3-3燃烧时间最长时相当于药盘药剂的密度为 3.11 g/cm^3。在密度小于 3.11 g/cm^{3}时，延期时间随密度的增加而增加。此时，随密度减小，药剂的空隙度较大，燃烧时较热的气体向未反应区扩散，起到了预热药剂的作用，因而加快了反应速度。空隙的影响随密度增加而减小，在密度增加到一定范围（3.11 g/cm^3）以后，药粒之间更靠近了，因而加快了药粒间的热传导作用，使燃速增加，延期时间变短。所以，改变延期药的压力，也可调整延期时间。

6. 环境条件

微气体延期药在燃烧过程中仍有少量气体产生，对燃速存在一定的影响。如铅丹—锆粉延期药用硝化棉胶造粒，压成产品后，如果密封条件好，随着系统压力增加，燃速有所增加，但是测得的时间精度高。如果在不密封的条件下进行试验，系统压力变化虽小，但是由于气体带走一定的热量，因此与密封条件下的燃速相比，有所下降，延期时间普遍增大。

通常，环境温度对燃速的影响是温度高，燃速稍有增加；环境温度过低时，燃速下降并且精度差。微气体延期药在高空中使用时精度往往较差。

3.3.4　设计和研制延期药应该注意的问题

3.3.4.1　产品要求

微气体延期药品种较多，性能差异较大，在研制和选用延期药时，要根据产品的具体要求而定。例如，用于引信自炸机构中的自炸药盘，其药剂的选择对自炸机构的设计影响很大。自炸药盘与时间药盘相比其作用时间较短，精度要求也没有时间药盘高，因为它是在密封的状态下燃烧，所以要求药剂生成气体要少。用于引信保险机构的延期药，除了时间要准确外，还要求燃烧后残渣少，以利于保险的解脱，所以选用延期药产生的气体可以稍多些。

由于微气体延期药一般较难点燃，而且燃烧后点火能力不大，因此，往往在药盘的点火端压有引燃药，在药盘的输出端压有接力药。

3.3.4.2　延期时间的调整

延期药延期时间的长短是按用途来确定的。要达到长延期或短延期的目的，可以通过添加惰性物质或调整氧平衡来实现，但是，主要方法是选择可燃物的放热量的高低以及粒度的大小及成分配比等。如果要求时间长（如时间药盘，秒级延期、毫秒级高段延期）则可选用中等放热量的元素，也可以加入一些分解温度较高的物质，如 $BaCrO_4$、$PbCrO_4$ 等。

3.3.4.3　原料的选择

要正确地选用原材料，就要了解氧化剂和可燃物的基本性能。目前我国钨、锰、硅、钼、硫化锑、硅铁的原料比较丰富，适用于普通延期药；而对于要求很高的产品，可考虑用硼、硒、碲等可燃物。硼延期药具有很好的点火性能、抗静电的性能及良好的贮存稳定性。

3.3.4.4　环境条件适应性

用于武器弹药中的延期药必须适应各种环境条件。我国幅员辽阔，各地气候差别较大，如延期药没有足够的耐温、耐湿性能，就无法长期使用。

3.3.4.5　原料配比的确定

在原料选定之后，要确定各成分合适的比例，因此，要通过计算氧平衡并根据实际经验初步定下成分配比，然后根据此配比，进行试验设计，确定配方。氧平衡是指药剂中的氧完全用来氧化其本身所含的可燃物成稳定的氧化物时的平衡关系，这时如果氧有余量称为正氧平衡，不足时称为负氧平衡，正好时称为零氧平衡。

为了使延期药能良好地完成控制时间的作用，应满足以下技术要求：

（1）燃烧时间要准确。为了保证必要的时间精度，要求药剂的燃速均匀一致，并且燃速随外界压力和温度的变化影响小。

（2）射击时中途不熄灭。对高空射击时，高空温度、压力均骤然下降，同时弹丸还有较大的旋转速度（30 000 r/min），散热快会导致引信内燃烧着的药剂易熄灭或燃速下降，因此，这就要求药剂有较低的发火点、有较高的燃烧温度和较多的固体生成物，以使药剂具有燃烧的连续性。

（3）良好的物理安定性和化学安定性。一般来说，药剂性质的改变都是由于吸湿或受潮所引起，因此，原料的吸湿性是选用时必须考虑的因素。

（4）具有较小的机械感度和一定的强度。为了保证在制造和使用时的安全以及在发射时免受震动而碎裂，从而影响燃烧时间的准确性，因此，要求延期药应有较小的机械感度和一定的强度。

南京理工大学进行了在高加速度加载时延期药的燃烧机理及加固技术研究，建立起了一系列高加速度加载装置，模拟火工品的发射时的高过载环境。

（5）工艺要求。要求制造方便，原料无毒。

3.3.5 延期药的贮存安定性问题

延期药的安定性是指延期药在一定时期内，不改变其物理、化学和爆炸性质的能力。延期药的安定性对延期药的使用具有重要意义。

在选择微气体延期药的各成分时，从安定性出发，要用药剂成分间相容性好并且吸湿性小的原料，在正常条件下它们不应该发生作用。但是，实际上反应的可能性是存在的。只要具备一定的条件，如温度、湿度的变化，反应就会发生。因此，长期贮存中要控制温度、湿度的变化，使药剂贮存在阴凉干燥的地方，并从结构上加强延期元件本身的防潮能力。

特别要强调的是水分，在长期贮存中水分的存在可使产品变质，甚至发生自爆。金属如镁、铝、锰、锆、锌、铁等都具有一定的电离电位，它们在和水或盐的水溶液相遇时就会发生不同程度的反应。这种反应在有负离子（如氯、硝酸根等）存在时更为明显。反应生成的氢氧化物附于金属表面，在温度升高的情况下，氢氧化物又会失去水分而成金属氧化物，从而改变了药剂的性质。在没有水分的情况下，固体中按扩散方式进行的反应在室温下是很慢的，所以，药剂在干燥状态下是较安定的。

为了防止水分对延期药安定性的影响，除了控制原料和产品中的含水量外，还可用物理或化学的方法使金属粒子表面包覆惰性防水层。

现在采用的包覆层有多种，原则上一般的油、腊、树脂类均可作为物理包覆层。在微气体延期药中已经成功地使用了虫胶漆、矿物油、硝化棉胶和高分子聚合物，如乙烯乙酸树脂和聚乙烯醇。它们在药剂中通常作黏结剂用，在金属表面上形成永久性的薄层。为了改善包覆能力，增加黏合剂的安定性，在使用虫胶时要使之老化，用植物油时要用氧或空气作氧化处理。

化学包覆层是使金属表面形成一薄层氧化物，以阻止金属表面进一步氧化，如铝和锆的氧化层都有这种作用。镁经高氯酸钾等处理，锆经氢或铪处理，钨经重铬酸钾水溶液处理也可以得到较稳定的保护层，这种方法对长贮安定性有一定的作用。

3.3.6 常见延期药简介

国外延期药常按可燃物的种类来分类的，有硅系、硼系、镁系、钨系、铬系、钼系、锆系、锰系、硒—锑等延期药。其中，硅系延期药是硅与氧化剂，如二氧化铅、四氧化三铅、铬酸铅混合作延期药，通常用在毫秒级延期雷管中。硼系延期药是短延期药剂，燃烧时间为25～100 ms，一般用在短延期雷管中。在硼/铅丹延期药中，若加入二代亚磷酸铅后，能改善抗静电、燃烧和存贮的性能。钨系延期药燃速较慢，比较适宜用作高秒量的延期药。在美国，锆/镍合金延期药是 1966 年以前的主要延期药之一，也有使用单质锆粉的，但是因为静电感度高，容易发生事故，使用时必须小心。有时将锆粉用氟化氢溶液或其他物质处理使其感度降低。

我国延期药的种类也很多，但是常用的有钨系、硅系和硼系。钨系常用作高秒量长延期药；硅系多用作短延期药；硼系军用较多，民用还不普遍。

近年来国外对有机组分作延期药也有一些研究。延期点火药是 TNT 的金属盐类的混合物。这类药剂与硼/铅丹比较，静电感度更低，并有良好的贮存稳定性。此外，还有三硝基间苯二酚钡、硝基萘与碳的混合药剂等。下面简单介绍几种常用的延期药。

3.3.6.1   硅系延期药

硅系延期药主要含有硅和四氧化三铅。硅系延期药是一种常用的、性能较好、无气体的毫秒延期药，也可用作点火药。硅系延期药的机械和静电感应较高，在生产中应注意安全问题。

硅系延期药中常用的可燃剂是硅铁合金，其粒度为 $2 \sim 10 \ \mu m$。硅铁粉中允许含有 $8\% \sim 9\%$ 的活性物质，如铁、铝、镁、钙、锰等。氧化剂为四氧化三铅，要求纯度高于 90%。

常用的硅/四氧化三铅延期组分为硅/铁（$10\% \sim 20\%$）、四氧化三铅（$80\% \sim 90\%$），其燃速为 $45 \sim 65 \ mm/s$。当硅与四氧化三铅的比例为 $50 : 50$ 时，其燃烧时间的误差可小于 5%。

在硅/四氧化三铅中常用的燃速调节剂有硒、铁、三硫化二锑、二氧化硅等；添加少许硅藻土、石墨、赛璐珞或樟脑，也可以调节燃烧时间。

将硅/四氧化三铅基本组分中的氧化剂用铬酸盐代替或掺入，在可燃剂中掺加硒、碲等，可调节延期药的燃速，例如：

（1）硒（16%）、硅（6.2%）、四氧化三铅（26.0%）、铬酸铅（35.9%）、铬酸钡（20.3%），延期时间为 $1.76 \sim 9.80 \ s$。延期药柱直径为 $0.32 \ cm$，长度为 $0.76 \sim 3.81 \ cm$。

（2）硒（2%）、硅（8.6%）、四氧化三铅（45.8%）、铬酸铅（43.6%），当延期药柱长度为 $1.90 \ cm$ 时，延期时间为 $1.78 \ s$；如用碲代替硒，延期时间降为 $1.43 \ s$。

3.3.6.2   硼系延期药

硼系延期药大致可分为硼/四氧化三铅、硼/氧化铜和硼/铬酸钡 3 类。

（1）硼/四氧化三铅延期药。硼/四氧化三铅的点火感度较高，硼含量大于 5% 时可为导爆管直接点燃，其燃速为 $4.7 \sim 45 \ mm/s$，适用于 $25 \sim 200 \ ms$ 的延期范围，误差大约为 10%。硼/四氧化三铅延期药的配方及含量、燃速如表 3-4 所示。

表 3-4   硼/四氧化三铅延期药的配方及含量、燃速

含量、燃速	配方序号			
	1	2	3	4
硼/%	3	9	15	21
燃速/(mm·s⁻¹)	4.7	40.3	48.8	45.3

在硼/铅丹延期药中，若加入二代亚磷酸铅后，能改善抗静电、燃烧和存贮等的性能。

（2）硼/氧化铜延期药。硼/氧化铜延期药的点火感度类似硼/四氧化三铅延期药，而燃速稍慢，适用于 $100 \sim 500 \ ms$ 的延期范围。硼/氧化铜延期药的燃速随硼含量的增加而增加，其范围是 $14 \sim 48 \ mm/s$。硼/氧化铜延期药的配方及含量、燃速如表 3-5 所示。

表 3-5   硼/氧化铜延期药的配方及含量、燃速

含量、燃速	配方序号							
	1	2	3	4	5	6	7	8
硼/%	5	8	11	12	15	17	21	23
燃速/(mm·s⁻¹)	/	14.1	22.3	26.5	31.5	40.4	44.5	48.0

（3）硼/铬酸钡延期药。/铬酸钡延期药的点火感度较差，需要加入点火药才能被点燃，其燃速较慢，主要作为秒延期药。硼/铬酸钡延期药的燃速为 5~18 mm/s，硼含量的变化影响硼/铬酸钡延期药的燃速。硼/铬酸钡延期药的配方及含量、燃速如表 3-6 所示。

表 3-6　硼/铬酸钡延期药的配方及含量、燃速

含量、燃速	配方序号				
	1	2	3	4	5
硼/%	4	5	7	10	15
燃速/(mm·s^{-1})	5.1	6.4	6.7	13.4	17.9

美国匹克汀尼兵工厂的研究结果如下：

含硼3%的组分反应不完全，当含硼4%~7%时其燃速变化较小，随着含硼百分率的增加燃速加快。含硼13%的组分的反应热为最大，为 2.3 kJ/g，气体生成量为 8.9 ml/g。硼/铬酸钡组分为 10/90 时，是短延期药，同时也用作点火药，这个配比的燃速较稳定，反应热也较大，为 2.16 kJ/g，气体生成量为 7.3 ml/g。硼/铬酸钡组分为 5/95 时，适用于长延期药，反应热也较大，气体生成量为 8.0 ml/g。

若环境压力增加，5/95 的硼/铬酸钡组分的燃速变慢，10/90 的硼/铬酸钡组分的燃速变化不大；如果环境压力降低，10/90 的硼/铬酸钡的燃速则会发生变化，但仍能很好燃烧，所以在高空能够使用。如果温度增高，这两种组分的燃速都变快。若浸入水分和丙酮，硼/铬酸钡组分的燃速会变慢。硼粉采用无定形硼，铬酸钡可用铬酸钙来代替，用硝化纤维素作黏合剂，必要时可添加玻璃粉。

（4）其他硼系延期药。美国、德国在 1960 年以后公布了一些专利，改进了配比组分，增加了二代亚磷酸铅 2PbO·PbHPO$_3$·1/2H$_2$O，可改善其静电感度、储存安定性和燃烧性能，用于电延期雷管中，燃速较准确。其配方是硼粉/四氧化三铅/二代亚磷酸铅为 0.5~3.0/74.5~22/25~75。

法国专利公布的电雷管延期药配方是硼粉/四氧化三铅/铜粉，配方是为 6/90/4。

美国用于双方向延期接头处的延期药配方是硼粉/四氧化三铅/硅，配方为 1.5/70/28.5。

3.3.6.3　钨系延期药

钨延期药是一种燃速很慢的延期药，它需要用锆点火药来点燃。钨系延期药的优点是低温燃烧性能较好，在 -60~-70 ℃时不易熄灭。但是，钨系延期药燃速随环境温度的变化较大。钨系延期药的配方及含量、燃速如表 3-7 所示。

表 3-7　钨系延期药的配方及含量、燃速

含量、燃速	配方及序号							
	1	2	3	4	5	6	7	8
钨/%	27	30	33	34	49	63	80	58
铬酸钨/%	58	56	52	52	41	22	12	32
高氯酸钾/%	10	9	10	9	5	5	5	5

续表

含量、燃速	配方及序号							
	1	2	3	4	5	6	7	8
硅藻土/%	5	5	5	5	5	10	3	5
燃速/(cm·s⁻¹)	15.8	12.6	11.4	7.1	3.9	1.4		0.4

美国钻石军械引信实验室对钨延期药进行了研究，认为钨粉的颗粒大小和钨/铬酸钡的比例对延期药的燃速起决定作用；高氯酸钾的比例以 10% 为宜，高氯酸钾与一般氧化剂不同，具有一定的催化作用。

3.4　延期元件简介

在引信中使用的延期元件主要有保险药柱、短延期药柱、时间药盘等。

3.4.1　保险药柱

保险药柱在弹药中应用很普遍，在电 -2 引信中的延期保险螺中就配有保险药柱，如图 3 -4 所示。延期保险螺由两部分组成：外壳和保险药柱。延期保险螺的作用是被用来使电雷管和引爆管错开一定位置起隔爆作用，即在引信不作用时要求保险，当引信作用时需解除保险。

延期保险螺的作用过程：在延期药未被点燃时保险塞在延期管端部，保险塞紧紧卡住滑块，不使滑块移动，使得电雷管和引爆管错开一定位置起隔爆作用。当火帽火焰点燃延期药后，火焰沿表面传播同时向内部燃烧，生成物从表面及中间孔排出。一旦延期药燃烧完毕，管内就空出位置，保险塞（一钢球）立即滚入管体内，这时滑块靠弹簧力量随即滑出，使雷管和引爆管位置对正，处于触发状态，保证弹丸可靠作用。这个过程发生在弹丸从发射到远离阵地一定距离，药剂燃烧时间为 0.09 ~ 0.12 s。延期药的配方：锆粉 20%，四氧化三铅 37%，过氯酸钾 25%，硫 14%，弱棉 4%。

3.4.2　短延期药柱

短延期药柱在穿甲弹弹底引信中应用较多，如甲 -1 引信的自调延期机构，由 5 个零件组成：延期药管座、网垫、延期药柱、惯性片和延期药管，如图 3 -5 所示。

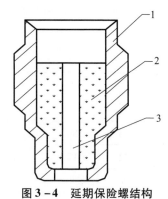

图 3 -4　延期保险螺结构

1—外壳；2—延期药；3—中间药孔

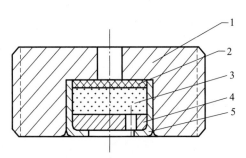

图 3 -5　甲 -1 引信的自调延期结构

1—延期药管座；2—网垫；3—延期药柱；4—惯性片；5—延期药管

延期药管座用于组装各个零件，有两个传火孔。网垫的作用是固定延期药柱和隔开管座与延期药，且可以减弱对延期药柱的振动。延期药用于延迟传火时间。惯性片用于靠自身重量自动调节对延期药施加惯性力，中间的小孔用以传递火帽火焰。延期药管用于固定药剂且便于装配。

自调延期机构作用过程：当穿甲弹碰击目标时，弹底引信火帽发火，火焰通过延期药管座、延期药管及惯性片传火孔点燃延期药柱。同时惯性片在弹丸惯性力作用下紧紧地压在延期药上，延期药只在小孔（小孔直径 0.5 mm）周围燃烧，燃速慢。当弹丸穿出钢甲后，阻力显著下降，惯性片离开延期药表面；延期药的燃烧迅速地沿着药面展开，燃烧面扩大，压力增加，燃速加快，这样用改变延期药燃烧表面大小的方法来达到自动调整延期的作用。延期药燃烧时间为 0.003 ~ 0.015 s，这段固定延期时间，保证弹丸进入钢甲一段距离后爆炸。延期药用的是普通黑火药（634 延期药，配方）：硝酸钾 75%，硫 10%，木炭 15%。

3.4.3　时间药盘

在弹药引信中，延期药盘和自炸药盘均属于时间药盘。

延期药盘结构如图 3 - 6 所示。定位销用于药盘在引信上定位，点火药接受火帽火焰来点燃延期药。延期药稳定燃烧，起到准确延迟点火的作用，且不应发生串火及表面传火速燃等现象。

由于延期时间要求长，药量就多，所以采用药盘形式能节省体积。延期药盘上下两面都有环形沟槽，内压有时间药剂，可以调整延期时间，长延期为 13 ~ 15 s，短延期为 7 ~ 9 s。如在榴 - 5 引信中，存在 3 种装定：瞬发、惯性（短延期）和延期。如果装定延期，即需要该引信起延期作用，瞬发传火通道被堵死，火焰从侧面经延期药下传，使弹丸起到杀伤破坏作用。

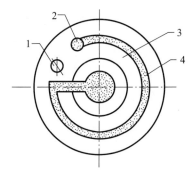

图 3 - 6　延期药盘结构

1—定位销；2—点火药；

3—药盘；4—基本延期药

自炸药盘也是延期药盘，其结构和延期药盘没有两样，根据要求时间不同而有不同的延期时间，可以用黑火药也可以用烟火药。如引信的自炸延期药盘装的药剂是 600 微烟药，配方：铬酸钡 79%，氯酸钾 9%，硫化锑 10%，弱棉 2%。

思　考　题

1. 水分如何影响黑火药的性能？

2. 阐述选择微气体延期药成分的依据。举例说明如何设计延期药配方。

3. 影响延期药燃速的因素有哪些？如何提高延期药的延期精度？

第 4 章

炮弹雷管

4.1 概　　述

炮弹的威力是直接或间接利用炸药的能量来体现的。例如，爆破弹利用炸药的爆炸来摧毁敌人工事设备，就是直接利用炸药的能量。杀伤弹是靠炸药爆炸，使弹体炸成碎片，利用破片效应来杀伤有生力量，这是间接利用炸药的能量。但是，弹体中的猛炸药起爆感度比较低，若不解决其起爆问题，猛炸药在弹体中就失去应用的可能性。19 世纪 60 年代发明了雷管和发现了爆轰现象，是炸药使用历史上的一个重大的转折点。雷管的出现解决了猛炸药起爆难的问题，从而使猛炸药得到广泛的应用，现在使用猛炸药时几乎都由雷管的作用而引爆。雷管是引信传爆序列中不可缺少的元件，将前一个火工品（火帽）或元件（击针）传来的能量转变并扩大为爆轰能，引爆传爆药或导引传爆药。引信中雷管的性能直接影响引信的作用，一些膛炸、早炸和瞎火等严重事故常常和雷管有关。

炮弹雷管按其激发冲能的形式来划分，可分为下列几种：

（1）火焰雷管：由火帽、延期药、扩焰药等的火焰引爆。

（2）针刺雷管：由击针刺击而引爆。

（3）电雷管：由不同形式的电能而引爆。

（4）化学雷管：由化学药剂的反应使雷管起爆。

（5）碰炸雷管：由碰击的力量使雷管起爆。

（6）激光雷管：由入射激光能量使雷管起爆。

随着起爆理论的发展，雷管起爆形式也将随之增多。本章只讨论一般引信使用的火焰雷管和针刺雷管。

4.2　对炮弹雷管的战术技术要求

战术技术要求是雷管设计与选用时的主要依据。引信中的火焰雷管和针刺雷管应用在不同的引信弹药上，都要参加弹药的发射过程，为此雷管应满足以下共同要求。

4.2.1　足够的起爆能力

雷管主要解决的问题是起爆猛炸药，因此起爆能力是雷管最重要的问题。雷管起爆能力不够时，炮弹中的炸药就不能被起爆，或起爆不完全，在实战时就会影响火炮的火力。但是，对具体的引信弹药而言，对雷管的起爆能力的要求要作分析，雷管的起爆能力并不是越大越好。在引信中的雷管，有的直接起爆弹体中的炸药，有的则起爆传爆药，然后由传爆药起爆弹体中的炸药。在保险型引信中，雷管不与传爆药直接接触，而是装在隔离装置的滑块或回转体里，在未解除保险前，万一由于某种原因雷管爆炸了，要求传爆药不被引爆，为此就希望雷管的威力不要太大。总之，雷管的起爆能力对具体的弹药有不同的要求，应该保证被引爆的炸药能达到正常爆轰。

4.2.2　合适的感度

雷管的起爆能力是雷管爆炸后输出能量的体现，所以要体现雷管的起爆能力，还得赋予雷管一个合适的感度。所谓感度是指雷管对外界刺激能量的敏感程度。雷管的感度要适当，一方面要保证作用的确实性而不得在规定的输入能量时瞎火，另一方面还要保证使用时的安全。感度过小不能起作用，过大起爆容易，但是使用不安全易出事故。因此，感度大小应在这对矛盾中辩证地解决。

4.2.3　发射时和弹丸（特别是含药穿甲弹）碰击障碍物时对震动的安全性

雷管配用在引信上，参加整个弹丸的发射过程。弹丸发射时，在火炮内火药气体的膛压很高。弹丸沿炮膛运动，引信内各零件都受到很大的应力，雷管应经受此应力，而不发生爆炸或引起结构的损坏。雷管所受的此种应力可以从理论上近似计算出。

弹丸的直线加速度对引信中的火工元件将产生直线加速度惯性力 F，其大小为

$$F = P \cdot \frac{W}{Q} \cdot \frac{\pi D^2}{4}$$

式中，P 为膛压，单位为 Pa；Q 为弹重，单位为 kg；D 为弹径，单位为 m；W 为火工品重量，单位为 kg。

对一定弹丸和火炮来说，直线加速度所产生的惯性力只与火药气体的压力有关，膛压最大时惯性力为最大。为了计算弹丸直线加速度所产生惯性力的最大值，需用到直线解除保险系数 k_1，决定单位重量零件在发射时所产生的最大惯性力 $k_1 = \dfrac{F_{max}}{W} = \dfrac{\pi}{4} \dfrac{P_{max}}{Q} D^2$。

直线解除保险系数对一定火炮、弹丸、装药来说是个常数，可用来计算引信中雷管在发射时所产生的最大惯性力：$F_{max} = k_1 \cdot W$，k_1 为一定值。

在引信设计中常用此直线加速度惯性力来使引信中某些惯性零件移动，从而达到解除保险和使时间发火机构发火的目的。但是在某些情况下，直线加速度惯性力可以损坏引信中的雷管，使其变形甚至爆炸。为此，对雷管发射震动的安全性提出要求，要求雷管在相应的引信弹药中能承受此惯性力而不爆炸，也不应该引起结构的损坏。

当弹着目标时瞬发引信中的击针受到目标的反作用力的影响，迅速刺击雷管，使雷管发火；或是首先刺击火帽，然后由引信火帽点燃雷管。但是对某些弹还要求对撞击目标时有足够的对震动的安全性。例如穿甲弹和混凝土破坏弹要求穿入目标后才能起作用，特别是穿甲弹穿入钢板后才能爆炸其所受到的震动要比发射时的更大。为此雷管应能经受此碰击目标时的震动而不早爆。

4.2.4　运输和勤务处理中的安全性以及长期贮存的安定性

这两项要求与一般火工品的要求大同小异，不再赘述。

4.3　炮弹雷管的结构

图 4 − 1 是我国现在常用的几种雷管结构。由图 4 − 1 可以看出雷管结构主要由 3 部分组成：雷管壳、加强帽和药剂。

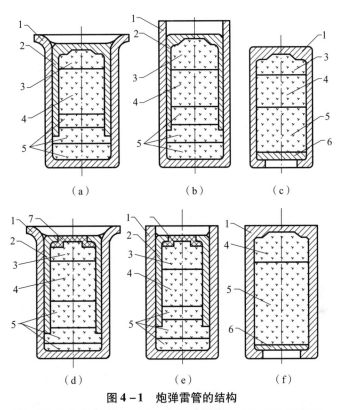

图 4 − 1　炮弹雷管的结构

（a）翻边针刺雷管；（b），（c）无翻边针刺雷管；（d）翻边火焰雷管；

（e）无翻边火焰雷管；（f）无引燃药火焰雷管

1—雷管壳；2—加强帽；3—起爆药；4，5—猛炸药；6—盖片；7—绸垫

雷管在尺寸上有大有小，药量也有差别。从外观来看，雷管有翻边、不翻边和收口 3 种。翻边雷管便于装配，这是引信结构所要求的；收口雷管的耐震性比较好，装配工艺比较麻烦些。加强帽无孔的适合于针刺起爆，有孔的是用于火焰起爆，孔下面有一绸垫，以保证装药不撒出来。

国外的雷管多为收口的。有的管壳底部冲孔，并垫有垫片；有的底部冲得薄一些，其目的是为了增加底向的威力。因为收口，所以没有必要用加强帽，只需盖片就可以了。火焰雷管也没有传火孔，用纸或铝盖片盖住火焰输入端。

我国的针刺雷管和火焰雷管的管壳是用铜镍合金冲压成的盂形壳体，地雷中所用的雷管是用铝冲压的。铜镍合金强度比较大，能耐发射时的震动。铜镍合金延展性好，便于冲压，防腐性能也比较好。

雷管加强帽是用铝带冲压而成的。火焰雷管的加强帽底中心有直径为 2.5 mm 的孔，下

垫一层绸垫以防撒药。对于受震动比较大的海甲引信中所用的 LH - 5 雷管，要用双层绸垫。针刺雷管的加强帽不需要传火孔，但是为了提高感度，通常把底部中心部分冲得薄一些，这样击针刺入时消耗的能量可以减少些。

雷管中的药剂是决定雷管性能的主要因素。炮弹雷管中装药有 3 层：最上层是保证感度的发火药，对针刺雷管来说为针刺药，火焰雷管为三硝基间苯二酚铅；中间一层是氮化铅；底层药是猛炸药，常用的猛炸药有特屈儿、泰安或黑索金。由于黑索金不容易压成药柱，所以一般要用虫胶漆、树脂酸钙或聚乙烯醇等造粒。这种 3 层装药结构工序多，经过改进把第一层起爆药和第二层起爆药混合起来使用以减少一次装药工序，这对小雷管装配尤为有利。例如，在制造氮化铅的过程中，令三硝基间苯二酚铅同时生成，用含三硝基间苯二酚铅的氮化铅来装火焰雷管，用以保证雷管的火焰感度；或者在制造氮化铅时先加入四氮烯作为晶核和氮化铅共同沉淀，得到含有四氮烯的氮化铅用来装针刺雷管，用以保证雷管的针刺感度。

炮弹雷管尺寸较大，一般直径为 5～6 mm，高为 9.7～15 mm；小型雷管直径为 2.5～4.5 mm，高为 3～8 mm，实际总装药量不到 0.5 g。

我国引信雷管的命名均以汉语拼音的第一个字母来表示：L 表示雷管，Z 表示针刺，H 表示火焰；LH 表示火焰雷管，LZ 表示针刺雷管，其后面的数字表示顺序号，例如 LH - 3 叫作 3 号火焰雷管，LZ - 1 叫作 1 号针刺雷管。

4.4 雷管爆炸过程和输出特性分析

4.4.1 雷管爆炸过程分析

Scott 按照雷管装药方式把斯蒂酚酸铅、氮化铅和泰安装入透明有机玻璃管中，在斯蒂酚酸铅一端用灼热桥丝引爆，借助高速摄影获得了雷管装 3 层装药的爆速增长情况，如图 4 - 2 所示。试验结果表明，斯蒂酚酸铅基本上是以燃烧形式进行反应的，而氮化铅在 2 mm 的距离和 1 μs 的时间内爆速从 1 300 m/s 增加到 4 300 m/s，说明了氮化铅爆轰成长快的特点。在氮化铅和泰安的界面上，爆轰立即发生（只要有足够的氮化铅），并逐渐成长到该密度下的特征爆速。由此看来，从雷管发火到爆炸的过程中，3 层装药的作用分别如下：

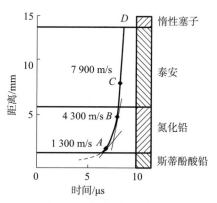

图 4 - 2 雷管爆轰成长过程

（1）斯蒂酚酸铅（对于火焰雷管）或针刺药（对于针刺雷管）由燃烧到爆燃，这一过程基本上属于快速爆燃变化形式，因而它是以弱冲击波或热能的形式来起爆下层的氮化铅。

（2）首先，第二阶段是氮化铅起爆后，由于它的爆炸变化加速度很大，在经历很短时间的爆轰成长阶段后，就达到了其自身的稳定爆速，因而它是以强冲击波能量的方式引爆下层猛炸药；其次，由于猛炸药较起爆药的冲击波感度低，但是它能被氮化铅所起爆，所以，在此过程中的爆炸变化形式是爆炸转化为爆轰；最后，雷管壳在猛炸药的爆轰波作用下被炸碎，从而产生雷管的输出效应，起爆爆炸序列中的其他装药或元件，体现出雷管的起爆能力。

4.4.2 雷管的起爆能力分析

雷管的起爆能力是雷管输出能量的体现，是个复杂的概念。雷管的输出能量有 3 种形式：雷管爆炸后生成的爆炸产物；雷管产生的破片；在介质中传播的冲击波。其中以冲击波和破片为主，在直接接触时以冲击波为主，在有一定空隙时以破片为主，而爆炸生成物在雷管和炸药直接接触时与冲击波结合共同起作用，在远距离时的作用远不如另外两个形式。

雷管爆炸时会产生很大的压力。如果按 $P_H = \rho_0 D^2 / 4$ 近似计算，若 $\rho_0 = 1.6 \text{ g/cm}^3$，$D = 7\,000 \text{ m/s}$，则计算的结果近似值为 9.81 GPa，因此作为直接接触起爆，雷管是一种主要的起爆力量。但是，当爆炸产物膨胀时，压力就迅速下降。在膨胀的最初阶段，压力随密度的三次方而改变，即 $P = A\rho^3$，然而在膨胀过程中，爆炸产物的密度则随着产物的膨胀而迅速下降。若把雷管底层猛炸药简化成半径为 r_0 的球形装药来看待，由于 $\rho \propto r_0^{-3}$，故随产物膨胀距离的增大，产物的压力 $P \propto r_0^{-9}$ 而下降。这样，设 $r = 2r_0$，即爆炸产物膨胀到雷管半径的一倍时，压力就下降到原来压力的 1/500。若原压力为 9.81 GPa，则此时只有 19.6 MPa。由此可见，在距离较远时起爆，爆炸产物不是主要的起爆力量。

雷管爆炸时产生的爆轰波首先作用于底壳上，经底壳衰减后再以冲击波的形式进入被起爆的对象中，这时爆炸后的能量有很大一部分变为冲击波的能量。爆炸产物冲击空气时冲击波阵面上的初始压力达 68.7 ~ 127.5 MPa，不过，此压力随时间迅速下降，在距离爆炸中心 10 ~ 12 r 时，冲击波的平均压力为 4.91 MPa，因此，它的作用距离也不大。

雷管爆炸时的爆轰波使管壳炸成破片，这种破片的速度开始随距离的增大而增加，随后又衰减，但是在运动过程中衰减很慢。据资料报道，雷管底部方向破片速度达 2\,000 ~ 3\,000 m/s，因此，在一定距离上雷管是起爆的主要力量。

4.4.3 雷管作用时间测试方法

雷管的作用时间是决定雷管的特性和功能的重要指标之一，作用时间是指雷管从受到外界能量刺激至底部装药爆炸所用的时间。按获取信号手段分类，雷管作用时间的测试方法可分为探针法、光电法、靶线法和高速摄影法等。

1. 探针法

探针法已有很长的应用历史，是高速动态过程中测时的一种普遍使用方法。探针法的优点是结构简单、响应速度快、使用可靠、成本较低等，特别是现在使用的同轴探针技术，使测试时间分辨率不超过几纳秒。目前，探针法的应用非常普遍。

探针即两个电极，要么接通，要么断开。在探针接通或断开的同时，借助外电路能够产生一个阶跃电压，从而形成计时信号。引起探针接通和断开的原因很多，其机理是相当复杂的。这是由于火工品或药剂燃烧爆炸产生的效应具有多种形式，究竟是何种效应使探针以何种方式进行导通，目前尚无定论。不管探针以何种方式进行导通，其最终效果就类似于一个开关。探针利用了火工品快速反应中的高热高压效应，在电路中产生了一个突变的电信号作为计时脉冲信号。

探针的开关时间定义为：从有效冲击波到达探针所在的位置开始计时，到探针的内阻减小至与脉冲电路输入阻抗同数量级时停止，这段时间也称为探针的导通时间。

探针测时的系统结构如图 4 - 3 所示。

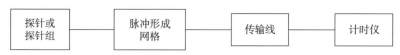

图 4 - 3　探针测时的系统结构

2. 光电法

一般燃烧或爆炸产物反应时的光信号多为可见光和红外光，即波长为 $0.3 \sim 2 \ \mu m$。光电法利用燃烧或爆炸过程中产生的光信号来作为计时信号。

光电法测试系统中所使用的采光器件种类很多，主要依据的是光电效应理论，也就是把光信号转换成相应的电信号。

3. 靶线法

靶线法是使用直径不大于 $0.1 \ mm$ 的漆包铜线作为靶线，将其紧紧缠绕在雷管输出端，或用透明胶带纸等粘在雷管输出端的中心部位，并使之与雷管壳绝缘。当雷管爆炸时，靶线被炸断，给出 II 靶信号。

靶线法测时电路图如图 4 - 4 所示。K_1 接通电源，闭合 K_2 使雷管起爆，同时 C_1 经 R_3、K_2 和 R_2 放电，产生与雷管同步的 I 靶信号，输入计数器。雷管爆炸后将靶线 R_5 炸断，形成输入计数器的 II 靶信号，两信号之间的时间间隔即雷管的作用时间。

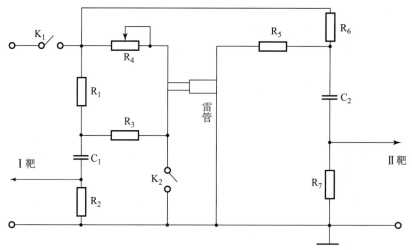

图 4 - 4　靶线法测时电路图

4. 高速摄影法

高速摄影法是利用照相的方法拍摄高速运动过程或快速反应过程。高速摄影法能够将空间信息和时间信息一次记录下来，具有形象、直观的动画效果。

高速摄影与普通摄影的区别在于摄影频率或时间分辨率不同。一般认为，摄影频率高于 100 幅/s 或时间分辨率小于 $0.001 \ s$ 就属高速摄影范畴。目前最高时间分辨率已达 $10^{-13} \ s$，用这样的高速摄影设备，可以对高速运动和快速反应过程进行分析和研究。高速摄影法所记录的空间信息以图像来表示，它捕捉了每一瞬间反应的状态或物体的运动情况；时间信息以摄影频率来表示。高速摄影技术极大地提升了人眼对时间的分辨率。

4.5　炮弹雷管的设计

在设计炮弹雷管时，一般可按下列步骤进行。

（1）对雷管所配用的引信、弹药和火炮的战术技术指标有一定的了解，特别要注意结合引信的结构，分析雷管的用途和使用条件，明确雷管的战术技术要求，作为雷管设计的基本依据。

（2）通过分析雷管结构和性能的关系，并参考相关已定型雷管的结构，初步确定雷管结构的具体参数，完成雷管初步方案设计。

（3）根据初步方案进行试验研究。当某些试验项目不能满足指标要求时，要对结构进行适当的修正，再通过试验来研究修正后的性能；如果还不能满足要求，则重复上述过程，直到找到最佳条件，并以较大数量进行试验提高可靠性，最终完成雷管的设计。

雷管设计的核心内容可归纳为雷管装药设计、管壳设计和加强帽的设计。

4.5.1　雷管装药设计和选择

雷管在结构上应体现对它的要求——合适的起爆能力、适当的感度及发射时对震动的安全性等。就雷管的性能而言，其核心是雷管中的药剂，即雷管中的原发装药（起爆药）与被发装药（猛炸药）。从雷管的作用过程可以看出这两部分装药的作用是各有侧重的。原发装药主要决定雷管的感度，被发装药主要决定雷管的起爆能力。雷管是为了解决炸药的起爆问题，因而在设计雷管的装药时应先确定被发装药，后确定原发装药。

4.5.1.1　被发装药的设计

在设计被发装药前应先搞清楚其用途和使用条件。雷管中的被发装药用来起爆炸药（弹体中的炸药或传爆药），而本身被原发装药引爆。设计这样的装药，首先其中心内容是要有一定的起爆能力，其次是有较好的起爆感度。处理起爆能力与起爆感度关系的指导思想是在保证起爆能力的基础上调整起爆感度。对于雷管中的被发装药来说，其机械感度是否太大、发射时对震动是否安全以及在某些弹中是否能经受弹碰击障碍物时的震动一般不是主要的。

雷管中被发装药的起爆能力受许多因素影响，为此，要研究影响起爆能力的因素，以选择合适的条件作为设计的内容。影响被发装药起爆能力的因素主要是炸药的性质、装药的有效飞散量、起爆表面以及压药工艺条件等。

1. 炸药性质的影响

雷管起爆能力的核心是炸药的威力，而炸药的威力的大小取决于爆速的高低，爆速高的炸药威力大，反之则小。所以，雷管中所装的炸药的爆速越大，起爆能力就越大。

爆速是猛炸药威力的重要示性数，是由猛炸药本身的性质所决定的。一定的炸药在一定的条件下爆速是定值。现在雷管中多用黑索金、泰安、特屈儿等威力较大的猛炸药来装填，我国主要用黑索金。在设计雷管被发装药时，首先选定药的种类；当药种选定后，要使该药能够爆炸并以它本身最大的爆速进行爆轰是有条件的，前者由其装药的临界直径（$d_{临}$）所决定，后者由其装药的极限直径（$d_{极}$）所决定。爆速与装药直径的关系如图 4-5 所示。当装药直径小于临界直径时，装药不能传递爆轰；当装药直径大于临界直径而又小于极限直径时，炸药的爆速 D 将随着装药直径增大而增加；当装药直径大于极限直径时，装药中能形成稳定爆轰，且其爆速为一恒定值。将能使炸药爆速成长的最小装药直径称为临界直径；能成长到特征爆速的最小直径称为极限直径。炸药之所以存在临界直径和极限直径，主要是由于爆轰产物具有侧向膨胀特性。在设计被发装药时必须使装药直径大于临界直径才能使用，而在直径大于极限直径时才能使该炸药达到最大爆轰速度。

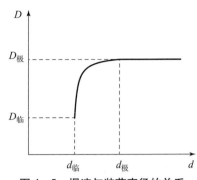

图 4 - 5　爆速与装药直径的关系

各种猛炸药临界直径和极限直径的大小是有条件的，由于考虑雷管的安全性总希望雷管的尺寸尽量小些。因此，设计时应尽量使炸药的临界直径和极限直径减小，以保证雷管有较大的起爆能力和较好的安全性。

影响炸药的临界直径和极限直径的因素有以下两点：

（1）炸药的晶体尺寸。临界直径和极限直径随炸药的晶体尺寸的减小而减小。TNT 和泰安的装药密度、晶粒尺寸、临界直径和极限直径的关系如表 4 - 1 所示。

表 4 - 1　TNT 和泰安的装药密度、晶粒尺寸、临界直径和极限直径关系

炸药名称	装药密度/($g \cdot cm^{-3}$)	晶粒尺寸/mm	临界直径/mm	极限直径/mm
泰安	1.00	0.025 ~ 0.100	0.70 ~ 0.86	
泰安	1.00	0.15 ~ 0.25	2.10 ~ 2.20	
TNT	0.85	0.07 ~ 0.20	10.50 ~ 11.20	30.00
TNT	0.85	0.01 ~ 0.05	4.50 ~ 5.40	9.00

由表 4 - 1 可知，随着炸药晶粒尺寸的减小，其临界直径和极限直径迅速减小，为此，在一定条件下可以选用晶粒较小的炸药。但是，药粒太小，药的流散性差，在工艺上不便于装填。

（2）装药密度。临界直径和极限直径随密度增大而大大减小，而且它们之间的界限也减小。图 4 - 6 为压装 TNT 的装药密度与其临界直径的关系。曲线 1 是晶粒为 0.20 ~ 0.70 mm 的装药；曲线 2 是晶粒为 0.05 ~ 0.07 mm 的装药。当装药密度从 0.85 g/cm^3 增大到 1.5 g/cm^3 时，其临界直径减小 2/3 以上。

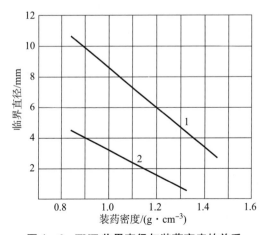

图 4 - 6　TNT 临界直径与装药密度的关系

（3）外壳。有外壳时，临界直径和极限直径要比无外壳时小，且外壳强度越大，临界直径和极限直径就越小。表 4-2 为泰安和黑索金有无外壳时对临界直径影响的数据。

表 4-2　泰安和黑索金有无外壳对临界直径的影响

炸药名称	外壳	装药密度/(g·cm⁻³)	晶粒尺寸/mm	临界直径/mm
黑索金	无外壳	1.00	0.18	4.40
黑索金	有薄壁玻璃管	1.00	0.150~0.025	1.20
泰安	无外壳	1.00	0.18	3.20
泰安	有薄壁玻璃管	1.00	0.100~0.025	0.90

在设计雷管被发装药时，必须从性能上确定合理的条件，使炸药的临界直径和极限直径尽量减小，同时又要考虑雷管工艺上的方便。

要使雷管被发装药达到稳定的爆速，除了应满足直径方面的要求外，还必须满足一定的长度要求。对一定直径的装药而言，若装药量太少，即长度不够，就不足以使炸药达到稳定爆轰，因而就不能保证它有足够的起爆能力。

从上述炸药稳定爆轰的条件看，每种炸药要达到稳定爆轰的药量有一临界条件，具体体现在：装药直径至少必须大于临界直径，而一般应大于极限直径；装药的长度应大于爆速增长所需的长度。

2. 装药有效飞散量的影响

在满足装药稳定爆轰的条件下，增加装药量就相当于增加药柱的长度，此时起爆能力会发生怎样的变化呢？雷管是按轴向起爆方式的结构设计的，但是在轴向输出的同时也有径向输出，只是轴向输出能力大于径向输出能力。

在雷管起爆传爆药或爆炸装药时，要能激起传爆药或爆炸装药的爆轰，有两个必要条件：

（1）要求雷管被发装药的轴向爆速大于被起爆装药（传爆药或爆炸装药）的临界爆速。

（2）要求雷管被发装药借助于其化学反应中放出的能量，使其起爆冲击波阵面保持必要的压力。

由爆炸物理可知，波内化学反应能量的利用程度取决于化学反应区的宽度 Lw 及其有效部分（即疏波未触及的一部分）的深度 Le 之比，即：Le/Lw。Le/Lw 与化学反应的速度有关，当化学反应的速度增加时，Lw 减小，而波内能量有效利用系数相应增大。有效深度所围成的圆锥体的部分炸药即为有效装药飞散量，圆锥体的高度即为有效深度 Le。

对于裸露装药，从一端起爆时，疏波可以从后向（即起爆端）和侧向入侵。入侵的结果削弱了底部的轴向起爆能力，侧向疏波入侵的结果如图 4-7 所示。药柱的有效装药高度 Le 与药柱长度 L 的关系如图 4-7 表示。

图 4-7 中角度 α 以外的炸药对一维起爆

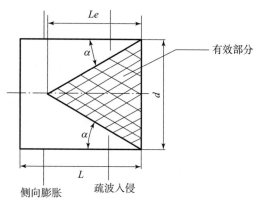

图 4-7　有效装药高度与药柱长度的关系

没有贡献。

理论上装药的径向稀疏波平均速度约等于装药爆速 D 的 1/2，则当侧向稀疏波从侧向侵入 $d/2$ 距离后，爆轰波在轴向走过的距离为 d。

因此，无外壳情况下，有效装药长度 $Le = d$。

对于装药有外壳时，疏波不能自由入侵，或者要等壳体破裂后才入侵，所以在相同时间里爆轰波在轴向走过距离要大于装药的直径，即：$Le > d$。雷管中装药属于有外壳时的情况，在爆轰稳定传播的条件下，反应区的有效深度 Le 决定装药的直径和外壳。直径一定的情况下，在一定长度范围内，随着装药长度的增加，雷管轴向上的有效飞散量增加，起爆能力就增加。在雷管的起爆条件下，有经验公式 $Le = 4L/9$，即有效装药长度 Le 随雷管装药长度 L 的增大而增大。当 $L = 9d/4$ 时，有效装药长度就趋于极限。就是说，当装药长度超过直径的 2.25 倍时，有效装药长度并不增大，雷管的轴向起爆能力并不增大。所以，在设计雷管中的被发装药的时候，一方面必须保证满足一定的长度要求，以保证其有效飞散量；另一方面长度太长也是不必要的，对于用雷管作轴向起爆，其极限装药长度通常取直径的 1.5 倍。

有许多雷管不仅用来作轴向起爆，同时也利用径向能量来起爆，这就不受 h/d 为 1.5 的限制。此时，长度增加，起爆能力增加而无极限，但是为了安全起见雷管不应该太长。

3. 装药起爆表面的影响

在临界药量的基础上，当装药长度大于满足爆速增长所需要的某一长度时，药量增大时就只是增大了直径。直径增大，则与被起爆的装药的接触面也相应增大，也就是使最初的爆炸中心增加（爆炸中心的直径等于雷管本身的直径）。雷管直径增大就等于起爆层中化学反应区有效深度的直径增大，因而装药的有效飞散量增大，起爆能力也增大。因此，适当增大起爆表面（即直径）也是提高雷管起爆能力的途径。

以上说明了爆速、有效飞散量和起爆表面对起爆能力的影响。这些因素体现在选择威力大的炸药，并合理确定其物理条件，如压药压力、颗粒大小、装药直径、高度及形状等，可归纳为以下几点：

（1）长度应大于其炸药爆速增长所需的长度。

（2）直径应大于其装药所需的极限直径。

（3）在满足（1）、（2）时，直径增加，起爆能力就增大。

（4）在满足（1）、（2）、（3）时，增大 h/d，对轴向起爆来说有一限度，即 1.5。当不仅利用轴向起爆而且还利用径向起爆时，h/d 大，起爆能力就大。

4. 被发装药所受压力的影响

炸药理论告诉我们，炸药的爆压取决于爆速，而爆速不仅取决于炸药本身的物理化学性质，而且还和装药密度有关，即装药密度大，起爆能力大。因此，从起爆能力考虑，压力越大越好。但是密度大，起爆感度小，起爆就困难，而且爆轰成长也困难。为了既提高起爆能力又有较好的起爆感度，在炮弹雷管中采用了分层压装的工艺。底层被发装药可用较高的压力压装，一般为 58.9 ~ 117.7 MPa；而贴近起爆药的被发装药用较小的压力压装，一般为 49.1 ~ 73.6 MPa。

压力的选择不仅取决于起爆能力，还取决于发射时对震动的安全性。例如，穿甲弹要求钻入目标后再爆炸，因此要求雷管能耐撞击目标时的震动。若雷管压装压力比较小，发射时或撞击目标时药剂相互摩擦冲击，雷管可能因冲击而发火，所以穿甲弹引信中的雷管要用较大的压力来装填。另外，底层压力的增大往往受到管壳强度的限制。

总之，压力的选择要考虑以下几点：

（1）既要有较大的起爆能力，又要有较好的起爆感度，所以采用分层压装的工艺，底层压力大，而靠近起爆药层用的压力较小。

（2）对雷管耐震动要求高时，应选用较高的压力。

（3）工艺可行性。现有管壳材料压药时，底部压力一般不超过 117.7 MPa。

起爆能力是设计雷管被发装药的中心问题，而安全也很重要。在确保起爆能力的条件下，雷管越小越安全。

4.5.1.2　原发装药的设计

要设计雷管的原发装药，同样要弄清原发装药的用途和使用条件。原发装药用来起爆雷管中的被发装药，而它本身靠火焰或针刺而起爆。其设计的依据无疑是要体现雷管的性能，满足雷管的感度、起爆能力、对震动的安全性等要求。这里的感度指的是针刺感度或火焰感度。原发装药要有一定的起爆能力才能起爆雷管中的被发装药。原发装药对震动安全性的要求也很重要，因为发射时或弹碰击钢甲时雷管要承受较大的应力，而雷管中起爆药较猛炸药的感度大得多。在雷管中原发装药用其本身的能量来起爆被发装药，要求其爆速大于被起爆装药的临界爆速。结合现有的起爆药看，这一条件容易实现。因为起爆药爆速一般为 4 500 m/s 以上，即使密度小到 1 g/cm^3，爆速也在 2 700 m/s 以上，而猛炸药的临界爆速一般为 2 200～3 000 m/s。所以，对原发装药，其设计的中心内容是保证合适的感度。原发装药的感度就是雷管的感度，其次才是起爆能力。处理原发装药的感度与起爆能力的关系的指导思想是：在保证合适感度的前提下具有较好的起爆能力。

原发装药的设计具体为选什么药、药量多少、受压多大等。其中药剂的性质及其所受压力，从保证合适的感度出发来确定；而药量则是在药剂性质一定后，从具有一定起爆能力出发来确定。

1. 药剂的性质

我国早期用雷汞装填炮弹雷管，但是雷汞感度大，不能承受大的应力。而随着快速目标（飞机）和坦克装甲目标的出现又要求弹丸有较大的初速。初速大来源于高的膛压，而膛压高时引信内各零件所承受的应力就大，因此，雷汞装填的雷管就不能满足要求。所以在第一次世界大战末，雷汞雷管就被氮化铅雷管所代替了。但是氮化铅作为雷管的原发装药也有其缺点，主要是其火焰感度和针刺感度都比较小，单一装药不能满足要求。现在的炮弹雷管中都用氮化铅作为原发装药的主要成分，具体是当用于火焰雷管中时，在上面加一层对火焰敏感的药剂，一般用斯蒂酚酸铅；当用于针刺雷管中时，在上面加一层对针刺敏感的药剂，一般用四氮烯、硝酸钡、硫化锑和斯蒂酚酸铅组成的混合药剂，简称针刺药。

2. 原发装药量

原发药药剂的性质确定后，原发药药量的多少以起爆雷管中的被发装药为依据，用极限药量来表示。极限药量是指完全起爆某一猛炸药所需起爆药的最小装药量。过去的表示方法为 1 g 猛炸药装入 8 号工程铜雷管壳中，再以不同重量的起爆药起爆，以达到完全起爆猛炸药时所需起爆药的最小药量表示。现我国 WJ1877－1989《起爆药极限起爆药量测定法》规定，使用 0.09 g 猛炸药，在 31 号火焰雷管壳中按 31 号雷管装压药条件装药，达到高速爆轰所需要的最小起爆药量。

在确定原发装药量时，为保证发火可靠，一般至少比极限药量多25%～30%以上的富裕量，所以研究极限药量对设计雷管具有指导意义。

影响极限药量的因素很多，与原发装药有关，也与被发装药有关，还与雷管的壳体和加强帽有关。下面分别从这几个方面来讨论。

（1）药剂的性质。

①起爆药的爆速越大，其爆炸加速期越短，即其爆速增长到最大值的时间越短，起爆能力就越大。例如，氮化铅和雷汞的爆速接近，但是氮化铅的爆炸加速期比雷汞短得多，相应地，氮化铅的起爆能力比雷汞大得多。

②不同的猛炸药所需的极限装药量不一样，起爆感度大的猛炸药所需的极限药量小。

（2）产品的纯度。

氮化铅对特屈儿起爆时所需的极限药量随氮化铅的纯度而不同，试验数据如表4-3所示。

表4-3　氮化铅纯度对其极限药量的影响

序号	氮化铅试样	纯度	极限药量/g
1	用10%氮化钠溶液和15%硝酸铅溶液制备	化学纯	0.020
2	用10%氮化钠溶液和15%醋酸铅溶液制备	化学纯	0.040
3	用10%氮化钠溶液和15%硝酸铅溶液制备	98.16%	0.030
4	用10%氮化钠溶液和15%醋酸铅溶液制备	87.45%	0.035

对于被发装药来说，药剂中掺有钝化剂一般要增加极限起爆药量。

（3）压药压力。

对被发装药来说，密度大，起爆感度小，则需要较多的起爆药才能起爆，故其起爆所需的极限装药量就大。

对原发装药来说，关系比较复杂，这里有许多因素相互影响，其表现为：对原发装药中的某些药，在一定密度限度以前，增加密度，极限装药量减小；超过一定限度以后，密度再增加，极限装药量增加。导致这一现象的原因是：①密度与感度的关系；②密度与爆速的关系；③密度与爆速增长的关系；④雷管中起爆药药量少的特点。这里首先单独研究各个因素的影响，然后进行分析。

针刺药在一定密度前（相当于受压127.5 MPa以前），增加密度其感度就增大，但是密度太大也不合适。对火焰感度而言，一般压力大，感度小。密度与爆速的关系是：密度大，爆速大，起爆能力大，这个因素使极限装药量减少。但是密度大后，爆速增长期长，又使得极限装药量增加，且不同的药剂影响的程度不一样。

综合以上各因素来分析密度与极限装药量的关系。当为针刺发火时，在一定压力（密度）以前，由于密度小药粒间空隙大，受击针刺击时几乎不发生作用，因此密度增加时有利于针刺发火。当为火焰作用时，密度小，则导热系数小，引燃条件好，同时起爆药分解的热产物和热空气可渗入气孔去引燃深处的药剂；但在一定程度内密度增大，对火焰感度影响不大。另外，不管是火焰或针刺起爆，均是密度大，爆速大，因而起爆能力大，故极限装药量减少。但是超过一定密度后，密度增大，感度的影响就大了，这首先是起爆困难，其次是起爆后爆速增长期长，也就是说需要较长的时间才能达到它的最大爆速。若药量太少，它的最大爆速就表现不出来，因此起爆能力小，就会增加它对猛炸药起爆所需的极限装药量。

原发装药中纯度高的氮化铅，在压力 300～400 MPa 以内，极限装药量与受压大小无关；氮化铅中如含 1.2%～2% 的石蜡，增加压力其极限起爆药量有显著增加。

（4）晶形及结晶大小。

①不同晶形药剂的极限起爆药量不同，例如氮化铅对特屈儿的极限装药量，针状结晶氮化铅极限装药量为 0.02 g，而柱状结晶氮化铅则为 0.03 g。

②极限装药量受结晶大小的影响，主要在于不同结晶大小的晶体，在同一压力下，所压出的密度不一样。粗结晶可以压成高一些的密度，这样就会使被发装药起爆困难，因而就增大了起爆时的极限装药量。而对某些原发装药来说，符合前述密度变化与起爆能力变化的关系。即要看密度变化在哪个范围，在一定密度以前减少极限装药量，在一定密度后增加极限装药量。但是通常结晶大小变化不大，由它引起的密度变化也不大，而通常表现为粗晶体的起爆药可以压成较高一些的密度，可减少极限装药量。

③加强帽的材料、尺寸、形状也对极限装药量有影响，这些将在加强帽部分讨论。

3. 原发装药压药压力

原发装药压药压力的确定，首先主要以合适的感度为依据，其次是考虑发射时对震动的安全性问题。火焰作用时一般密度小，火焰感度就大，容易点燃，但是承受发射时的震动的安全性差，使用不安全，或容易造成药粒间相互摩擦，掉药粉，引起事故；同时压力过小，起爆能力降低，造成雷管的威力不足。

针刺作用时原发装药压力过大或过小都是不合适的。在一定范围内，压力增大，其感度增大；但是，压力过大，感度就会降低。一般合适的压力范围为 107.9～127.5 MPa。

以上讨论了雷管的装药设计问题，总的来说，雷管主要解决猛炸药难起爆的问题，所以雷管装药设计的中心问题是起爆能力问题；与此同时，要使雷管的起爆能力正确地体现出来，雷管本身应有一个合适的感度；另外，由于雷管的感度比较大，又带来了发射时对震动的安全性要求的问题。

雷管的药剂中被发装药主要体现为起爆能力，而原发装药主要体现为雷管的感度，所以在设计时应先定被发装药，后定原发装药。

确定被发装药的原则是在保证威力要求的前提下，起爆感度越大越好，要落实以下几点：

（1）药剂种类。威力（爆速）应大，对于起爆感度大的猛炸药，应考虑安全性问题。药剂种类选定后，要达到该药的最大爆速是有条件的，为此装药直径必须大于极限直径，而装药高度必须大于稳定爆轰所必需的临界高度。各种炸药的临界直径和极限直径也是有条件的，受许多因素的影响。设计时要根据这些因素进行试验，以确定合理的条件。

（2）药量、形状、尺寸。有一起码的临界药量。在此基础上增加药量，轴向起爆时 $h/d \leqslant 1.5$ 才有意义；如果也用径向起爆能力，就不受 $h/d \leqslant 1.5$ 的限制。增大药量应考虑安全性问题。

（3）压力。为了解决密度大时起爆能力大而起爆感度小的矛盾，雷管装药应采用分层压装。

确定原发装药的原则是在保证合适感度（火焰或针刺感度）的前提下威力越大越好，

要落实以下几点：

（1）药剂种类。使用氮化铅加斯蒂酚酸铅或氮化铅加针刺药。

（2）药量。药剂种类确定后，药量体现其一定的威力以起爆雷管中的被发装药。药剂重量应参考极限装药量，而一般应至少比极限装药量多25%~30%。

（3）压力。以合适的感度为依据，并考虑发射时对震动的安全性。

4.5.2 雷管壳和加强帽的设计与选择

要合理设计雷管壳和加强帽必须了解管壳和加强帽对雷管性能影响的规律性。

首先讨论雷管壳和加强帽对雷管性能的影响，图4-8为加强帽及雷管壳的结构。

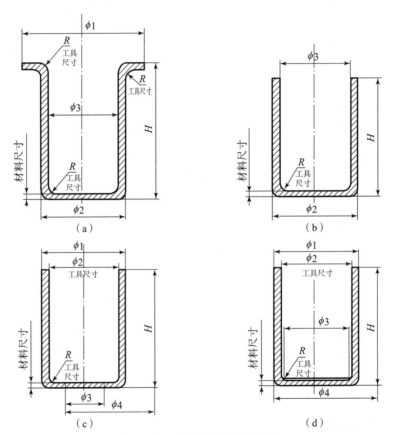

图4-8 加强帽和雷管壳构造
（a）带翻边雷管壳；（b）无翻边雷管壳；（c）有传火孔加强帽；
（d）无传火孔加强帽

4.5.2.1 雷管壳影响雷管性能的因素

雷管的起爆能力及发射时对震动的安全性均与雷管壳有关，其影响因素很多。雷管壳影响起爆能力的本质在于它影响爆速的增长及能量的合理利用，而雷管壳影响发射时对震动的安全性主要在于管壳的强度，具体因素如下：

1. 管壳的材料

坚固的雷管壳能缩短爆速增长期，因而提高雷管的起爆能力；反之，若材料不坚固，会因管壳破裂而使稀疏波侵入，这样就延长了爆速的增长期，可能造成雷管起爆不完全。

炮弹雷管强度不够时，还可能由于发射时的震动而使管壳变形，甚至可能使雷管壳破裂发生早爆。

雷管壳的材料在长期存放时应具有良好的抗腐蚀性，否则雷管性能就会变化。

雷管壳的材料除了从以上性能角度考虑外，还要考虑工艺性，应便于加工成型。现在我国的炮弹雷管壳一般都是用白铜（铜镍合金）带冲制成的。但是白铜中的镍价格较贵，逐步被镁铝合金代替。

2. 雷管壳的厚度

雷管壳的厚度包括雷管的底厚和壁厚。雷管壳较厚时，爆速增长期短，雷管中原发装药起爆被发装药时所需的极限装药量就小；雷管壳较薄时，会延长爆速的增长期，可能发生不完全爆轰，因而降低雷管的起爆能力。

现代炮弹雷管的底厚和壁厚都比较薄，因为雷管增加底厚，会削弱了雷管爆炸后的能量，使雷管威力降低；若过多地增加装药量又带来雷管的安全性问题。因此，雷管壳要用强度比较好的材料而其厚度则不宜大。

雷管底厚和壁厚的关系：若底厚不变，壁厚增加，则增加了雷管的轴向起爆能力；若壁厚不变，底厚增加，就增加了其径向起爆能力。例如，用镁铝合金雷管壳代替白铜雷管壳，就出现了雷管威力不够的问题，铅板穿孔试验达不到要求。若在雷管壳套上无底的白铜管壳，则铅板穿孔试验就合格了。

在设计中考虑管壳厚度时还必须考虑雷管壳加工的工艺性和雷管装配的工艺性问题。雷管壳的厚度应经得起冲压加工成型，同时在雷管装配时管壳不应破裂或出现裂缝。

3. 雷管壳的形状

雷管壳的高度和直径应取一定的比例，使得装药一定时得到好的爆炸效果。雷管壳的形状取决于药剂——原发装药和被发装药的药量、直径及高度，这些因素在前面已经讨论过。此外，雷管壳的形状还与其在引信中的使用条件有关：有的雷管加强帽顶部至雷管口距离大，有的距离小；有些雷管是处在隔爆装置内，其雷管壳没有翻边；有些雷管是放在传爆药内或隔爆机构的水平转轴上（如榴－4、榴－5引信），其雷管壳通常翻边，以便安装确实可靠，不至于受惯性力而使雷管体向后移动。翻边雷管的管壳与翻边之间有同心性的要求。另外，翻边处的倒角不正确时可能影响加强帽与雷管的结合，从而影响到雷管发射时对震动的安全性。

4. 5. 2. 2　加强帽影响雷管性能的因素

加强帽用于固定雷管药剂，使之不受发射时的震动影响，避免药剂产生碎裂和移动。此外，加强帽还能使雷管的作用加强，影响其起爆能力。加强帽还与感度及发射时对震动的安全性有关。

加强帽位于雷管起爆的起始部位，其加强雷管作用的实质主要在于：在雷管起爆初始阶段使雷管药剂的爆炸波向下，在发火瞬间起封闭作用，以加速其压力的增长和燃烧转为爆轰。尤其是对爆速增长期长的起爆药意义更大。这个影响的结果必然是影响到雷管的极限装药量。加强帽对雷管性能的影响，具体落实在加强帽的材料及厚度、长度、外径和孔径等。

1. 加强帽的材料

加强帽材料的坚固性对极限药量有影响。试验证明，加强帽由坚固材料制作，极限装药量可以减少。材料越坚固，极限装药量越少。

2. 加强帽的长度

表 4-4 是加强帽的长度与极限装药量的关系。从表 4-4 可以看出，加强帽短时，极限装爆药量多。但是，在试验中发现，加强帽的长度的增加，只在一定范围内增加了雷管的起爆能力，进一步增加长度并不能使起爆能力增加。这是因为炸药爆速的增长，只发生在起爆后的一定的距离内，即加强帽的作用，仅表现在装药达到正常爆轰前的一段时间内。

表 4-4 加强帽的长度与极限装药量的关系

雷管壳及加强帽材料	加强帽进入 TNT 的深度/mm	极限装药量/g
铜	0.06	0.38
铜	0.10~0.15	0.38
铜	1.60	0.36
铜	4.00	0.32
铜	6.00	0.30

现在炮弹雷管加强帽长度为 7 mm。

3. 加强帽的外径

加强帽的外径和雷管壳的内径采取过盈配合，使加强帽和雷管壳结合牢固。若外径减小，就会增加不完全爆炸的因素，极限装药量就要增大。

4. 加强帽的孔径

这是对火焰雷管而言。加强帽的孔径大，雷管在开始着火时漏气现象就严重，使原发装药爆速增长期变长，因而雷管的极限装药量就增加。加强帽的孔径小，雷管接受火焰的面积小，因而不容易点燃。通常火焰雷管加强帽的孔径为 2.5 mm。

以上是加强帽影响雷管起爆能力的因素，此外，加强帽还与发射时对震动的安全性有关，加强帽长、材料强度大有利于承受发射时的震动。加强帽对感度的影响因素主要是：火焰雷管是加强帽的孔径大小；针刺雷管是加强帽的底厚。

4.5.2.3 设计雷管时管壳和加强帽的确定

设计雷管时如何确定管壳及加强帽呢？原则是：以药剂为主，并把管壳和加强帽有利于雷管性质的因素结合起来，最终落实选材料和确定尺寸。

选择材料的依据：①不与药剂起作用，相容性好；②易于成型；③有助于雷管的性能。

因此，炮弹雷管的外壳一般采用白铜，白铜不与一般炸药如泰安、黑索金、特屈儿等起作用，易于冲压成型，且强度好。

因为一般炮弹雷管的原发装药均含有氮化铅，而铝和氮化铅不起作用，而且易于冲压成型，所以加强帽一般为铝质。

材料选定后要确定管壳及加强帽的几何尺寸。整个雷管外形的大小取决于引信中雷管室的大小。从引信要求而言，希望雷管小些，因为雷管越小越安全，对全保险型引信的隔爆也有利。雷管的内径取决于被发装药的直径，长度由原发装药和被发装药的长度决定。加强帽的外径取决于雷管壳的内径，它们之间采取过盈配合。加强帽的孔径应有利于雷管的性能，有利于雷管的感度。加强帽的长度应有利于雷管的性能，以加强雷管的作用和耐发射时的震动。

确定雷管壳和加强帽的厚度时应从有利于雷管的性能来考虑。雷管壳厚能减少侧向能量损失及提高发射时的耐震动性。加强帽应从加强雷管的作用、耐发射时的震动及调整感度（针刺雷管）考虑。

4.6　雷管装配工艺介绍

4.6.1　生产工艺流程

流程是根据产品结构、性能和设备来设置的。不同的产品其流程不同，这里介绍 LZ－4 雷管的生产工艺流程，如图 4－9 所示。

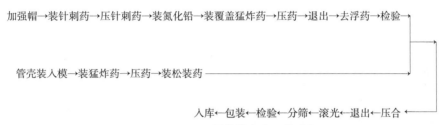

图 4－9　LZ－4 雷管的生产工艺流程

LZ－4 雷管加强帽长，必须先把加强帽中的装药过程分离出来，先装好，再和装了底部药的管壳结合，这叫分离法装药。

上面的流程是针刺雷管装药工艺流程，如果是火焰雷管，加强帽装药工序稍有改变，即装针刺药改为装三硝基间苯二酚铅，取消压针刺药工序，在装三硝基间苯二酚铅前加一个放绸垫工序，其他工序不变。

现在分析重点工序中工艺条件的确定及其对产品质量的影响。

1. 药量和压药压力

以 LZ－4 雷管为例，药量及压药压力如表 4－5 所示。

表 4－5　LZ－4 雷管药量及压药压力

药剂	药量/g	压药压力/($kg \cdot cm^{-2}$)	工序名称
针刺药	(0.06 ± 0.01)	(800 ± 50)	装压针刺药
糊精氮化铅 造粒黑索金	(0.18 ± 0.02) (0.04 ± 0.01)	(550 ± 25)	装压起爆药及装压覆盖药
造粒黑索金	(0.03 ± 0.01)	(800 ± 50)	压合和松装
造粒黑索金	(0.06 ± 0.01)	(1 100 ± 25)	雷管底部装压药

这是"五装四压"工艺，即五次装药四次压药，工序比较多。其中第二次装药后不直接压药，因为在氮化铅上直接压药不安全，所以在其上覆盖猛炸药黑索金后再进行压药。

雷管底部压力为 1 100 kg/cm^2，在雷管中是比较大的压力，说明这个雷管的威力和同药量相比是较大的；同时控制加强帽的移动也有好处。

针刺药的压力为 800 kg/cm^2，这是保证针刺感度的需要。但是过高的压力会造成管壳变形。

为了控制药量公差和压力公差，不仅在机器本身的加工上限制公差带，而且药剂的物理状态（晶形和粒度）也是很重要的，所以在工艺过程中要定时检查这些公差是否符合要求。

黑索金用虫胶漆造粒，虫胶含量为 $0.23\% \sim 0.25\%$。不经造粒，黑索金装压药性能不好。

2. 模具的清理

工具模具除机械加工精度外，使用时的清理、涂蜡也要注意。涂蜡过少，退模困难；涂蜡过多，蜡渣可能掉入雷管装药中。

3. 去浮药

现在采用吹风的办法去浮药，因此，一方面要求空气干燥清洁，同时又要把浮药收集好，避免由于浮药累积造成事故。

4. 滚光和过筛

产品压好后，外表面可能粘有浮药需要去除，现在的方法是将产品和干白桦或赤杨或其他无脂较硬的木屑（规格 2 mm × 2 mm × 2 mm）放入布袋中，将布袋装入滚光鼓，转速为 $8 \sim 12$ r/min，转 $5 \sim 10$ min，倒出过筛，使木屑与产品分开。筛后通入 $4 \sim 6$ 倍大气压的空气吹去产品上可能附着的木屑粉。

5. 外观、尺寸检验

产品经滚光和过筛后进入外观尺寸检验，剔去不合格产品。

4.6.2 质量分析

这里讨论几个经常发生的质量问题：瞎火、半爆、小孔、刮铝和加强帽移动超量。

1. 瞎火

（1）火焰雷管瞎火的原因：导火索不合格（现在用小黑火药柱代替后消除了这个原因）；导火索和雷管结合不好；三硝基间苯二酚铅中沥青不均匀；压药压力过大（例如压力超过 1 500 kg/cm²）；传火孔被漆堵住；双绸垫或绸垫不合格。

（2）针刺雷管瞎火原因：加强帽底部过厚；针刺药压力不足或药剂本身感度不好。

2. 半爆

半爆的现象是比较容易发生的，其主要原因可追溯到起爆药和猛炸药两方面。起爆药方面最常发生的问题是药量不足，因为流散性不好，装药量过少，如果小到极限药量以下，不足以引起猛炸药爆炸，就会产生仅仅起爆药爆完或只有少量猛炸药起爆，留下猛炸药的部分药柱。对猛炸药来说，主要是感度低，其原因是钝感剂过多或压药压力（压覆盖药时或压合时）过大。

炸药中水分量超出规定，无论起爆药或猛炸药都可能造成半爆。

有些意外的原因也可能造成半爆，例如，曾发现压缩空气中含有油滴，吹到传火孔中，使起爆药钝感而引起半爆。

3. 刮铝

这是指有些产品压好后加强帽周围出现一个铝圈或半圈，叫作刮铝或卡铝。其原因是由于加强帽和管壳的配合公差（过盈太大）不合适。因为压好药的加强帽比原铝帽略大 $0.01 \sim 0.02$ mm，这样加强帽大，管壳小。如管壳翻处曲率半径过小时，很可能把加强帽的外侧壁上的铝卡下一层，卡铝现象严重时产品通不过锤击试验。为了避免卡铝现象，可以把管壳的口部做得圆滑，使加强帽进入管壳时缓慢地进入。例如翻边的口部曲率半径（即所谓的 R 处）放大些，如果不翻边的将口部内径刮去一圈。卡铝还可能受压合压力和模子打蜡的影响。

4. 加强帽移动超量

这个现象是不收口雷管存在的问题。产品图纸规定在马歇特锤击试验后加强帽的移动量大于 0.2 ~ 0.3 mm，不应大于 3%，个别产品规定为 2%，因为加强帽移动量过大的雷管是不安全的。造成加强帽移动超量的因素：①试验工具没有拧紧，雷管装在工具中活动，没有固定紧，击锤打击时震动增加。②加强帽和管壳的结合不牢固，例如加强帽压药后外径不够大，和管壳配合不紧。③加强帽压药模子打蜡过多，减小了加强帽和管壳间的结合牢固性（滑动性增加）。

5. 感度曲线不合格

这是指针刺雷管的针刺感度，所谓不合格即感度发生变化，这个原因很多，可以参考火帽一章中的感度部分。应增加帽底部厚度，加强帽底部的厚度应控制为 0.08 ~ 0.15 mm。

4.7　雷管检验

炮弹引信雷管的例行检验有以下几项：感度、起爆能力、运输震动安全、马歇特锤击、贮存安定性等。这里只介绍雷管感度测试和起爆能力测试，其他各项和前述各种火工品类似。

4.7.1　雷管感度测试

4.7.1.1　针刺感度

针刺雷管的感度测试原理与针刺火帽相似，有两种测试方法：落球式和落锤式。

落球式是以一定质量的钢球按规定高度自由落下，打击击针，使击针刺入被测雷管。雷管的针刺感度常与雷管的起爆能力同时测量。落锤式的原理与落球式基本相同，唯一区别是打击击针使用的重物为落锤。测试针刺雷管的落锤仪结构如图 4 - 10 所示。

该仪器以有孔的钢板将其隔开分为上下两个隔间。上隔间放雷管和铅板，在孔中有一个空心圆柱，圆柱上有一圆环，试验时装上铅板。要试验的雷管放在铅板上。击针通过顶部的套管插入孔中。落锤重量一般为 52 g，落锤能在开有槽口的圆筒管内移动，事先用弹簧把它固定在需要的高度。试验时拉开弹簧，落锤落下，撞击击针，击针刺发雷管。下隔间接通风管。击针规格尺寸：夹角为 15° ± 30′，长 110 ~ 115 mm；铅板直径为（40 + 0.5）mm，铅板厚度根据不同雷管为（（4 ~ 6）± 0.1）mm。

落球式针刺感度测试仪操作步骤如下：

（1）选择钢球和击针，检查其完好率。

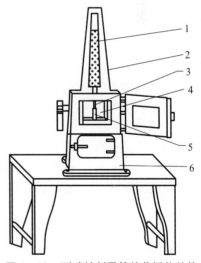

图 4 - 10　测试针刺雷管的落锤仪结构
1—导轨；2—落锤；3—击针；
4—爆炸室；5—套筒；6—通风室

（2）根据被测试样调整需要的落高，落高指钢球最低点到击针端面的距离。

（3）把铅板放入支管的阶梯孔内，再用定位板将样品置于铅板中央，关闭爆炸室门。

（4）轻轻装好击针，把钢球放入吸嘴吸住。

（5）按动按钮，截断真空源，通入大气，使钢球自由落下。

落锤式针刺感度测试仪操作步骤如下：

（1）打开爆炸室门，将铅板放在支管上端的凹槽中，借助定位板把假雷管放在铅板中心，关闭室门，从击针导管插入击针。用落高样板调节落锤高度，使落锤底平面至击针上端面的距离（等于要求的高度）。旋紧螺钉，使制动机构固定。

（2）用定位板将雷管试样放于铅板中心，取出定位板，关闭防爆室门。

（3）把击针小心插入击针导管。

（4）拉动卡销使落锤打击击针。

（5）雷管爆炸后，排1 min爆烟，然后打开防爆室门，取出铅板，检查测试效果。

（6）如果雷管不爆，可升高落锤高度，拉动卡销使落锤打击击针，之后将雷管销毁；或等3 min后用长柄钳子夹出击针，然后打开防爆室门，取出雷管，放到专用容器中，待集中销毁。

雷管检查评定的标准也像火帽一样，用上下限来评定。同时每10批雷管（或每月不少于一次）需做感度曲线，曲线应落在规定的范围内。

4.7.1.2 火焰感度

雷管的火焰感度是指火焰雷管对火焰冲能的敏感程度，也可以说是雷管对热作用的敏感度。火焰感度是火焰雷管的试验验收项目之一，可用于评定火焰雷管的输入特性。测试原理是：利用热能做刺激量，当雷管接受到热刺激后出现热量积累，温度上升，得热大于失热；当温度达到一定条件时，雷管发生爆炸。一般火焰雷管是靠火帽、导火索或延期药提供的火焰冲能引燃的，如果火焰感度不符合要求，就可能出现瞎火或爆炸不完全的现象，因此，火焰感度试验的目的是检验火焰雷管作用的确实性。火焰雷管的感度试验方法是以标准黑火药柱在相距一定距离处点燃雷管，根据雷管的发火情况判定其火焰感度，同时也检查雷管的起爆能力。按部颁标准WJ637—1994《火焰雷管点燃及输出试验方法》，点火距离规定为（150±2）mm，在此距离雷管应100%发火。火焰雷管感度试验仪器和针刺雷管的落锤仪相似。

火焰冲能包括燃烧产生的高温、气体压力及燃烧产物中灼热的固体粒子或熔融态液滴的综合作用。要定量测定这些因素的作用或火焰冲能的强度是很困难的。目前采用的方法是用标准的黑火药柱来提供一定强度的火焰冲能，使其在一定条件下作用于雷管试样，以在不同点火距离上雷管试样的发火率来衡量雷管的火焰感度。

火焰雷管的火焰感度主要取决于起爆药的火焰感度。选择火焰感度较高的起爆药，在工艺过程中控制药剂的粒度和压药密度，可提高火焰感度。有绸垫、带传火孔加强帽的火焰雷管，起爆药通过绸垫的空隙与大气相通，在储存过程中易受潮，容易使火焰感度降低。

4.7.2 雷管起爆能力测试

火工品（雷管）起爆能力的测试方法主要分为直接法和间接法以及以间接法为基础发展起来的动态测试法。

4.7.2.1 直接法

直接法是用雷管直接起爆标准炸药，检测被起爆炸药的钝感程度或以炸药反应的完全程度来表示火工品（雷管）的起爆能力，即以雷管对炸药的起爆能力来评定雷管的起爆能力。这种方法可以模拟实际使用中与炸药的匹配方法，使得试验条件与预期的实际使用条件比较一致，因而试验结果较准确可靠，多用于传爆序列中的可靠性试验，如炸药钝感法、隔板法等。直接法是通过观察被起爆的雷管所做功的大小（如钢板凹痕的深度或钢柱的压缩值）来判断炸药是属于全爆、半爆还是拒爆。直接法测起爆能力一般有以下几种：

1. 铅板损失量和钝感剂百分数法

此法采用有一定结晶大小的粉状梯恩梯以各种不同含量（0~70%）的滑石粉混合进行钝化，然后压成带雷管孔的圆柱形药柱；雷管插入药柱后，药柱放在铅板上，并使之爆炸。试验装置如图 4 – 11 所示。

药柱重量为 35 g，高为 41 ~ 42 mm，药柱直径为 40 mm，压药压力为 132.4 MPa，药柱上部雷管孔的尺寸要符合所测雷管的尺寸。试验时首先在水平地放置一块角上带钩的钢板，把 30 mm 的铅板放在钢板上，然后在铅板上放上插有雷管的药柱，药柱用钢丝或绳子固定。

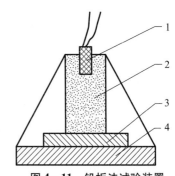

图 4 – 11　铅板法试验装置
1—雷管；2—药柱；3—铅板；4—钢板

雷管的起爆能力以引起梯恩梯完全爆轰时其中所含滑石粉的最大百分数表示。至于完全爆轰与否，则根据 30 mm 厚铅板上炸成的漏斗孔的尺寸来确定。试验还可以将钝化剂的百分数和铅板损失量绘成以曲线，如图 4 – 12 所示。

图 4 – 12 曲线折断之处是钝感剂的最大含量，大于此含量时药柱就不能完全爆轰。

2. 铜柱压缩法

此法是将药柱爆炸的机械作用以猛度计上铜柱的压缩量来表示，试验装置如图 4 – 13 所示。

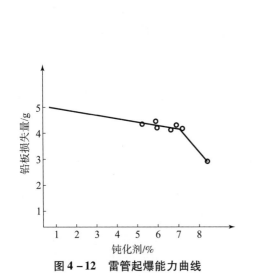

图 4 – 12　雷管起爆能力曲线

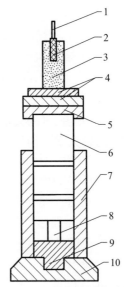

图 4 – 13　猛度计试验装置
1—导火索；2—雷管；3—TNT 炸药柱；4—铅板；5—钢板；
6—活塞；7—定向圆筒；8—铜柱；9—上底；10—底座

铜柱（直径为 8 mm、高为 13 mm，或直径为 7 mm、高为 10.5 mm）放在猛度计活塞的下面。为了防止活塞受到爆炸作用，在活塞上放一块钢垫板，在钢垫板上再放两块厚 4 mm 的铅板。在两铅板上放带雷管的药柱。药柱用固定于底座上的绳子拉紧固定。试验结果以爆炸后的铜柱的压缩量作为雷管起爆能力的标准。

以上两种评定雷管起爆能力方法的特点是：被起爆药剂的感度不一样，而药柱长度是固定的，雷管的起爆能力以被起爆药柱完全爆轰时形成的凹坑大小或铜柱压缩量来评定。在试验处理上，企图以被起爆药柱完全爆轰的威力来说明雷管的起爆能力。这种评定方法显然是有缺陷的，因为实际上铜柱压缩量或凹坑的大小不仅与滑石粉含量有关，而且与被起爆药柱终点的爆速有关；不仅是被起爆药柱起爆感度的不同，还有其爆速增长过程问题。钝化剂含量不同，爆速增长就不一样，钝化剂含量大时，爆速增长慢。要达到钝化剂含量下的稳定爆速就需较长药柱，但现在药柱长度是固定的，因此在钝化剂含量大时，可能在给定长度条件下，尚不能达到该钝化剂含量下相应的稳定爆速，这样就影响试验的结果。

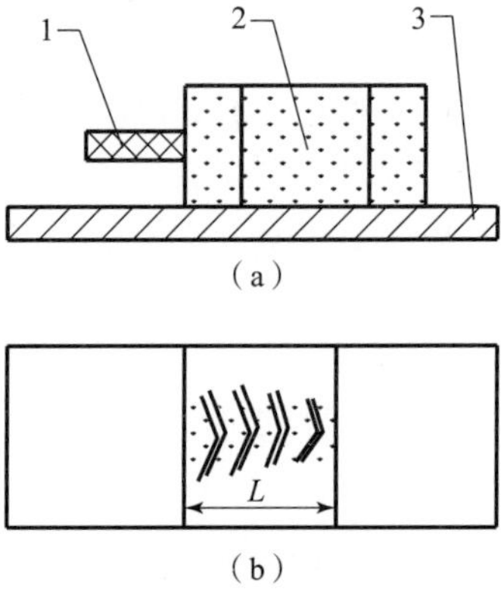

3. 铜板熄灭长度法

此法用爆轰感度相同、长度不同的装药，用被试验的雷管来保证可以出现爆炸熄灭点。试验用硝酸铵成分高的阿马图，压成较大密度、装药长为 180～200 mm、直径为 50 mm 的药柱，试验时把药柱横放在铜板上，如图 4-14 所示。药柱的一端放雷管。雷管的起爆能力用熄（灭）爆（炸）长度来表示。如果熄爆长度长，说明雷管起爆能力大；熄爆长度短，则说明雷管起爆能力低。这个熄爆长度很明显地表现在铜板炸成的痕迹上。

图 4-14 铜板熄灭长度法试验示意图
（a）样品放置顺序；（b）炸痕
1—雷管；2—被起爆的装药；
3—铜板；L—熄灭爆炸长度

4. 隔板法

隔板试验也称间隙试验，用于测量火工品轴向冲击波输出大小，研究在传爆序列中，当两个做功元件被隔离开它们之间爆轰波传递的特性。隔板法是一种直接测量方法，是用雷管起爆炸药，以被起爆炸药反应的完全程度表示雷管的起爆能力。

火工品爆炸产生的轴向冲击波通过一定厚度的惰性物质组成的隔板衰减后，引爆标准药柱。药柱是否被引爆，可通过鉴定块进行判断。采用标准药柱起爆时，用隔板的最大厚度或标准药柱 50% 起爆时的隔板厚度反映雷管的轴向冲击波的起爆能力。隔板材料可以是水、空气、纸板、有机玻璃板和金属板等。如果标准药柱的起爆感度不变，也可用隔板试验反过来测定火工品的输出。隔板法试验如图 4-15 所示。

隔板法试验操作方法如下：

（1）按升降法确定有机玻璃隔板的初始厚度和步长，确定抽取试样数量。

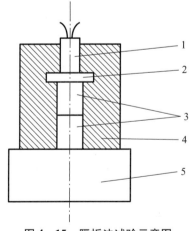

图 4-15 隔板法试验示意图
1—雷管；2—隔板；
3—标准药柱；4—定位器；5—鉴定块

（2）按图 4 – 15 的结构，在防护板后依次装配好鉴定块、标准药柱、有机玻璃隔板和雷管，再用定位器将各部件的中心校正在同一轴线上。校正后拿掉定位器，用压敏胶带将各部件固定好。

（3）将固定好的试验装置放入爆炸箱内，关闭箱门。

（4）起爆后，取出鉴定块，判断标准药柱的起爆情况。鉴定块凹坑的周围有突起的锐利边缘为起爆，否则为不爆。

（5）药柱不爆时，改变有机玻璃厚度，可不必更换鉴定块。如果鉴定块上出现凹坑，则要更换。

（6）重复上述步骤，完成全部样品的感度试验。

4.7.2.2　间接法

间接法的测试对象是雷管起爆后邻近介质产生的机械效应，其原理是从机械效应的大小程度来衡量火工品（雷管）起爆能力。间接法主要包括砂试法、钉试法、铅板穿孔法、鉴定块印痕法、霍普金森压杆试验法、动态测试法等，其中最常用的是轴向输出测定铅板法（铅凹法）和轴向输出测定钢块凹痕法（钢凹法），这两种方法具有试验简单、周期短、结果直观、费用低等优点，因而被广泛用于雷管的研制和生产中，很多国家都将这两种方法定为行业标准试验法。

1. 铅板穿孔法

铅板穿孔法在雷管上下限试验的同时，根据其击穿铅板的情况来评定雷管的起爆能力。此时雷管若在铅板上穿一个洞，且孔径不小于雷管的直径，形状为圆柱形，则认为起爆能力合格。通过雷管作用时在铅板上产生的炸孔大小来确定雷管的轴向起爆能力，在一定程度上反映了雷管起爆能力的大小，通常作为工厂产品起爆能力验收试验。这种试验方法简单易行，用过的铅块可以回收，重铸后可反复使用，比较经济。但由于机械破坏作用和直接传递爆轰能量是有区别的，因此这种方法只能用于定性的相互比较。

现在，一般雷管的起爆能力的试验均用铅板穿孔法，操作方法如下：

（1）在爆炸箱内支管上放一块铅板，将雷管垂直放在铅板平面中心位置，不能倾斜。

（2）关闭爆炸箱门。

（3）将雷管与起爆装置接通，起爆雷管。

（4）取下铅板，测量炸孔直径。测量时，必须测量炸孔的输出端，并以炸孔中心为准，测量相互垂直的两个位置，取平均值。如果炸孔形状不规则，则测量最大直径和最小直径，取平均值。

（5）换一块新铅板，重复（1）~（4）步骤，直至完成全部试验。一般试验次数不少于20 次。

铅板法穿孔是利用雷管爆炸后所发生的机械破坏效应来检验雷管起爆能力的，显然这种方法评定雷管的起爆能力有缺陷，主要缺陷如下：

（1）铅板穿孔法仅表示了轴向的作用，未表示径向的作用，而径向的作用对雷管的起爆能力有时有很大的影响。采用铅板法对不同直径的雷管就很难比较其起爆能力的差异，因为铅板穿孔的大小与雷管的直径有关，起爆能力小而直径大的雷管在铅板上的穿孔大于起爆能力大而直径小的雷管。

（2）铅板的穿孔直接依靠雷管爆炸后的机械破坏效应，但是实际上炸药的引爆不仅只是这一作用，还有碎片和冲击波的作用等，甚至在有些情况下爆轰生成物的直接作用不是主要的。例如在隔有距离的起爆时，试验证明起爆能力主要是破片的速度问题，空心装药破甲弹中就有这种情况。因此，用铅板法来评定雷管的起爆能力是有缺陷的。但是尽管如此，铅板法还是用得很广泛。铅板法对于已定型的某种雷管，发现和检查生产中的问题，评定其起爆能力还是一种较好而简单的方法。

2. 钢凹法和铝块凹痕法

钢凹法的试验原理如图4-16所示。钢凹法主要是测定雷管在钢块上产生的凹痕深度来表示炸药爆轰压力。爆轰压力越大，凹痕就越深。由于雷管在钢块上的凹痕深度只是产品轴向中心压力的一种反映，而实际引爆能力（威力）还与钢凹直径有关，所以，钢凹法可用于研制阶段判断雷管是否发生爆轰、生产阶段同一种雷管的质量一致性验收以及同一直径雷管输出冲击波性能比较，其操作方法如下：

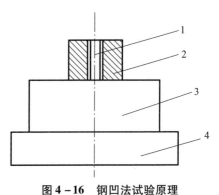

图4-16　钢凹法试验原理
1—雷管；2—限制套筒；3—钢块；4—钢垫

（1）钢座在试验箱内水平放置，再把钢块和限制套筒依次放在上面，保持在同一轴线上。将底部涂有少量硅油的火工品装入套筒内，使其与钢块表面接触。

（2）关闭爆炸箱门。接通火工品与起爆器的连线，检查合格后，起爆。

（3）取出钢块，除去表面的残渣。把测量头装入百分表，百分表装在表架上，在平台上对钢块凹痕进行测量，找出凹痕最低点和钢块端平面的相对距离，把其定义为凹痕深度。

（4）重复（1）~（3）的步骤，每做一次，都要重新更换钢块和限制套筒，并记下试验结果，直至做完全部试样。

钢块直径为35 mm、高为16 mm，材料为20号冷拉钢棒，硬度为HB113。

钢凹法是一种间接、定量的静态试验方法，主要用于产品生产阶段质量一致性验收。其优点是能根据有无凹痕可以直接判断雷管或导爆管是否发生了爆轰，其缺点是试验成本较高。铝块凹痕法的与钢凹法相似，不同的是将图4-16中的钢块（序号3）改为铝块，通过测量雷管起爆后在铝块上造成的凹痕深度来表征雷管的起爆能力。铝块直径为35 mm，高为16 mm，铝材的硬度为HB45.5。

4.7.2.3　动态测试法

动态测试法是近几十年以间接法为基础发展起来的一类方法，其测定对象是火工品（雷管）输出的某项参数，如火工品（雷管）破片速度、透射冲击波强度或速度、输出爆压及爆轰产物作用等。常用的动态测试法主要有锰铜压阻法、电磁法、压电法、脉冲X射线摄影法、高速摄影法、电探针法、飞片速度测试法、油压应变测试法等。这些方法的最大优点是引入了火工品（雷管）的作用时间或作用距离的概念，能够比较准确反映火工品（雷管）的输出特性，便于理论分析和应用，尤其是计算机在火工领域的应用，诸如模拟仿真辅助设计、辅助测试、分析诊断以及火工理论的发展和完善等都具有实际意义。

1. 电磁法

当定长导体做匀速运动时，算出的是恒定电动势，但在火工品测试中，由于爆轰波在瞬间作用于导体上，它使导体做瞬态变速运动，因此算出的是相应时刻的瞬时电动势值。由图 4 – 17 可知，将金属箔做成的导体 4 嵌入待测炸药 3 中，并且将其一起放入均匀磁场中，使导体运动方向与磁感应强度相正交。起爆后，平面爆轰波沿装药轴线传播，当爆轰波传至金属导体敏感部位 5 时，敏感部位立即随爆炸产物质点一起做切割磁力线运动，同时在金属导体两端产生感应电动势。当电动势被送到传感器的外线路，经信号处理即可获得所需的电动势随时间变化的规律。

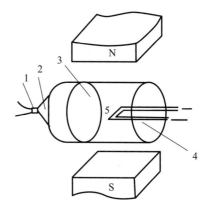

图 4 – 17　电磁法测压原理

1—起爆装置；2—平面波发生器；3—待测炸药；
4—金属导体；5—金属导体敏感部位

2. 压阻法和应变法

压阻法和应变法是利用金属或半导体材料在受到外界压力作用时电阻率或应力发生变化的特点进行压力测试的一种方法。金属或半导体的电阻率和应力随压力变化的这一特征称为压阻或应变效应。

锰铜压阻传感器是一种 20 世纪初就开始使用的测静压的传感器，到 20 世纪 60 年代发展成测动态压力的传感器。和半导体压阻传感器相比，锰铜压阻传感器的使用历史相当久远，然而至今它仍有很强的生命力，这要从其本身的特征及应用需求上考虑。锰铜的电阻率并不高，但由于锰铜的电阻变化与冲击波压力之间呈线性关系，其压力灵敏系数为 2.7 GPa，很适合冲击波和高静水压力的测量。另外，锰铜材料制造压阻传感器，工艺简单，性能稳定，温度系数小，价格适中，因此被广泛应用于冲击波、爆炸力学效应、核爆炸效应等动高压测量领域。

电阻应变传感器是以电阻应变计为转换元件的传感器，应用非常广泛，主要特点如下：

（1）精度高，测量范围广。测压量程为 102 ~ 1 010 Pa，精度可达 0.1% F. S（满量程）。

（2）使用寿命长，性能稳定可靠。只要应变计选择恰当，粘贴、防潮、密封可靠，就能长期保持性能稳定可靠。

（3）结构简单，尺寸小，在测试时对样品的工作状态及应力分布影响小。

（4）频率响应较好，电阻应变计响应时间可达 7 ~ 10 s，半导体应变计响应时间可达 10 ~ 11 s。

（5）可在高温、高速、高压和强烈震动等恶劣环境下正常工作。

电阻应变传感器的主要缺点是在大应变状态下具有较大的非线性。

除锰铜外，康铜、碳、钙、锂、镱、锶等材料也有一定的压阻效应，其中钙、锂的压阻系数，在小于 2.8 GPa 时远高于锰铜；康铜的某些性能接近于锰铜。有些材料的压阻系数是非线性的，还有些材料的化学性能不稳定。半导体材料组成的传感器采用集成电路技术制造，其性能优良，便于实现小型化和大批量生产，可以将电阻条、补偿线路、信号调整线路集成在一块硅片上，甚至将计算机处理电路与传感器集成在一起，制成智能传感器。这种传感器由于具有灵敏度高、动态响应快、测量精度高、稳定性好等优点，得到广泛应用。

3. 压电法

某些材料在沿一定方向受到拉力或压力作用时，内部会产生极化现象，同时在某两个表面上产生符号相反的电荷；若将外力去掉，它们又重新恢复到不带电状态。当改变外力方向，电荷的极性也随之改变。材料受力产生的电荷量与外力的大小成正比。这种效应称为压电效应，具有压电效应的物件称为压电材料。

常用的压电材料有3种类型：①压电晶体单晶，如石英酒石酸钾钠等；②多晶体压电陶瓷，如钛酸钡、锆钛酸铝、铌镁酸铅等；③近些年发展起来的有机压电材料，如氧化锌、硫化镉等压电半导体材料和聚二氟乙烯、聚氯乙烯等高分子压电材料。

压电法是利用某些压电材料在受到外界压力作用时，在材料表面产生电荷的特点进行压力测试的一种方法。利用压电材料的这种性能制成的传感器称为压电传感器。

压电传感器可以将压力、力、加速度等非电物理量转换为对应的电量，其具有使用频带宽、灵敏度高、信噪比高、工作可靠、重量轻等优点。近年来由于电子技术的飞速发展，与压电传感器配套的二次仪表以及低噪声、小电容、高绝缘电阻电缆的出现，使压电传感器使用更为方便，应用范围越来越广泛。

4. 光子多普勒测速法

在雷管对下一级装药的起爆方式中，除了接触起爆外，还有一种非常重要的起爆方式——雷管与下一级装药中间隔一段空腔，称为空腔起爆或空气间隙起爆。飞片雷管使用这种起爆方式，它利用物理或炸药爆炸能量驱动的一片预制的飞片，通过飞片撞击起爆下一级装药。飞片速度可以利用光子多普勒测速法进行测试。如图4-18所示，光子多普勒测速系统主要由单频激光器（波长1 550 nm）、分束器、环形器、光纤、光纤瞄准具、检测器、信号放大器、高带宽示波器等组成。

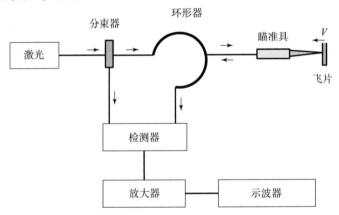

图4-18 光子多普勒测速系统的组成

由单频激光器发射的光束经分束器分束后分成两路：一路直接进入检测器；另一路则经过环形器和瞄准具照射到飞片表面，瞄准具收集由飞片表面反射回的多普勒频移光经环形器进入检测器。未发生多普勒频移的原始光与发生多普勒频移的信号光在检测器中经二合一光纤耦合器耦合，后进入激光二极管的谐振腔内发生自混频干涉，生成的差频信号经信号放大器放大后被高带宽示波器记录。差频信号频率计算公式为

$$f_b(t) = f_d(t) - f_0 = \frac{2v(t)}{\lambda_0}$$

式中：$f_b(t)$ 为差频信号频率；$f_d(t)$ 为由飞片表面反射回来的发生多普勒频移后的光频率；f_0 为参考激光的频率；$v(t)$ 为飞片移动速度；λ_0 为单频激光器的波长。光子多普勒测速系统中使用的单频激光器的波长为1 550 nm，飞片的速度公式可简化为

$$v(t) = 775 f_b(t)$$

式中：飞片速度单位为 m/s；差频信号频率单位为 GHz。干涉差频信号的频率 1.29 MHz 对应 1 m/s 的运动速度。

另外，业界还发展了采用测定雷管底部碎片的分散速度和雷管爆炸时瞬态压力—时间关系的试验来研究雷管的起爆能力。

5. 雷管威力智能测试系统

秦志春等发展了一种雷管威力智能测试系统，其系统组成如图 4 – 19 所示。

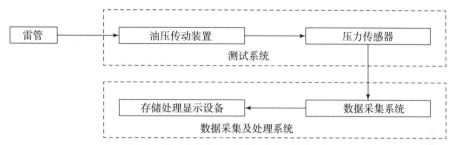

图 4 – 19　雷管威力智能测试系统组成

当雷管爆炸时，作用在活塞上的轴向输出冲击压力通过液压装置传递给电阻应变式压力传感器。压力传感器的电桥开始时处于平衡状态，其电压 $\Delta u = 0$。接收到压力信号后，电桥中的工作应变片就产生应变，使得电阻发生变化，电桥失去平衡，电压 Δu 输出，放大器放大 Δu，信号传输到 A/D 转换器。用标准压力机对压力传感器进行标定，并经数据处理拟合出 $p = f(u)$ 函数式，将 $u – t$ 关系转化为 $p – t$ 关系。这种通过测量雷管冲击波压力随时间变化的方法实时反映了雷管的输出特性，利用数据处理系统对 $p – t$ 曲线进行积分计算得到定量表征雷管动态输出威力的物理量。

该系统根据被测对象不同，测试部分为两套：图 4 – 20（a）为火雷管输出威力的测试装置；图 4 – 20（b）为针刺雷管输出威力的测试装置，利用了落球式针刺感度仪。两套装置原理相同，主要由活塞、活塞筒、液压油、传感器等构成。试验时在雷管底部放一垫片，可以减缓雷管爆炸对活塞的损坏。

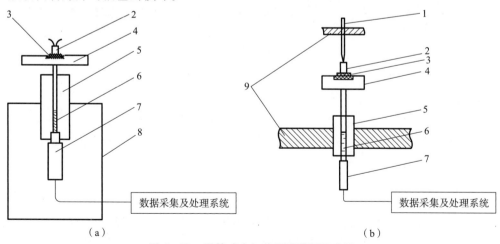

（a）　　　　　　　　　　　　　　（b）

图 4 – 20　雷管威力智能测试装置示意图

（a）火雷管输出威力的测试装置；（b）针刺雷管输出威力的测试装置

1—击针；2—雷管；3，4—垫片；5—活塞筒；6—液压油；7—传感器；8—保护箱；9—落球式针刺感度仪

用此系统测试了针刺雷管装药条件与输出威力之间的关系。选择3种典型针刺雷管，其尺寸、装药结构、装压药参数如表4-6所示。

表4-6　3种典型针刺雷管尺寸及装药结构、装压药参数

雷管种类	直径/mm	针刺药		延期药		起爆药（PbN₆）		点火药		猛炸药（RDX）	
		药量/mg	压力/MPa	药量/mg	压力/MPa	药量/mg	压力/MPa	药量/mg	压力/MPa	药量/mg	压力/MPa
ZC-1	3.73	10	300	—	—	50	—	5	120	—	—
ZC-2	3.85	10	130	—	—	38	—	—	—	38	135
ZC-3	4.09	40	130	40	130	50	100	—	—	50	120

ZC-1雷管的输出端为点火药，不含猛炸药；ZC-2雷管的输出端为猛炸药；ZC-3雷管是延期雷管，延期时间为7~23 ms。

在试验过程中，3种雷管均未加套筒，根据其各自的感度要求选择激发能量，ZC-1、ZC-2、ZC-3的激发条件分别为：50 g，8.23 cm；200 g，6 cm；7 g，8 cm。利用雷管威力智能测试系统测得的雷管冲量的理论值及试验值列于表4-7中。

表4-7　3种针刺输出雷管冲量的理论值及试验值

雷管种类	ZC-1	ZC-2	ZC-3
理论值/Ns	0.061	0.140	0.183
试验值/Ns	0.049	0.125	0.176

比较猛炸药装药量与试验冲量值和理论冲量值之间的关系，可见试验值与理论值均随着药量的增加而增加。这说明雷管威力智能测试系统在测量针刺雷管的输出威力时，确实能够反映雷管的实际装药情况，甚至起爆药的作用也能反映出来。

另外，用此系统还可以直观地反映出雷管的半爆现象。

通常识别半爆的方法是：①有撒药现象，即药剂未完全起爆；②铅板穿孔小于雷管直径。这些方法都可以定性考察半爆现象。在利用雷管威力智能测试系统进行雷管威力测试时，不仅可以通过撒药现象或爆炸的声音来判断，还可以由测得的雷管冲量和最大压力及 $p-t$ 曲线进行判断。图4-21是雷管正常爆炸时测得的 $p-t$ 曲线，图4-22是雷管半爆时测得的 $p-t$ 曲线。可以看出，雷管正常爆炸时 $p-t$ 曲线的峰值比半爆时要高得多，即半爆时，雷管输出的能量要比正常爆炸时小得多。由图4-21的压力计算雷管正常爆炸时的冲量为0.363 Ns，由图4-22的压力计算雷管半爆时的冲量为0.176 Ns。这说明雷管威力智能测试系统可以识别雷管半爆情况。

雷管威力智能测试系统有以下特点：

（1）取消了铅板，消除了因使用铅板造成环境污染和对人体的伤害。

（2）以冲量为标志量能够可靠地反映雷管输出威力特性。

（3）测试系统误差小于10%，精确度高。

（4）雷管威力智能测试系统是集液压技术、传感器技术及数据采集处理技术为一体的动态智能测试系统。

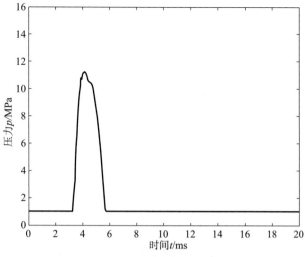

图 4-21　雷管正常爆炸时的 $p-t$ 曲线

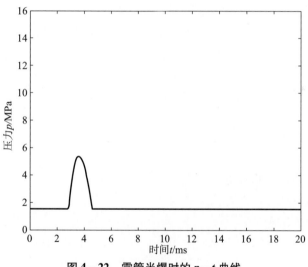

图 4-22　雷管半爆时的 $p-t$ 曲线

（5）整套测试系统结构简洁，耐用、操作方便，适合推广应用。

随着科技不断进步，将有更科学更简便的方法来考核雷管的输出特性。

思　考　题

1. 炮弹雷管的技术要求有哪些？

2. 分析炮弹雷管的作用过程。影响雷管起爆能力的因素有哪些？

3. 如何进行炮弹雷管的装药设计？

4. 炮弹雷管的起爆能力常用评价方法有哪些？

第 5 章
引信用电雷管

5.1 概　　述

用电能作为激发能源的电雷管广泛地用于兵器弹药的引信中（如近炸引信和触发引信）；另外，电雷管还在导弹、核武器和航天工程中作为一种特殊的能源，用于各种一次作用的动力源器件（导弹和火箭的级间分离器）等。

电雷管有许多不同的类型。如按向雷管输入电能时其换能元件不同来分，有灼热桥丝式电雷管、火花式电雷管、中间式电雷管、爆炸桥丝式电雷管、金属薄膜式电雷管和半导体开关式电雷管；如按作用时间来分，有毫秒电雷管及微秒电雷管；如按某些特殊性能来分，有防静电式电雷管、防射频电雷管、延期电雷管等。

各种电雷管由电引火部分和普通雷管组成，因此本章只研究电引火部分的特性。一般引信主要使用的是各种桥丝式、火花式和中间式电雷管，因此本章主要讨论这几种类型的电雷管。

炮弹电雷管主要配用在反坦克破甲弹的引信中。要了解对炮弹电雷管的要求，必须对武器弹药引信有一个大概了解。

破甲弹是用来对付敌人坦克的，是反坦克的有效弹药之一。破甲弹的威力由许多因素决定，其中之一是最有利的炸高。炸高很重要，而且与雷管的性能有关。所谓最有利的炸高是指药形罩至钢板最有利的距离。

最有利的炸高保证爆炸时药形罩完全闭合，形成集流后再破甲。若炸高太小，则集流没有充分形成；若炸高过大，则集流速度减低或集流被破坏。这两种情况都导致破甲效果降低。

破甲弹要求的有利炸高与引信、雷管是有联系的，因为破甲引信从碰击目标到锥孔装药爆炸需要一段时间。虽然这段时间短，但由于弹头碰击目标时的速度很大，在这段时间内弹头就会被破坏一部分，而且还伴随有炮弹转向甚至锥孔装药损失的现象，这就会使破甲效果显著降低。理想的情况是引信一碰就炸，作用时间为0，弹头就不会损坏，也不会有炮弹的转向和装药的损坏现象。但实际上这是做不到的，因此要求引信的作用时间越短越好。在引信上把引信碰着目标到爆炸的这段时间作为衡量引信的瞬发度的标准。若这段时间短，就叫作引信瞬发度高。引信的瞬发度高就要求雷管的作用时间短。

对上述反坦克武器和弹药有一基本了解后，便可以研究对其电雷管的战术技术要求，这些要求归纳如下：

1. 适当高的感度

适当高的感度是现代坦克武器现状和进一步发展对引信和雷管提出的要求。现代坦克前部的上、下装甲钢板很厚，倾角很小。如美 M60A$_1$E$_2$ 坦克前上装甲的厚度为 110 mm，倾角为 25°；苏 T - 62 坦克前上装甲的厚度为 110 mm，倾角为 30°。前上、下装甲倾角小，使得炮弹命中时，引信容易瞎火，并发生跳弹。为此，对雷管提出大着角时发火性问题。炮弹、引信着角是指炮弹轴线与钢板垂直线（法线）之间的夹角，如图 5 - 1 所示。当钢板斜倾角很小时炮弹的着角就很大（弹着角 = 90°，钢板倾角）。所谓大着角发火就是要求炮弹打到如倾角为 15°的钢板上，引信仍然可靠发火。为了保证引信 75°着角时可靠发火，就要求雷管感度适当高些。

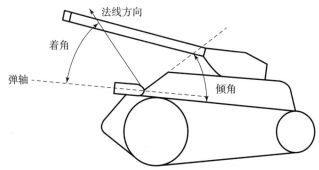

图 5 - 1　炮弹和坦克的碰撞示意图

现在压电引信以锆钛酸钡压电晶体为电源，要求在 3 000 ~ 4 000 V、195 pF ~ 150 pF 时雷管一定发火。这种反映电雷管灵敏性的条件称为电雷管的上下限。

2. 瞬发性要高

以上大着角时的发火性只是说此破甲弹的引信雷管能爆炸，还不能说明大着角时动破甲的情况。破甲弹的动破甲威力，随着炮弹着角增大而急剧下降。从引信碰击目标到锥孔装药爆炸是要经历一段时间的。若这段时间长，破甲弹会发生滑移、转向，甚至造成锥孔装药的损坏。此时引信中电雷管已发火，集流就会破坏，因而就影响动破甲的威力。为了保证大着角时的破甲威力，不但要求大着角时发火，而且要电雷管瞬发性高。

反映电雷管瞬发性高低的指标是在一定的起爆能量下的作用时间。一般破甲弹压电引信中的雷管在一定起爆能量下，作用时间小于 10 μs。

3. 有足够的安全性

破甲弹一般出炮口不远就解除了保险，而反坦克弹是直接瞄准的火炮，是发现敌人坦克后才开火的。由于反坦克战斗时间紧迫，敌人有时用各种伪装和隐蔽，如敌人坦克有时隐蔽在小树丛或在其他复杂的地物中运动，这时发现坦克前面有小树丛也必须开炮。另外，打坦克时的瞄准线和弹道是不重合的。打坦克时弹道低伸，瞄准视线不被障碍物遮住，但在弹道上却可能会碰上小树枝或高秆作物，引信碰到这些弱的障碍物应不爆炸，为此要求电雷管有一定的低灵敏度，即要有足够的安全性。如果低灵敏度不够，引信就会遇到此类弱障碍物发火，这时会伤害我方，甚至可能贻误战机，有时会因一炮之差付出很大代价。

反映电雷管低灵敏度指标的是在多少电容、电压下电雷管一定不发火，此称为电雷管的下限。

其他要求如起爆能力、发射时对震动的安定性、对运输震动的安全性以及对温湿度的安定性，均与一般炮弹雷管相同。

5.2　灼热式电雷管

灼热式电雷管的发火部分为在两极之间焊上的电阻丝（桥丝），在电阻丝周围有药剂。当此雷管接上电源时，桥丝灼热点燃或起爆周围的药剂，从而引起电雷管的爆炸。这种类型的电雷管电阻比较低，工作电压低，性能参数比较稳定，是现在电雷管中比较安全、使用最广泛的一种。

5.2.1　灼热式电雷管典型结构举例及其发火特性参数

图 5-2 是某反坦克火箭增程弹引信用的桥丝式电雷管结构。

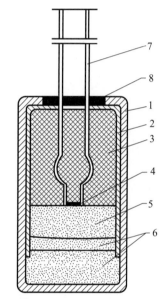

该电雷管由雷管壳、加强帽、电极塞、镍铬桥丝、起爆药和猛炸药等组成。镍铬桥丝的直径很细，只有 9 μm，它在 3 500 pF、350 V 时发火。发火所需能量为 2×10^{-4} J。镍铬桥丝在 3 500 pF、200 V 时安全。安全电流为 50 mA，作用 1 min 不发火，作用时间 <3 μs。

代表此类雷管的参数有以下几个：

1. 最大安全电流

最大安全电流是保证桥丝式电雷管对一些杂散电流（在发火线路和脚线中由于意外的感应而发生的意外电流）确实安全的性能参数。通俗称为 100% 不发火的最大电流值，它表征了雷管的安全性。

图 5-2　桥丝式电雷管结构

1—雷管壳；2—加强帽；3—电极塞；4—镍铬桥丝；
5—起爆药；6—猛炸药；7—脚线；8—绝缘套管

2. 最小发火电流

最小发火电流是保证电雷管在通入一定大小电流时确实发火的性能参数，通俗称为 100% 发火所需的最小电流值，实际上它代表雷管的感度，最小发火电流一般为 0.45 A。

3. 最小发火能量

根据起爆能源的不同，有时仅规定最小发火电流还不能表明桥丝雷管的感度，这时就用最小发火能量来表示。如用电容器来起爆时，放电过程是变化的，这时表示雷管的感度，不仅要有发火时电容器的电压，还应有电容器的电容，也就是应用能量（$CU^2/2$）来表示。根据使用的雷管不同，不同桥丝式电雷管的最小发火能量为 $10^{-5} \sim 1$ J。

4. 作用时间或发火时间

作用时间是从通电到电雷管爆炸结束所需的时间。这一段短时间包括了通电后桥丝升温、点燃桥丝附近药剂、起爆起爆药以及雷管中猛炸药爆炸的时间。作用时间除了与雷管本身性能有关系外，也与电源条件有关系。现在炮弹中的电雷管作用时间为微秒（μs）数量级。

5.2.2　桥丝式电雷管发火原理

桥丝式电火工品（包括桥丝式电底火、电点火具）的发火原理都是相同的。一般武器弹药用的桥丝式电雷管要求较严。桥丝式电雷管的发火是利用桥丝通电后把电能转换为热能，加热药剂，使药剂发生爆炸。因此就药剂而言，其外界激发的能源实质就是热冲量的形式。其热作用过程是：雷管接通电源时，在加热桥丝的同时药剂也被加热，随之即有缓慢的化学反应。在加热过程中，桥丝和药剂两者的温度都是变化的；不仅如此，这时与温度有关的一些其他桥丝示性数如电阻、热损失系数等也是变化的。显然，这样一个电热作用时变化较多的物理化学过程是比较复杂的。

为了讨论方便，可以将灼热式电雷管的发火过程人为地划分为以下 3 个阶段：

（1）桥丝预热阶段。这个阶段主要研究的问题是桥丝的温度和电能量之间的关系。如果能够知道桥丝的温度，那么雷管能否起爆就可以确定。因此，敏感的雷管应是能在小能量下桥丝温度升得高的雷管。而桥丝温度的计算关系到雷管的感度和安全性问题，即最小发火电流和最大安全电流两个参数。

（2）药剂加热和起爆阶段。这个阶段比较复杂，因为加热过程一方面是热量从桥丝向药剂传递，另一方面药剂受热后会不停地放出热量。如果把这两个过程同时考虑进去，再加上桥丝温度的不断变化、药剂温度的不断变化，因此，此时要定量地讨论发火条件就很困难了，必须要做一些近似假设后才能进行一些讨论。

（3）爆炸在雷管中的传播阶段。在此阶段中，主要是爆轰的成长和最终达到的爆速。

对于桥丝式电雷管的电热过程的物理模型，在 20 世纪 60 年代就不断有报道，目前模型已达到较为精确的水平。这些模型都比较复杂，各有一些假设，以研究不同的对象。这里仅就一般使用情况做简略的讨论。

在弹药引信中一般是用电容器放电的能量来引爆雷管的，为此简单地讨论电容器放电起爆桥丝式电雷管的点火方程。

在电容器放电时，电流随时间而变化，随着放电时间增长而电流减小。如电容器给桥丝输入的热为 Q_1（包括桥丝输送给药剂的热量与热损失），从电容器角度看电容器给予桥丝的热 Q_1 应为

$$Q_1 = 0.24 \int_0^t dW$$

$$= 0.24 \int_0^t i^2 r dt$$

$$= 0.24 \int_0^t \frac{U_0^2}{r^2} e^{-\frac{2t}{\tau}} dt \cdot r$$

$$= \frac{0.24 U_0^2}{r} \int_0^t e^{-\frac{2t}{\tau}} d\left(\frac{-2t}{\tau}\right)\left(\frac{-\tau}{2}\right)$$

$$= 0.24 \cdot \frac{1}{2} \cdot \frac{U_0^2}{r} \cdot r \cdot C \int_t^0 e^{-\frac{2t}{\tau}} d\left(\frac{-2t}{\tau}\right)$$

$$= 0.24 W_0 \left(1 - e^{-\frac{2t}{\tau}}\right)$$

式中：W 为电容器对桥丝所做的功，单位为 J；i 为电容器放电的电流，单位为 A；r 为桥丝

的电阻，单位为 Ω；t 为电容器放电的时间，单位为 s；τ 为放电时间常数，单位为 s；U_0 为电容器的初始电压，单位为 V；C 为电容器的电容，单位为 F；W_0 为电容器初始时所具有的电能，单位为 J。

从桥丝角度考虑，桥丝从原来温度（初温）上升到药剂发火时的桥温，这时桥丝应得到一定的热。设桥丝温度为 T_0，桥丝预热到药剂发火时的温度为 T_1，则要使桥丝温度上升到 T_1 时桥丝应得到的热 Q_2 为

$$Q_2 = V\delta K(T_1 - T_0)$$

式中，V 为桥丝金属的体积，单位为 cm^3；δ 为桥丝金属的密度，单位为 g/cm^3；K 为桥丝金属的热容量，单位为 $J/(kg \cdot K^{-1})$。

而 $V = SL$，其中，S 为桥丝的横截面；L 为桥丝长。则

$$V = \frac{\pi D^2}{4} L$$

故
$$Q_2 = D^2 \delta \cdot K(T_1 - T_0)$$

如果不计桥丝传给药剂的热及其他损失热，则 $Q_1 = Q_2$。即认为电容器放电时输进桥丝的能量全部用于加热桥丝，即

$$\frac{\pi}{4} D^2 L\delta K(T_1 - T_0) = 0.24 W_0 \left(1 - e^{\frac{-2t}{\tau}}\right)$$

$$T_1 = 0.96 \frac{W_0\left(1 - e^{\frac{-2t}{\tau}}\right)}{\pi D^2 L\delta K}, T_1 \gg T_0$$

$$= 0.48 \frac{CU_0^2\left(1 - e^{\frac{-2t}{\tau}}\right)}{\pi D^2 L\delta K}$$

在推导此桥丝预热的关系时未考虑热损失，但此关系式近似正确，因为电容器放电速度快。如果电容量大，电压低，就会出现较大的误差。

由 T_1 计算公式可知要提高桥丝温度，可从两个方面考虑：①从电容器考虑可提高电容量 C 及电压 U_0；②从桥丝考虑可选择热容量 K 及密度 δ 小的桥丝。同时在材料选定后可减少桥丝直径 D 及长度 L，这在电容器放电起爆时能使桥丝温度提高，而有利于雷管发火。

随着通电时间的增长，桥丝温度上升，与桥丝接触的药剂也随着升温。对于药剂的爆炸而言，应要求有一定的药量或药层厚度加热到药剂的发火点以上并持续一定的时间，爆炸才可能发生，即必须满足热点学说的 3 个条件。根据热点学说的条件，和桥丝接触的药剂中有 10^{-4} cm 的药层被加热到爆发点以上，爆炸就可能发生。如果不考虑桥丝和药剂界面上的热阻力，那么，桥丝传给药剂的热量和被加热的药层的厚度与药剂的导热性质相关。炸药的导热系数越大，导致热经药剂而散失的量也大，桥丝温度上升变慢，从通电到炸药爆炸的时间加长。

关于爆炸在雷管中的传播过程在上一章已经讨论过，这里不再赘述。

5.2.3 影响桥丝式电雷管感度的因素

桥丝式电雷管的感度受许多因素的影响，主要因素有以下几个：

1. 桥丝直径对产品感度的影响

桥丝直径的变化对产品的感度影响很大，从上面推导的桥丝温度计算公式可看出减少桥

丝直径对提高产品感度作用很大。桥丝材料为镍/铬（80/20）镍铬丝，在不同直径时，若电容量为 10 μF，则桥丝直径与发火电压的关系如表 5-1 所示。

表 5-1　桥丝直径与发火电压关系

直径/μm	试验数量/发	产品最大电阻/Ω	百分之百发火电压/V
5	28	21.4	10
7	60	13.2	10
9	310	8.1	12.4
11	53	5.2	18
14	49	3.6	19

试验结果表明：在桥丝材料选定后，随着桥丝直径增加，产品的电阻减低，而产品的发火电压增加。因此，在产品设计时合理选择桥丝直径是非常重要的；同样，在生产过程中控制桥丝直径也是很重要的，但在实际情况下桥丝直径不可能过小。

2. 桥丝长度对产品感度的影响

镍/铬（80/20）桥丝长为 0.35~0.65 mm 时，装药为氮化铅时产品所需的最小发火能量如表 5-2 所示。

表 5-2　桥丝长度对产品感度的影响

桥丝长/mm	试验发数/个	最小发火能量		
		电容/pF	电压/V	能量/J
0.35~0.45	21	3 500	365	2.3×10^{-4}
0.45~0.55	20	3 500	365	2.3×10^{-4}
0.55~0.65	19	3 500	400	2.8×10^{-4}

试验结果表明：在电容放电起爆的情况下桥丝越短（试验条件桥丝长为 0.35 mm 以上）的产品感度越高。如要提高产品的感度，在工艺允许的条件下，选择短的桥丝有利。

3. 桥丝材料对产品感度的影响

从桥丝温升公式可看出产品的感度与桥丝密度、比热有关，其密度和比热越小，产品的感度就越高。例如，6J20（镍/铬，80/20）与 6J10（镍/铬，90/10）比热不一样，镍的比热比铬的比热大，铬成分增加，比热减小，故前者发火能量较低，表 5-3 是两种桥丝比热对桥丝式雷管发热能量的影响。

表 5-3　两种桥丝比热对桥丝式电雷管发火能量的影响

桥丝牌号	试验数量/发	试验电容/pF	试验电压/V	发火百分数/%
6J20（镍/铬，80/20）	60	3 000	450	95
6J10（镍/铬，90/10）	47	3 000	450	50

另外，加给电雷管的能量与桥丝的电阻有关，因而就与桥丝材料的比电阻有关。相同电容、电压条件下，比电阻大的桥丝加给雷管的能量大，可以提高雷管的感度，因而应选择比

电阻大的桥丝。

4. 起爆药品种对产品感度的影响

雷管中起爆药品种不同对产品感度的影响很大。一般是氮化铅/斯蒂芬酸铅（80/20）共晶的感度高，而粉末氮化铅又比晶体氮化铅的感度高。一般发火点低的药剂的感度较高。表 5−4 是电源电压为 6 V、电容量为 10 μF、桥丝直径为 7 μm 的 6J20（镍/铬）丝时几种起爆药与产品感度的关系。

表 5−4　几种起爆药与产品感度的关系

起爆药名称	试验数量/发	发火百分数/%
氮化铅	23	91.1
聚乙烯醇氮化铅	12	75
DS 共晶药	28	100

5. 工艺过程的质量对产品感度的影响

桥丝式电雷管的感度和工艺过程的质量关系很大，如桥丝上有焊锡珠，或是桥丝上有焊药或氧化层，将降低电雷管的感度和增长雷管的作用时间。

桥丝焊接后，还要经过退火处理。退火就是指将焊好的桥丝通入适当的电流处理。退火有如下优点：①烧掉桥丝上有机杂质，有利于热传导；②机械性能和物理性能较稳定，桥丝表面形成一层均匀的钝化膜，此膜不导电，相当于桥丝直径减小；③退火后电阻增加 0.2~0.4 Ω，桥丝退火后感度提高。退火电流应选择适当，太大影响桥丝质量，太小又达不到退火的目的。桥丝退火颜色一般控制在暗红到浅红。经验温度为 500~600 ℃。退火电流根据产品所用的桥丝材料直径不同而不同，由具体产品而定。图 5−3 是桥丝退火与不退火时对发火的影响。

另外，产品的压药压力和电极塞的质量也对雷管感度有影响。如电极塞的绝缘强度不高，就会产生漏电现象，增大了热损失，甚至电压加不到产品上，引起产品感度严重下降。

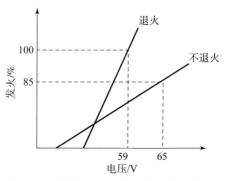

图 5−3　桥丝退火与不退火时对发火的影响

为了正确地显示产品的感度，还应注意测试的条件，如测试导线过长、开关不好，均会出现产品感度严重下降的现象。

5.3　火花式电雷管

火花式电雷管结构和桥丝式电雷管结构不同，其两极间没有金属丝相连，在两极间加上高电压，利用火花放电的作用，引起电雷管爆炸。图 5−4 是几种常见的火花式电雷管结构。火花式电雷管电阻大（一般为 10^4~10^6 Ω 以上），工作电压很高（1 kV 以上），但瞬发性高，抗外界感应电流的能力较大，但抗静电的能力较差。随着压电电源的不断发展，火花式电雷管已用在一般炮弹的压电引信中。

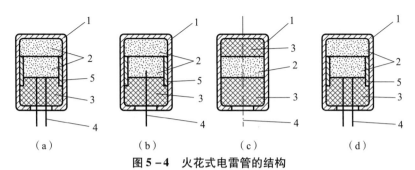

图 5 - 4　火花式电雷管的结构

（a）尖头电极；（b）独头电极；（c）对顶独头电极；（d）平头独头电极
1—雷管壳；2—药剂；3—塑料塞；4—电极；5—加强圈

对比这几种结构形式可以看出，它们有几个共同特点：

（1）都有两个电极，其中有的电极就是雷管壳，构成电极的材料有很多，如钢、铝等。

（2）两极无论采用何种设置方式，中间都被装药隔开一定距离，称为极距。极距一般为 1 mm 内，极距中装填起爆药或猛炸药。

（3）电极的固定及它们与雷管壳的结合是由电气强度与绝缘强度都很高的材料来完成的，如酚醛树脂、尼龙等，这些塑料件称为电极塞。

5.3.1　LD-1 火花式电雷管的结构

现在以 LD-1 火花式电雷管为例说明火花式电雷管的结构。该雷管用在电-2 引信中，主要由管壳、电极塞、带孔帽（顶帽）、装药底帽、起爆药（氮化铅）、猛炸药（钝化泰安）等组成，如图 5-5 所示。

管壳和装药底帽是用来装起爆药和猛炸药的。电极塞和带孔帽（顶帽）是雷管发火的主要性能元件。电极塞由塑料塞（聚碳酸酯）和电极杆构成。电极杆与带孔帽之间的火花间隙为 0.15~0.25 mm。为了存放安全，雷管平时为短路状态。短路状态由连通电极杆及带孔帽的短路螺帽、短路弹簧、短路套来保证。

雷管高为 19.5 mm，直径为 6.7 mm。

在材料的选择上，应使管壳和底帽的材料不得与炸药起化学变化，以保证雷管的长贮性。管壳和底帽材料还应具有足够的坚固性，以有利于雷管威力的提高。另外，管壳和底帽还应承受发射时的震动。除了考虑材料的机械性能外，还应考虑材料的工艺性和来源。目前管壳和底帽所用的材料是铝合金，电极杆的材料也是铝合金。带孔帽的材料为铝。电极塞所用的塑料的绝缘强度应满足产品规定的绝缘电压。

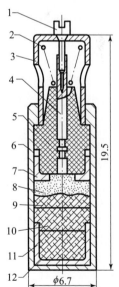

图 5 - 5　LD-1 火花式电雷管构造

1—短路螺钉；2—短路弹簧；3—短路帽；
4—芯杆；5—电极塞；6—管壳；7—极帽；
8—起爆药；9，10，11—猛炸药；12—装药底帽

火花式电雷管的电性能：电阻为 2 MΩ 以上；电压为 4 000 V、电容为 195 pF 时 100%

发火，而电压为 1 500 V、电容为 195 pF 时 100% 不发火。

值得注意的是，虽然火花式电雷管的发火电压较高，但是发火能量却很小，试验表明，有的产品甚至能被 10^{-5} J 的能量引爆。而各种场合产生的静电也表现为高电位，并且带电体的能量常常会大于火花式电雷管的起爆能量，一旦这样的带电体对产品作用，就可能引起意外爆炸。因此，为了防止意外发生，火花式电雷管从结构上采取防范措施，即在非使用情况下，保证两极间无电位差，如 LD – 1 火花式电雷管用短路帽将两极短路，在使用时短路帽弹起，一方面破坏两极间的短路，另一方面与引信电路相连，形成发火回路。

5.3.2　压电晶体与压电效应

从火花式电雷管的结构可以发现，外界电能的供给不同于灼热桥丝电雷管，那么电能是如何加到火花式电雷管上呢？显然和所用的电源形式有关。

武器弹药系统中的电源种类很多，根据它们的工作特性可以大致分为两种形式：持续作用和一次作用。前者连续不断地供给电能，后者以脉冲形式供给电能。火花式电雷管用于压电引信中，压电引信中的电源是压电晶体，压电晶体以脉冲方式把电能加到火花式电雷管。

压电晶体之所以能产生电能是因为它具有压电效应，即当这一类晶体材料受到压缩或拉伸时在其表面上便会产生电荷，此时晶体将机械能转换成电能，这种机械能与电能转换的现象就是压电效应，具有压电效应的晶体称为压电晶体。压电晶体分单晶类和多晶类，压电引信中大多数采用多晶类，主要是钛酸钡和锆钛酸钡。

压电晶体既能产生电荷，又具有很高的介电性，作为电源类似于电容器，因此，压电晶体具有瞬间放出电能的能力，这就是压电引信瞬发度高的原因之一。

压电晶体一般做成圆柱体放在引信头部的压电机构中，当弹丸撞击目标时，压电晶体受到力的作用立即发出电能，并通过预设电路作用到火花式电雷管上，简单的等效电路如图 5 – 6 所示。

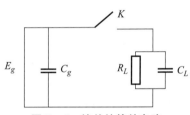

图 5 – 6 中：C_g 为压电晶体等效电容，单位为 F；E_g 为压电晶体在受力 F 作用下可能产生的电压，单位为 V；R_L、C_L 分别为火花式电雷管的等效电阻和等效电容，单位分别为 Ω、F。

图 5 – 6　简单的等效电路

由 $E_g = \dfrac{Q}{C_g}$ 可知，要得到高的 E_g，必须有大的 Q 和小的 C_g。根据居里定律，压电晶体表面的电荷为

$$Q = d_{33} F S$$

式中：d_{33} 为压电模量，常用单位为 pC/N；F 晶体单位面积上的负荷，单位为 N/cm^2；S 为晶体两端镀银电极的面积，单位为 cm^2。

根据平板电容器的电容计算公式，可得到压电晶体的电容为

$$C_g = \varepsilon S / 4\pi h$$

式中：ε 为压电晶体介电系数；h 为压电晶体厚度，单位为 cm。

所以，

$$E_g = \frac{d_{33} F S}{\varepsilon S} \cdot 4\pi h = \frac{4\pi h d_{33} F}{\varepsilon} = KF$$

式中，

$$K = \frac{4\pi h}{\varepsilon} d_{33}$$

因此，当晶体材料和厚度一定后，K 为定值，压电晶体所产生的电压的大小与所受到的力成正比。

5.3.3　火花式电雷管发火原理

根据火花式电雷管的结构和起爆条件可知，要使电雷管起爆，首先必须是介质的击穿。因此，介质的击穿和由此产生的起爆药的爆炸是所要讨论的中心内容。

火花式电雷管极距间压装的起爆药和其他炸药一样，具有较强的介电性，氮化铅的电阻率可达 $10^{12}\ \Omega/\mathrm{cm}$ 数量级。根据有关资料介绍，炸药的介电系数一般为 $4\sim5$，因此，可以把炸药的击穿过程作为一般的固体介质来讨论。

1. 击穿的几种形式

根据物理学知识，介质击穿时，由于电场把能量转给了介质，使介质发生了变化，结果发生了其他形式的运动，其运动形式有以下几种：

（1）热击穿。自然界的电介质的介电性并不是绝对的，当其处于电场的作用时（如在介质上的某两点加上电压），可以测出其中或多或少总有电流流过，这称为漏导电流。有电流就会有能量损耗，如焦耳效应，它会使介质发热；又由于介质具有负的电阻温度系数（$\mathrm{d}R/\mathrm{d}T<0$），介质温度升高后电阻变小，结果使通过介质的电流变大，温度继续升高，电阻也又小，电流也又大。如此发展下去，如果介质的得热大大超过失热，则介质由于受热而变为另一种形态失去介电性而被击穿。

由 $Q=I^2Rt$ 可知，热击穿的最大特点是热（Q）的表现与温度和时间的关系很大。热击穿在时间上的效应有的长达几分钟，因此，此种击穿比较容易认识，如岩盐的击穿过程，甚至肉眼可以看到。

（2）化学击穿。在电场的作用下，介质吸收了能量也可能发生化学变化（如电解）而变成另一种新的物质而导电，这种情况称为化学击穿。和热击穿一样，化学击穿与时间和温度的关系也很大，电场作用时间越长，温度越高，则化学变化就进行的越强烈。

（3）电击穿。在电介质中，除了有束缚电子外，还有少量的由各种外界原因所产生的自由电子。这些自由电子在电场的驱动下要做快速运动。电场越强，运动的自由电子上所积累的能量也就越大，以至于使它能够碰上束缚电子后将其从原来的位置上打出去形成新的自由电子。这个新的自由电子也可能产生同样的作用；周而复始，自由电子剧增，则介质中电流剧增，于是介质失去介电性被击穿，有人称之为电子的"雪崩"。

另外，当电场很强时，由于剧烈的极化作用，电介质晶体点阵晶格的平衡也会被破坏，介质中电荷间的键失去能量约束直接形成自由电荷，这时也可以认为介质被击穿。

介质中电子的"雪崩"和电子间键的破坏都很少与温度有关；晶体点阵和分子的破裂都是瞬时的过程，因此与时间关系也不大。据研究，在脉冲电压作用下，固体电介质的击穿可在 $3\times10^{-8}\ \mathrm{s}$ 的时间内发生。

不难看出，火花式电雷管极距间的击穿属于电击穿形式。因为火花式电雷管瞬发时间短到 $2\ \mathrm{\mu s}$，如果雷管的爆轰在装药中的传导时间被去掉，那么从电能作用到发生击穿这个过程

就要远远小于 $2~\mu s$。有资料介绍，这个过程在 $10^{-8} \sim 10^{-7}~s$ 发生，这样迅速的过程只有电击穿才能达到，而且正是由于火花式电雷管发生的是电击穿，所以它的瞬发度才高。反过来，在这样短的时间内，炸药等介质中的热效应还来不及发生，热量来不及积累，温度就升不高，就很难发生热击穿与化学击穿。

2. 极距间的击穿过程

火花式电雷管的两极间不是单纯的一种物质，在两极间至少有炸药粒子和空气交错存在。为了便于研究击穿时的情形，假设装药晶粒与空气隙有串联和并联两种情况；并假设电场均匀，药粒与空气隙大小差不多。

（1）药粒与空气泡串联的情况。设两个介质为Ⅰ和Ⅱ，它们的厚度各为 d_1 和 d_2，介电常数各为 ε_1 和 ε_2，其两电介质的串联如图5-7所示。其中 R_1 和 R_2 分别为两介质等效电路中电阻，C_1 和 C_2 分别为两介质等效电路中的电容。

当电压 V_0 加在这两介质的两端时，介质Ⅰ上的电压为 V_1，介质Ⅱ上的电压为 V_2。

因为击穿时间很短，电流效应的影响在此可忽略，所以在此不考虑电阻 R 的作用。这样，当产品上加一脉冲电压后，根据电容器串联原理，极距间电场强度就会由于炸药与空气介电系数的大小不同而在它们的界面两边成反比分布，故有 $V_1 : V_2 = \varepsilon_2 : \varepsilon_1$。这时如介质Ⅰ上的电压 V_1 大于它的击穿电压，则介质Ⅰ被击穿，如介质Ⅱ上的电压 V_2 大于它的击穿电压，则介质Ⅱ被击穿。

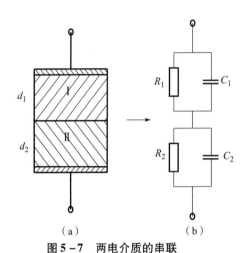

图5-7　两电介质的串联

（a）电介质相串联；（b）等效电路示意图

在火花式电雷管中存在的两种介质：空气和起爆药药粒。其中空气的介电常数为1，而炸药的介电常数为4~5。这样就导致所加电压 V_0 的大部分由空气承担，而小部分电压由起爆药承担。可是空气的击穿场强又比较低，因此加上电压 V_0 时，首先击穿的是空气。

空气被击穿以后，空气成了导电物质，这时全部电压加在起爆药药粒上，从而起爆炸药。

（2）药粒与空气泡并联的情况。这时的等效电路如图5-8所示，同样也可以忽略电阻而当成两电容的并联。当产品上加一脉冲电压后，根据电容器并联原理，两介质上承受的电压一样，则电压（或场强）低的那个介质首先被击穿，击穿介质造成导电通路，大量电流聚集在此通路里，从而影响到第二种介质，因此也是空气首先被击穿。

总结以上空气和炸药粒子串联和并联的情况，可以认为空气和炸药在两极间的

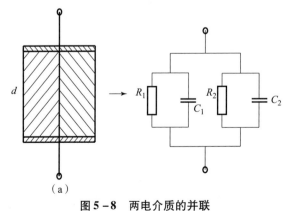

图5-8　两电介质的并联

（a）电介质并联；（b）等效电路示意图

并联和串联是交错在一起的，而击穿首先总是在空气中发生；而要造成一条畅通的导电通路，总会有些炸药粒子要被击穿。炸药的起爆则仍然要求在两极间聚集足够的能量。

火花式电雷管两极间的电场是不均匀的，加上电压后，容易在电力线密集处发生击穿，从而降低击穿电压，这种情况称为电场的畸变。

另外，炸药和空气的界面处常常是最容易发生击穿的，也就是引起沿着炸药表面的气体放电，特别是炸药表面上附有水分、金属粉或油迹等容易导电的物质时，这种沿界面的击穿常常使击穿电压下降很多。此外，氮化铅总是存在着一些杂质，如碳酸根、硫酸根、氢氧根、铅等，这些杂质存在对氮化铅的导电性是有影响的。

总之，火花式电雷管的发火机理属于不均匀电场、不均匀介质的击穿，而且是沿着炸药表面气体的击穿，这种击穿还受到杂质、水分等的影响。

5.3.4　影响火花式电雷管性能的主要因素

火花式电雷管的主要特点是输入端电引火结构和起爆药的变化对其感度的影响较大。这里主要以 LD - 1 火花式电雷管为例来讨论影响电雷管感度的因素。

1. 电极距离对产品平均发火电压的影响

电极距离的大小对产品平均发火电压的影响很大。随着电极距离的增大，产品的平均发火电压就增加。如用 LD - 1 火花式雷管进行试验时，电容量为 195 pF 和不同电极距离与平均发火电压的关系如表 5 - 5 所示。

表 5 - 5　不同电极距离与平均发火电压的关系

电极距离/mm	0.06 ~ 0.08	0.08 ~ 0.10	0.10 ~ 0.12	0.12 ~ 0.14	0.14 ~ 0.16	0.16 ~ 0.18	0.18 ~ 0.20
平均发火电压/kV	1.57	1.62	1.81	1.88	2.16	2.21	2.26

试验结果表明，随着电极距离的增大，其发火电压增大。这个规律对设计新的雷管以及生产中控制产品的质量很有指导意义。

2. 极针形式与平均发火电压的关系

极针的形式对平均发火电压的影响很大。如在电压为 10 kV、电容为 390 pF、电极距离为 0.70 ~ 0.80 mm 时，不同极针形式与平均发火电压的关系如表 5 - 6 所示。

表 5 - 6　不同极针形式与平均发火电压的关系

极针形式	试验数量/发	发火电压/kV	发火率/%
45°对顶	6	11.7	84
60°对顶	6	11.8	50
90°对顶	6	/	0
120°对顶	6	/	0

试验结果表明极针越尖，其发火电压越低。

3. 起爆药的种类不同对平均发火电压的影响

火花式电雷管中起爆药感度的高低直接影响到产品的平均发火电压。如 LD - 1 火花式电雷管中装有不同的起爆药，在电容为 195 pF 时，起爆药的种类与平均发火电压的关系如表 5 - 7 所示。

表 5 - 7　起爆药的种类与平均发火电压的关系

起爆药名称	试验数量/发	平均发火电压/kV
氮化铅	46	1.9
氮化铅/斯蒂芬酸铅共晶	62	1.52
聚乙烯醇氮化铅	32	3.24

由试验可知，氮化铅/斯蒂芬酸铅共晶的发火电压最低，氮化铅发火电压较高，而聚乙烯醇氮化铅发火电压最高，即感度最低，这样的结果与它们的热感度是一致的。大量的试验证明，采用单一的细结晶氮化铅的产品性能比较稳定，工艺也比较简单。LD - 1 火花式电雷管用的就是单一氮化铅。

4. 起爆药粒度对平均发火电压的影响

同一种起爆药药粒大小不同，则平均发火电压也不一样。如 LD - 1 火花式电雷管中装有不同大小粒度的氮化铅，在电容为 195 pF 时，氮化铜粒度大小与平均发火电压的关系如表 5 - 8 所示。

表 5 - 8　氮化铅粒度大小与平均发火电压的关系

粒度/μm	试验数量/发	平均发火电压/kV
100	56	1.4
30 ~ 40	46	1.9
10	52	2.3

从表 5 - 8 中数据可以看出，氮化铅晶体粒度越大，感度越高。因为具有一定颗粒的氮化铅在两电极之间时，由于炸药介质的表面是粗糙的，而且颗粒越大的药剂压成的表面粗糙度越大，在这些颗粒与裂缝处出现较大的电场，因而降低了表面放电的电压。

LD - 1 火花式电雷管中氮化铅的粒度为 10 μm。

5. 不同压力时对平均发火电压的影响

在其他条件相同的情况下，变更起爆药压药压力，从目前工艺条件看对其平均发火电压的影响不大。

6. 湿度对产品发火电压的影响

生产过程中工房湿度和氮化铅的含水量对产品感度的影响也是比较显著的。湿度大时，产品较敏感。在生产过程中，控制工房湿度和起爆药的含水量是非常重要的。起爆药湿度大，说明有较多的水分吸附在氮化铅的表面。起爆药表面上的水泡形成半导体薄膜。如果水泡绝对均匀地在药的表面覆盖一层，则沿药表面的电压降就是均匀的。通常水泡在表面上覆盖是不均匀和不连续的。在电雷管接上电压后，气体放电沿着氮化铅表面进行，这样在其表面的电场就局部加强了，而放电电压就降低了，因而雷管的感度就增加了。同样空气湿度大，产品感度也大。

7. 工艺质量对产品发火电压的影响

这里主要指的是芯杆电极和压铸电极塞的工艺质量对产品发火电压的影响。在理想情况下，电极结构如图 5-9 所示。由于两个冷电极之间的击穿放电在距离最小的地方更易发生，因此，要想使极距控制在一定范围内（如 0.08~0.15 mm），控制各零件制造与组合过程中的不同心度与不平行度是很重要的。

（1）应该加工出合格的芯杆。芯杆应有合格的外径，表面应光滑，无毛刺。一般采用车床加工后再进行汽油清洗，然后加木屑滚光来保证。为防止极距间有过多的小毛刺，工艺中还采用放电火花烧蚀的办法来对极距进行"整容"，烧掉小毛刺。

（2）在压铸电极塞时，塑型模内各圆柱体的同心性的好坏也直接影响极距的大小。如果模子的同心性不好，压制出来的电极塞的同心性就不好。如果有较大的偏心，电极塞戴上极帽后就会有超下限的极距甚至没有极距，最后造成产品低电压发火或瞎火。另外，如果模子的同心性不好，芯杆在进模的时候就可能出现刮铝的现象，这些铝屑一旦留在塑料里就会降低电极塞的绝缘强度，或造成电路旁路，使产品瞎火。

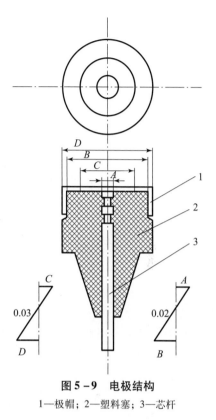

图 5-9　电极结构

1—极帽；2—塑料塞；3—芯杆

5.4　导电药式电雷管

导电药式电雷管的起爆部分的药剂由起爆药与导电物质细粒（如金属或石墨等）组成。和火花式电雷管一样，其两极也可以做成各种形式。

5.4.1　典型导电药电雷管结构举例

图 5-10 为 LD-3 电雷管结构，由雷管壳、底帽、黑索金、导电氮化铅、芯杆电极和塑料塞等组成。

电雷管直径为 7 mm，高为 14 mm。雷管壳为铝合金，厚为 0.5 mm。底帽为铝，厚 0.5 mm，高为 3.2 mm。芯杆电极由直径为 2 mm 的铝合金棒做成，绝缘塑料塞材料为 372 号塑料（增强聚氨酯）经热压而成。

电雷管中的导电氮化铅是在 PVA 氮化铅化合过程中加入 3.5%~4% 导电石墨制成。石墨是在氮化铅生成过程中进入其结晶的，而不是附在表面。这样的氮化铅的导电性能比较稳定，特别是运输后发火电压变

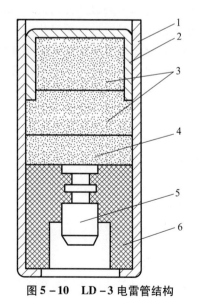

图 5-10　LD-3 电雷管结构

1—雷管壳；2—底帽；3—黑索金；
4—导电氮化铅；5—芯杆电极；6—塑料塞

化不大，这种氮化铅具有以下特点：

（1）起爆力大，故装药量小，有利于火工品的小型化。

（2）吸湿性小。

（3）电性能稳定。

（4）作用时间短，在 10 μs 以内。

此电雷管结构上的特点是由一个电极屏蔽另一个电极，即以雷管壳屏蔽芯杆电极，其结构运用了避雷针原理。单个避雷针可保护的范围为 45°，在雷管结构中存在如图 5 - 11 的关系，H_0 为屏蔽深度。

当 $\angle 1 = \angle 2 = \angle 3 = \angle 4 = 45°$ 时有

$$ac = bc = co$$

$$ac = \frac{1}{2}ab = 2.4 \ （mm）$$

$$H_0 = 2.4 \ （mm）$$

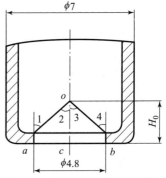

图 5 - 11 芯杆电极屏蔽示意图

故芯杆电极凹入产品 H_0 为 2.4 mm，可以保证屏蔽的可靠性。

此电雷管的主要发火性能的电阻不小于 100 kΩ。当线路中与雷管并联电阻为 75 kΩ、电容为 1 500 pF、充电电压为 500 V、向雷管放电时应 100% 发火，作用时间小于 10 μs。在同样线路及电容下，充电电压 70 V 时，应 100% 不发火。

5.4.2　设计思想依据及发火原理

在讨论火花式电雷管的发火机理时认为是首先击穿空气，而后再引起氮化铅起爆。其前提条件是空气的击穿场强低于氮化铅的击穿场强。实际上，氮化铅不是很纯的，杂质的存在会使氮化铅的击穿场强急剧下降，在一定条件下甚至有可能低于空气的击穿场强。如果在氮化铅中掺入导电粒子，则氮化铅的击穿场强将下降，易被较低的电压所击穿，而引起氮化铅爆炸，这就是导电药式电雷管感度高的原因。

由于导电药式电雷管的灵敏度高，因此对于防静电的安全性要求更高，于是就采用了自身屏蔽结构的设计。导电药式电雷管比火花式电雷管的结构简单，而且工艺性好。

导电药式电雷管的最大缺点是均匀性不好，表现在同一批雷管的电阻散布可以相差到100 倍以上。原因是导电药粒度不均匀，混合得均匀性不足。所以要求炸药和导电粒子都均匀，并且混合均匀。此类电雷管一般用碳作为导电物。碳有结晶型与无定型之分。无定型碳如炭黑、乙炔黑等，结晶没有规律，故电阻大，假密度小，因而制造出来的导电药假密度小，流散性不好。石墨具有规律的片状结晶，密度为 2.1 ~ 2.3 g/cm³，并且具有良好的导电性和导热性，熔点高，在 500 ℃ 以上才能被氧化，化学性能稳定，故一般选用石墨作为导电药，在 PVA（聚化烯醇）氮化铅化合过程中进入结晶中。试验证明，石墨越细，制成的导电药性能越好。

关于发火原理存在两种可能的机理：热点机理和小火花机理。

热点机理：导电粒子分布在炸药粒子之间，如果导电粒子足够，可以组成很多条线路，电流则由这些线路中通过。由于这些粒子组成的线路是不均匀的，在导电粒子接触点上，电阻比较大，热点在此形成，由这些热点引爆炸药。

小火花机理：当导电粒子比较少时，粒子间未能达到接触构成电路，如果所加电压足够高，则在粒子间产生小火花，由这些小火花引爆炸药。

由于猛炸药难以从热点扩展到爆炸，所以基本倾向于小火花机理。

5.4.3　影响导电药式电雷管性能的因素

导电药式电雷管的感度与导电物的含量关系很大，因为其电阻是由导电粒子在非导电粒子中的分布决定的。由导电粒子组成的导电通路形成了无数条小电路交织的网络，这些网络的形状和数量都是随机的，因此不能得到严格的定量关系，只能从大量的试验中找出一般性的规律。

通常在其他条件相同时，影响产品感度的主要因素有以下 3 点：

（1）石墨细产品敏感，反之钝感。因为石墨细，容易进入氮化铅结晶，即进入氮化铅结晶的石墨多。

（2）石墨加入量多产品敏感，反之钝感。因为加入量多，电阻小，导电物间距离小，易于击穿发火。但是石墨加入量过多时，就会有未进入结晶的石墨，这样运输后感度变化就很大。

（3）导电药结晶小敏感，反之钝感。但是结晶不宜过小，过小工艺上装压药有困难。

（4）聚化烯醇加入量少时敏感，反之钝感。

在其他条件相同时，影响产品精度的主要因素有以下两点：

（1）在制造导电药时，石墨和聚化烯醇在硝酸铅中分布得越均匀，则产品精度越好。

（2）压药压力大精度好，压力小精度差。

5.5　涂膜式电雷管

涂膜式电雷管是一种不连续的导电微粒桥膜雷管，即石墨桥雷管。

5.5.1　典型结构简介

图 5 - 12 为我国曾经小批量生产过的一种涂膜式电雷管结构。

其管壳为镍铜，加强帽材料为铝，电极由不锈钢制成，塑料塞由 K - 214 - 2 酚醛树脂热压而成，极距为 0.04 ~ 0.08 mm（用精度 0.001 mm 放大 100 倍的工具显微镜测量）。导电物用国产颗粒度为 0.004 mm 以下的石墨，并在球磨机上粉碎 80 h，然后将石墨与聚苯乙烯的醋酸丁酯溶液配成重量比为 1 : 1.5 搅拌均匀后涂在两极间，形成具有一定电阻值的半透明薄膜。涂膜后的电极在使用前先在 70 ~ 84 ℃下加热 3 h，除去膜中残留的挥发物质，并消除结构中的部分应力。

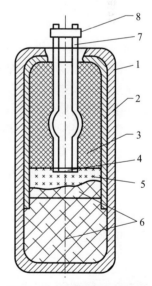

图 5 - 12　涂膜式电雷管结构

1—雷管壳；2—加强帽；3—塑料塞；
4—导电薄膜；5—起爆药；6—猛炸药；
7—脚线；8—绝缘套管

产品的主要电性能：电雷管内阻为 $2\,\Omega \sim 10$ kΩ，在电源电容量为 0.002 2 μF 以下，充电到 500 V，对产品脚线及外壳间放电时，雷管不应发生击穿；电容量为 0.002 2 μF 以下，充电到 300 V，对产品放电时，雷管 100% 发火，作用时间小于 25 μs；电容量为 0.002 2 μF 以下，充电到 50 V，对产品放电时，雷管应 100% 不发火。

5.5.2 发火过程分析

涂膜式电雷管的发火过程与导电药式电雷管的发火过程类似，都是属于半导体性质药剂引起雷管发火的。不同之处是：导电药式电雷管的导电药中有起爆药，而涂膜式电雷管中的导电膜不含起爆药；前者导电范围大，后者导电范围小。

导电膜中的石墨的作用有两个：①导电粒子间的连续成桥，即形成电流通路；②各导电粒子的不相连续，形成无数个微型间隙。而黏合剂除了使石墨粘在电极上形成薄膜外，并在导电物颗粒间起绝缘介质的作用。这种导电物与黏合剂在电极上所形成的半导电薄膜，组成了无数个连续的微型电桥和不相连续的微型间隙的综合体，构成了涂膜式电雷管的发火机体。

影响导电膜电阻的因素很多，有导电物的种类、导电物的百分数、导电粒子的分布情况以及电极的情况（电极距离、电极方式等）。产品原材料一定时，导电物的质量百分数以及导电物的分布情况是影响导电物薄膜结构的主要因素，不但影响着电阻值的大小，还影响着各导电微桥与微型间隙之间交错分布的情况。在这种结构中，微型电桥的存在是热过程的依据，而微型间隙的存在是电击穿的依据。

桥丝式雷管的灵敏性由桥丝材料及直径等决定，即桥丝密度和热容小、电阻率大以及桥丝直径小时灵敏性就大。导电物由石墨组成，其比电阻（0 ℃时为 800 Ω/cm^3）比金属丝大很多，而密度（0 ℃时为 2.25 g/cm^3）比金属桥丝小很多，比热容（12 ~ 100 ℃时为 0.803 kJ/(kg·K)）比金属丝要大一些。涂膜式电雷管中导电物一般很小，比桥丝直径细得多，总体而言，涂膜式电雷管比普通桥丝式电雷管要敏感得多，这就是它类似桥丝式电雷管而又不完全同桥丝式电雷管的一面。另外，涂膜式电雷管类似火花式电雷管的一面表现为：膜中的导电物又为膜中的绝缘物间隔开，导电物间有很小的间隙距离（10^{-3} μm），这就构成很小而灵敏的火花间隙；其发火原理类似火花放电起爆，但较一般火花式电雷管敏感。总之，涂膜式电雷管发火原理有类似桥丝电雷管的一面，又有类似火花式电雷管的一面，但是比其他两者都灵敏。涂膜式电雷管的发火原理，视具体情况而定。同一类产品，在某一固定的电阻范围内，在不同的电源作用下，可能存在着不同的发火机理。当电阻值低于 100 Ω 时，发火过程主要类似桥丝式电雷管；而当电阻值大于 $10^6\,\Omega$ 时，发火过程主要类似火花式电雷管；电阻值在 100 ~ $10^6\,\Omega$ 时，发火过程与所加电压有关；当电压高于电阻薄膜的击穿电压时，发火主要为电击穿过程（一般击穿电压为 200 ~ 300 V），反之为热击穿过程。

5.5.3 影响涂膜式电雷管性能的因素

涂膜式雷管的感度主要取决于一定极距下涂膜层的电阻值，因此，本节只讨论影响产品电阻值的因素以及影响产品感度的因素。

影响产品电阻值的因素有导电物与黏合剂的配比、电极距离的大小等。导电物与黏合剂的配比对电阻值的影响如表 5 - 9 所示。

表 5 – 9　导电物与黏合剂的配比对电阻值的影响

石墨∶聚苯乙烯	1∶1	1∶1.5	1∶2	1∶3
电阻值/kΩ	1.29	4.17	22	93

对于同一体积下的薄膜，其导电物的含量增加，导电通路的宽度将增加，从而使电阻值下降。当导电物增加到 100% 时，电阻值的大小则由导电物的导电率、粒度和密度等决定。

电阻值随电极距离的增大而增加，这是由于电路长度增加的结果。电阻值随电极距离的增加的速率与悬浮液的成分、质量以及涂膜的均一性有关。当电极距离在数微米范围内，极距对电阻值的影响没有电阻薄膜厚度的影响那么明显。另外，随着极距的增大，电阻值的分散度以及压药过程中电阻值的变化率就增大，这主要是由悬浮液以及涂膜不均匀性所造成的。

影响涂膜式电雷管感度的因素很多，工艺中只是从悬浮液的配比、极距以及压药工艺条件来控制涂膜式电雷管的感度。

表 5 – 10 是膜的导电物与黏合剂的配比对产品感度的影响。图 5 – 13 是石墨含量与平均发火电压的关系。试验结果表明：在某一导电物和黏合剂的配比范围内，感度随黏合剂含量的增加而增大，超过此范围产品就趋向钝感。因为随着导电物含量的减少，在固定极距、膜厚条件下，导电通路减少，对电源的能量接收集中，使发火能量降低。当导电物减少到一定数量时，造成导电通路过少以致热点不够或击穿电压过高，使产品感度降低。

表 5 – 10　导电物与黏合剂的配比对产品感度的影响

石墨∶聚苯乙烯	试验数量/次	平均电阻/kΩ	平均发火电压/V
50∶50	26	0.92	164
40∶60	27	3.7	160
33∶67	29	12.7	134
25∶75	30	94.0	140
20∶80	33	>253	138
16.6∶83.4	24	>1 580	169

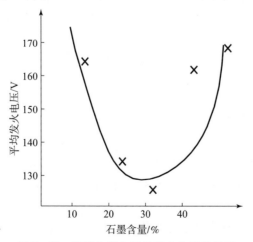

图 5 – 13　石墨含量与平均发火电压的关系

图 5 – 14、图 5 – 15 分别为极距、压药压力与平均发火电的关系。由图 5 – 14 曲线可以看出，随着极距的增加，再加上悬浮液及导电膜制造不均匀，不但使产品感度降低，而且使产品的精度下降。因此在确定极距时不但要考虑产品感度而且要考虑产品的精度。

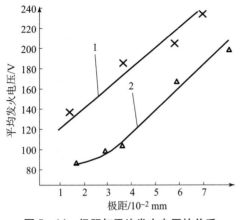

图 5 – 14　极距与平均发火电压的关系
1—压药压力为 49.1 MPa；
2—压药压力为 73.6 MPa

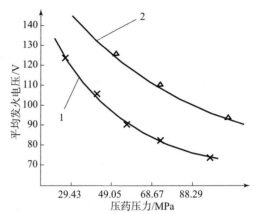

图 5 – 15　压药压力与平均发火电压的关系
1—极距为 0.02 ~ 0.04 mm；
2—极距为 0.04 ~ 0.07 mm

压力大小对产品的感度有明显影响，随着压力的增大，有利于起爆药接受由电阻薄膜所产生的热能，而使产品感度提高。

5.6　电雷管的安全问题

电雷管的安全问题是使用中很重要的问题，如电雷管抗静电的安全性就是经常遇到的现实问题。一般如果不采取措施，涂膜式电雷管抗静电能力很差，可以在电容量 10 pF 以上、100 V 以下的静电电压下发生爆炸。火花式电雷管抗静电能力也很差，虽然它爆炸所需的静电电压较高，但是电容量在 10 pF 以下就可爆炸。一般桥丝式电雷管的抗静电能力比较好，但它抗杂散电流的能力较差；另外，如果采用的桥丝很细，电阻值大，发火能量小，在静电作用下同样不安全。

静电、感应电流、射频电流等的作用，常常会导致电雷管意外爆炸，本节着重讨论静电和射频作用下的安全问题。

5.6.1　静电作用时的安全问题

在火工品生产、使用和贮存中由于静电而引起爆炸的事故不少。因为起爆药本身是良好的绝缘物质，但是又对静电火花比较敏感。

静电发生的机理有许多种解释，最常见的一种解释是绝缘物质或对地绝缘的金属相互摩擦或碰撞后再分开，这时就会产生静电。在电雷管的制造、装配和使用过程中，产生静电的因素很多，如工艺过程中人长时间行走和进行装药、压药等操作。这种静电随条件的不同，如衣料的性质、空气的湿度、人体的大小而有很大的差异。根据初步试验，测得人穿胶鞋在橡皮地面上行走，可产生 10 kV 以内的静电，而各种绝缘物间的机械摩擦静电可达 20～30 kV。

所产生的静电电压只表明静电的一方面，而电荷量即电容的大小却表明静电的另一个方面。初步测定，人光着脚站在 5 mm 厚的橡皮上，这时对地电容为 100～700 pF。如果取人身对地的平均电容为 500 pF 与静电电压为 20 kV，那么相应的能量就达到 0.1 J，此能量就可以使某些火花式电雷管爆炸。由此看来，在人身对地电容的范围内，试验雷管能耐的静电电压更具有实际的意义。

人体静电是引起电火工品及起爆药发生意外爆炸的最危险的来源。不少国家对火炸药的处理、使用的安全规程中，专门规定了防静电措施，制定了火工品抗静电标准。这些抗静电要求都是以抗人体静电为主要目标的。例如美国规定抗静电要求为 500 pF、25 000 V 和串联电阻为 5 000 Ω 时火工品不发火。我国也把这种状态下不发火作为电火工品静电安全的标准。

当积聚了静电的人体与火工品直接或间接接触时，就能在火工品内部发生静电放电，对于各式电雷管这种放电的路径一般可看成两种：即脚线—脚线和脚线—管壳，如图 5-16 所示。

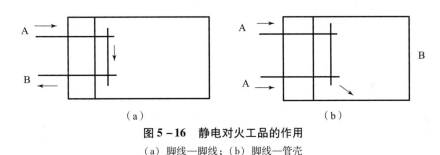

（a）　　　　　　　　　　　　（b）

图 5-16　静电对火工品的作用
（a）脚线—脚线；（b）脚线—管壳

电火工品对静电的安全性可采取多种技术措施，这里只作简单介绍。

1. 防脚线—脚线间静电的安全性措施

桥丝式电火工品的电阻小，于是它与人体电阻（现取 5 kΩ）串联时的分压就小，通入桥丝的能量就小。此时如果产品处于一个不断产生静电荷的静电场中（如人摩擦产生的静电），由于产品电阻小，泄漏的时间常数就小，静电荷就不易积累，因而对比之下，桥丝式火工品对静电就比较安全。涂膜式电雷管、导电药式雷管具有 100 Ω 以上的电阻，火花式电雷管一般电阻值超过 10 MΩ，则静电放电电压几乎全部加到雷管上，可见在这种情况下适当选择雷管的形式是很重要的。

2. 防脚线—管壳间静电的安全性措施

常用的措施之一是增加脚线—管壳之间的绝缘强度。在雷管管壳与脚线之间构成静电放电回路的两极时，火花发生在回路中电绝缘最薄弱之处。在军用电雷管结构中通常是桥丝或脚线边缘离管壳最近，而这里又是装起爆药或点火药的位置，因此是最容易击穿的地方。所以，在防静电措施中，最常用的结构是在桥丝周围增加一个绝缘环或套筒，或是在点火药外表面涂上一层绝缘漆膜。

除此之外，还可以采用保护性静电泄放装置。这一类装置形式很多，都是在插塞表面用各种方法形成保护性的火花隙或静电泄放通道。已报道的防护技术很多，现分别简述如下：

（1）为了形成保护性火花隙，在雷管结构中使保护性通道的击穿电压较低，而使危险通道的击穿电压较高。危险通道与保护性通道击穿电压之比应大于 4，而且保护性通道的击穿电压不应大于 3 kV。这样才能保证在静电火花作用下，静电能量通过保护性通道而可靠地泄放掉。可采取多种技术来实现，如在插塞侧面钻两个小孔，小孔的一端与管壳内壁相连，而另一端与脚线相连，构成脚线—管壳间保护性通道，如阿波罗宇宙飞船中用的单桥丝标准起爆器就是这样的结构。

（2）静电泄放通道是由静电泄放元件与桥丝并联而成的。静电泄放元件有微型泄放电阻、微型氖灯、微型二极管和非线性电阻等。

微型泄放电阻通常是用一个微型电阻片（一般要求电阻大于 100 Ω）并联在脚线—管壳之间，这样，如果火工品收到一个不断产生的静电荷作用时，则由于此泄放电阻存在静电荷就不易积累。而当高压静电脉冲向产品的脚线—管壳间放电时，也可通过此泄放电阻放电。不仅如此，如果这时在脚线—管壳之间跨接一定的杂散电压（如 2.5 V），则所产生的电流仅为 25 mA，这对大多数桥式火工品来说是安全的，因而增加了抗杂散电流的能力。

利用微型氖灯进行静电泄放的技术是将小氖灯并联与脚线—管壳之间。此氖灯在雷管正常发火的脉冲下是不能被点燃的，而在高于一定值的电压时能被点燃，从而形成雷管脚线通过一小电阻对管壳的静电泄放通道。

利用微型二极管的技术进行静电泄放是利用其具有低压绝缘、高压击穿的特性。

利用非线性电阻泄放静电的技术是比较多的。此种电阻材料由高电阻的可塑性的电阻材料黏结物（如天然橡胶、合成橡胶、环氧树脂等）、二次电子发射材料（如氧化碘、铯化锑、氧化铝、氧化钡等）及非线性电阻材料（如碳化硅、氧化锌等）组成。这种电阻材料的电流与电压之间的关系不服从欧姆定律，通过其中的电流密度应按下式计算：

$$J = KV^{\alpha}$$

式中：J 为通过材料的电流密度，单位为 A/m^2；V 为材料的端电压，单位为 V；K 为与材料组成和几何尺寸有关的系数；α 为与欧姆定律偏离程度的指数。

上式表明：利用此种材料作成插塞的雷管在电压越高时，其插塞材料呈现的电阻越小，因此静电被泄放。而在低电压下却呈现高阻状态，因此不影响雷管的正常作用。

美国 20 世纪 70 年代中期所报道的 MOV（金属氧化物调节电阻）技术就是利用这种性质泄放静电的，此 MOV 材料的 α 典型值为 15～50。

（3）除了利用以上保护性火花隙和静电泄放元件外，脚线—管壳之间静电的泄放还可用半导体材料插塞和半导体涂料。此半导体插塞是用金属细粉、导电炭黑等导电微粒混入某种绝缘介质（如石蜡、树脂等）中制成的，它在低压下呈现高阻态，不影响正常发火。而在静电脉冲下插塞内部被击穿，从而泄放静电能量。这类材料可以是常温下固化的，也可以是高温下固化的。

半导体涂料是用含有铝粉、银粉、炭黑等导电材料的漆和导电胶作为半导体的涂料，涂在插塞外表面与管壳间，形成静电泄放通道，这是一种简单、有效而成本低廉的方法。

3. 用钝感药剂增加静电安全的措施

在电雷管的引爆部分使用抗静电性能好的药剂是减少静电危害的一个途径，这方面的报道很多。如在起爆药（主要是斯蒂酚酸铅）或点火药中加入适量的硼，可大大增强抗静电的能力。石墨包覆的斯蒂酚酸铅，也可降低静电荷的积累。在起爆药中加入某些防静电附加物也可降低起爆药的静电火花感度。

据报道，镀铝三氧化钨、五氧化钒、高氯酸钾对静电钝感，能经受脚线—管壳间 25 kV 的多次静电放电。

氧化钛和过氯酸钾组成的点火药，有很好的抗静电性能。可耐电容 600 pF、电压 25 kV 的静电放电，而且热安定性高达 520 ℃，是一种值得关注的抗静电耐热点火药。

4. 利用火工品结构的改进来抗静电的安全措施

如可以采用"零电位梯度"的结构。其设计原理是使管壳内的炸药、桥丝等元件在静电作用下处于同一电位。具体措施为：采用中间带绝缘层的双层管壳，一条脚线与内壳相连，这样脚线与内壳处于等电位状态。当静电脉冲加于管壳与任一脚线之间时，静电放电都发生在内外壳之间，从而保证雷管抗静电的安全性；另外，这种结构的内外导电壳之间由薄的介电材料绝缘，组成了一个电容器，这样在射频电场的作用下，介电材料产生高频极化感应加热，吸收了电磁辐射的能量，也可改善产品的抗射频能力。

总之，火工品抗静电安全措施很多，各种防静电措施的效果也是相对的，一般火工品采取几种措施结合起来使用以提高防静电效果。

5.6.2　感应电流作用时的安全问题

如果发火线路没有很好屏蔽起来，那么当雷管靠近交流动力线时，在此发火线路上就可以产生感应电流。感应电流的大小和电压的高低与线路及动力线的性质有关。如果感应电流足够大，那么便可以使桥丝加热而引爆桥丝式电雷管。但是这种电压不可能达到 1 000 V，所以对火花式电雷管是比较安全的。

5.6.3　杂散电流作用时的安全问题

在工业应用方面杂散电流是经常发生的，产生的原因是各种电气设备的电位差。这种电位差产生的电流是比较小的，对火花式电雷管没有作用，但足以引爆某些桥丝式电雷管。

5.6.4　射频作用时的安全问题

随着无线电技术的飞速发展，人们生活的空间和宇宙中充满着射频电磁场，地面上的广播、通信雷达、飞机上的发射机和军舰上的各种雷达等都会对装在弹药中的电火工品产生作用。尤其是海军军舰，不仅自身的雷达，而且附近军舰上的雷达也会对电雷管产生影响。在引信中，电雷管本身及其连接的有关线路和部件，都可以作为无线电波的接受天线，把射频能量引进电火工品。一般情况下这种引入的能量是很小的，不足以引起电雷管意外发火或失效。但在某些条件下也可能由于射频能量的作用引起电雷管的早爆，从而引起导弹不按程序发射、战斗部早爆、分离装置提前作用等一系列事故；也可能由于长期收到低于发火能量的射频作用，使电火工品失去正常工作的可靠性。因此，从 20 世纪 50 年代起，各国对电火工品的射频安全问题都作了很多研究。

各种电火工品对射频的感度是不同的，这里主要讨论桥丝式火工品。电火工品接受射频波的能量表现在两个方面：即电流与电压的作用。当电流由电火工品的脚线输入到桥丝时，在一定的条件下能使桥丝加热到发火点，使产品早爆或失效。这里是按灼热式桥丝的方式起爆的。若是电压的作用，则在脚线—管壳之间产生电场。如果电场足够高，时间足够久，则可在脚线—管壳之间发生击穿而使炸药起爆，这和静电起爆的方式类似。

无线电波的频率为 10～1 000 GHz。一般长波的频率低于 100 kHz，中波的频率范围为 100～1 500 kHz，短波的频率范围为 1 500～30 MHz，而电视、无线电导航、雷达、人造卫星通信等所用无线电波，都处在超短波和微波波段之内。超短波的频率范围为 30～300 MHz，微波的频率范围为 300 MHz～300 GHz。各种无线电波的波形按用途不同有所不同，对电雷管作用也不同。

1. 连续波

连续波对电雷管的作用可以和直流电作用相比较，试验结果如图 5－17 所示。

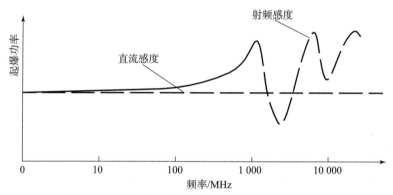

图 5－17　热桥丝式电爆装置对连续波—射频的响应

由图 5－17 可见，在 1 000 MHz 以下，其发火能量随频率的增加而增加，这时的射频感度比直流电感度要低些，也就是说可以用直流电感度的大小来评定该产品的射频感度或安全性。即如果某产品对直流电钝感，一般对射频也钝感。其起爆机理是电流通入桥丝而加热药剂。

2. 脉冲波

频率大于 1 000 MHz 时，桥丝的升温是逐步积累式进行的。图 5－18（a）是几个输入脉冲波，图 5－18（b）是对应的桥丝升温过程。在一定条件下可使桥丝最后达到药剂发火点的温度，但是如果每个脉冲供给的能量比较小，则桥丝的温度也可能达到一定值后就不再上升了。射频波的能量和输出的功率随着离发射台距离的增加而下降。

当射频波的电压加在脚线—管壳间时，由于脚线—管壳间是绝缘性质的炸药，在高压电场下，炸药就会发生击穿，这种现象和静电起爆的情况类似。但在有射频能源时，击穿发生在多次的冲击电压下，所以其所需的电压就会更低些。

如果是脉冲波，由于波峰幅度比连续波更高，连续的高压冲击使产品的击穿场强显著地下降，因此产品发火所需的功率或能量可降低到直流发火时的能量以下。

必须指出，工艺上的一些缺点，如桥丝焊接时留有超出脚线的头部、药剂中有金属粉以及磨平塞子时留有指向壳方向的毛刺等，均会降低产品脚线—管壳间的击穿场强。

近年来，各国在防止射频对电火工品的危害方面做了多方面的工作，大致可归纳为以下 3 方面：①研究电火工品的外部屏蔽，附加元件或线路；②改进起爆器的零件和结构；③设计钝感的电火工品。

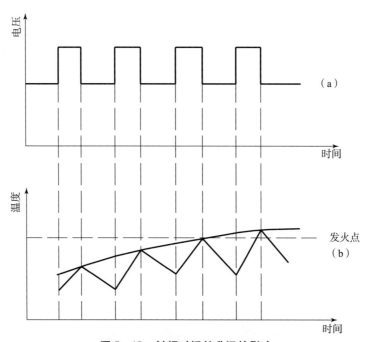

图 5 – 18 射频对桥丝升温的影响

（a）输入脉冲波；（b）桥丝升温过程

将电火工品、电源、传输线和开关等分别或整个屏蔽在金属壳内是解决射频危害的可靠途径。此外，外接电路的方法也很重要。特别是在导弹系统中，当弹体内部带有发射机时更是如此。这时常用一种专门针对发射机射频的陷阱线路，利用一个衰减器使通入电火工品的射频电流大大降低。

电火工品外部屏蔽主要是利用金属对电磁波的屏蔽效应，即当电磁波进入到屏蔽的金属时，电场强度显著减小。射频陷阱主要是通过并联电容器而使得射频信号通过电容器旁路而衰减，但是不影响电火工品的正常发火。

改进电火工品元件与结构来防射频的安全措施有多种，常见的简要介绍如下：

（1）采用高集肤效应损耗的导线。

在直流和低频电流的情况下，圆柱形均匀导线的内阻为

$$R = \frac{l}{\sigma S} = \frac{l}{\sigma \pi r_0^2}$$
$$S = \pi r_0^2$$

式中：l 为导线的长度，单位为 m；S 为导线的截面，单位为 m^2；r_0 为导线的截面半径，单位为 m；σ 为电导率，单位为 S/m。

在高频情况下，电流基本上只在导线表面很薄的一层内通过，而在导线的内部基本上没有电流通过，这种现象称为集肤效应。集肤效应相当于导线的有效截面积减小了，因而导线的电阻增加。频率越高，电流集中的表面层厚度越薄，导线的电阻也就越大。高频时，导线的电阻 R' 为

$$R' = \frac{l}{\sigma 2\pi r_0 \left(\dfrac{1}{\tau}\right)}$$

式中，$1/\tau$ 为集肤厚度。

对比 R 与 R' 可知，$2\pi r_0(1/\tau)$ 与截面积 S 相当，$2\pi r_0(1/\tau)$ 相当于表面厚度为 $1/\tau$ 时的截面。

由上式可得

$$\frac{R'}{R} = \frac{r_0\tau}{2}$$

τ 由 $\tau = 2\pi\sqrt{\sigma\mu_r f \times 10^{-7}}$ 求得。

式中：f 为射频电流的频率，单位为 Hz；μ_r 为导线的相对磁导率，一般金属 $\mu_r = 1$，铁磁性金属 $\mu_r > 1$；σ 为导线的电导率，铜导线 $\sigma = 5.8 \times 10^{-7}$（S/m）。

τ 代入 R'/R 中，得

$$\frac{R^1}{R} = \pi r_0\sqrt{10\mu_r\sigma f} \times 10^{-4}$$

若以铜导线的 $\mu_r = 1$，$\sigma = 5.8 \times 10^{-7}$（S/m），并假定 $f = 1$ MHz 代入，则得：$R'/R = 7.6 r_0$。若以 $r_0 = 0.3$ mm $= 0.3 \times 10^{-3}$ m 代入，则得：$R'/R = 2.3$。显然，若 $f = 100$ MHz，则得：$R'/R = 23$。

可见高磁导率和高导电率的金属有较高的集肤效应。用这种金属做导线的电火工品就能衰减进入电火工品的射频电流。一般 R'/R 大于 2.5 时就足以防射频。这种导线可用铜或铝芯包覆不锈钢而制成。

（2）宽频带射频衰减器。宽频带射频衰减器用能衰减射频的材料做塞子，而不改变电火工品的发火性能，不需附加任何装置，因此价格也比较低廉。此时射频能量通过衰减器材料，以热的形式释放而得到衰减。衰减器材料主要有两种：羰基铁粉和铁氧体。

羰基铁粉衰减器用含有磷化羰基铁粉的环氧树脂在高压下模制成铁粉塞子。

这种衰减器可以等效成 $R - L - C$ 陷阱电路，R、L、C 分别为增加铁粉塞子后分布在电火工品导线上的等效的电阻、电感和电容的值，R 决定导线本身的电阻和铁粉塞子中涡流及磁滞等损失，但数值都很小，可以忽略。羰基铁粉衰减器的固有频率为

$$f_c = \frac{1}{2\pi\sqrt{LC}}$$

羰基铁粉衰减器在 f_c 附近较宽的高频范围衰减效果较好，在低频时衰减性能不好；当射频远小于其固有频率 f_c 时，则不起衰减作用。

这种磷化羰基铁粉塞子已用于美国陆军桥丝式电雷管 T24E1 型、T20E1 型和按钮式桥丝雷管 77 型，海军点火器 MK－1－0 型、MK－2－0 型、MK－7－0 型及陆军 M_6 电雷管、M_2 电点火头中。其中 T24E1 型防射频雷管已于 1964 年大量生产，是美国陆军用的敏感桥丝式电雷管，全发火能量为 50μJ。火箭点火器常用的 M_2 电点火头用镍铬合金桥丝，以及氯酸钾、硫氰酸铅、木炭、埃及漆重量比为 $40:32:18:10$ 的点火药，其塞子也用了铁粉射频衰减器塞。

铁氧体射频衰减塞子用铁氧体材料制作。这种铁氧体属于一种新型的磁性材料，是一种烧结而成的金属氧化物，其分子式为 $MO \cdot Fe_2O_3$。可以是单晶铁氧体，也可以是两种或两种以上的固熔体。分子式中 M 代表金属，常用的有锰、镁、铝、镍、锌、铜、钡、钴等。用钛铁氧体材料做成的 T24E1 电雷管和 M_2 电点火头的射频衰减器塞子，其衰减值比铁粉塞

子要大 4 倍。

为了防止静电和射频对电火工品的危害，在能量许可的条件下采用钝感电火工品是行之有效的一种方法。国外在这方面已进行了大量的研究，美国在导弹、宇宙飞船等中采用钝感电火工品。这方面的类型很多，如带状电桥钝感电雷管、导电塑料薄膜起爆器、半导体起爆器、激光起爆器和爆炸桥丝起爆器等，主要用在导弹和空间飞行器上。

5.7　其他形式的电雷管

由于抗静电、抗射频和抗杂散电流干扰的需要，要求电雷管有较高的发火能量和功率，以保证在一定强度的电干扰下安全。我国《钝感电起爆器通用规范》(GJB344A—2020) 规定，该类电火工品至少应满足每个桥路通以直流电流 1 A、功率 1 W、5 min 不发火。为此，可以从两个方面入手使电火工品钝感：①增加桥丝的散热量，常用的是改变桥丝的散热面积，使桥丝温度不易上升。②降低药剂感度，在药剂中加入一些钝感物质使其感度降低，或不用起爆药。在此基础上发展了一些新型钝感的电雷管，下面简单介绍。

5.7.1　金属薄膜式电雷管

在前面的讨论中已知，在其他条件相同时，灼热式电雷管的感度随着桥丝直径的减小而增大，而发火时间则缩短。但是采用细桥丝来提高产品的感度是比较困难而且是很有限的。8~9 μm 以下的细金属丝加工的均匀度就难以保证，焊接也难。金属薄膜式电雷管就是在此基础上出现的，它与普通灼热桥丝式电雷管不同之处在于两极间用真空镀膜、化学沉淀或光刻等办法镀上金属薄层而制成的。此种膜也可以是一条很薄的金属带，其厚度为几百皮米至几千皮米，其宽度和长度可以根据需要来确定。

图 5 – 19 为金属薄膜式电雷管结构。

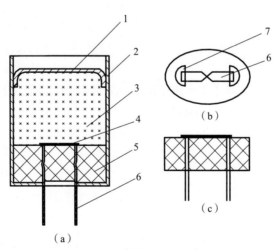

图 5 – 19　金属薄膜式电雷管结构
(a) 电雷管结构；(b) 桥膜结构；(c) 电极塞结构
1—加强帽；2—管壳；3—药剂；4—金属膜；5—塞子；6—导线；7—铝膜

膜的材料为镍铬合金。膜用真空蒸发镀上，其厚度很薄，横断面很小，因此膜的电阻值比较大。膜宽为 0.5 mm，长为 0.5 mm。膜上压 0.12 g 氮化铅，压药压力为 39.2 MPa，上面压 1.2 g 泰安。电阻值为 10~20 Ω。在电压 400 V、电容 3 500 pF 时起爆，电压 150 V 下安全，作用时间在 2 μs 以内。

以此雷管为例来研究此类雷管的特性。假设膜厚为 5×10^{-5} mm，则膜的横断面积为

$$0.5 \times 5 \times 10^{-5} = 25 \times 10^{-6} \quad (\text{mm}^2)$$

其横断面积很小。与热桥丝情况相比较，若设桥丝直径为 10 μm，则其横断面积为

$$\pi/4 \times (10 \times 10^{-3})^2 = 80 \times 10^{-6} \quad (\text{mm}^2)$$

因此金属薄膜电雷管的感度较大，同时对感应电流有较高的安全性。和一般的灼热式电雷管相比，这两种电雷管的热损失情况是不同的。金属薄膜雷管的膜是紧贴在塞子上的，接触面很大。在膜的加热过程中，经塞子导走的热量大，这就导致镀膜的温度不易上升，而且这种热损失随时间而增加。热损失大的特点可以用来改进雷管对感应电流的安全性，也就是说可以提高其安全电流。

和灼热式电雷管相比，金属薄膜电雷管既具有高的感度，又具有较大的安全电流，似乎是有矛盾的，但是这种矛盾在一定条件下是统一的。对于这种金属薄膜雷管，如果控制膜的厚度使横断面小于桥丝的横断面，那么在没有热损失（或热损失很小）的情况下，发火能量可以降低，也就是说感度可以提高。这种热损失小的情况在用电容放电起爆时可以成立，因而用这种起爆方式的产品的感度比桥丝式电雷管高。但是在另一方面，当通入直流电，特别是电流值比较小时，例如测量安全电流时，由于桥膜的热损失大（与桥丝式电雷管的热损失相比），桥温上升慢，甚至升不上去，这时安全电流就比较大。这种特性对于防止射频的危害是有好处的，因为射频幅值不大，但是重复频率高，作用时间长。另外，金属薄膜电雷管散热性好，热量来得及散发出去。

调整金属薄膜电雷管的感度比较容易，不像桥丝式雷管只靠桥丝材料及粗细等来调整。薄膜电阻值可以用膜的厚度、长度等几何形状尺寸来控制，因而调整余地较大；而且比电阻不是主要矛盾，很多金属都可以用来制造雷管中的金属薄膜。

在膜材料选定后，此类产品的性能与所用塞子以及塞子和膜结合情况大有关系。塞子导热系数大且和膜结合牢固、对热稳定性和机械性能好时，产品的安全电流就大而且精度好。膜与塞子结合的情况与膜材料本身的机械性能、塞子表面光洁度、膜和塞子的热稳定性及膨胀系数差异有关，还与导线和塞子间膨胀系数的差异有关。膜和塞子接触不好，或塞子机械性能不好时，压药后电阻值就易变化。现一般采用玻璃塞子。

5.7.2　爆炸桥丝电雷管

早在 18 世纪人们就发现了强火花放电或高压电流通过细金属丝时能发生爆炸，形成和一般灼热电阻丝不同的现象。这时金属丝以极快的速度熔融、汽化，并向周围介质扩散，此时伴随声、光效应，出现等离子体，形成冲击波。

爆炸桥丝电雷管就利用了金属丝的这一特点，其结构和灼热桥丝有点相似，其主要不同的是取消了起爆药，只装有比较敏感的猛炸药，如泰安、黑索金等。桥丝材料采用易于汽化的金属，这类金属在强电流作用下，在 100 ns 内就可以熔化、汽化而形成高温等离子体，并迅速向四周扩散，形成强烈的冲击波，以冲击波的方式引爆炸药。

由此可见，金属桥丝电雷管的发火过程可以分为两个步骤：①金属桥丝的爆炸；②猛炸药的起爆和爆轰。

1. 金属桥丝的爆炸

我们可以用示波仪测定在通入电流后金属桥丝的电阻、电流和时间的关系，如图 5 – 20 所示。

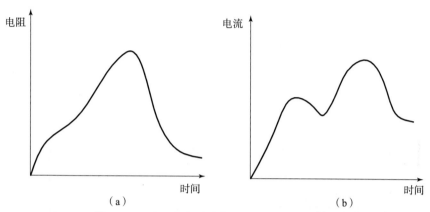

图 5 – 20　金属桥丝的电阻、电流与时间的关系

（a）电阻与时间的关系；（b）电流与时间的关系

从图 5 – 20（b）的曲线可以看到在通入电流的一个微秒内电阻很快地增加，这里还可以看到两个峰，第一个峰的增加比较小，这是因为金属桥丝有正的温度系数，温度越高电阻越大，$R = R_0 (1 + \alpha T)$。随着电流流入，金属桥丝开始熔化、汽化，电阻一直增加到峰值。汽化的金属气体是高温的等离子体，因此电阻又快速下降。由于电阻变化使电流曲线出现了两个峰值，电流曲线下降最低点正好是与 R_{max} 相对应，而这时金属桥丝爆炸。金属桥丝爆炸后，在这样的高温下这种金属气体呈离子状态，是导电的，所以电阻立即下降，但是此时电容器中的电仍未放完，于是出现了弧光放电。

由此可以看到金属桥丝的爆炸是在电流曲线前一个波峰时，后面的电流与金属桥丝爆炸无关，但对炸药的爆炸还是提供了一部分能量。

如果某种（一定的材料、长度、直径）爆炸时需要一定的能量 $P_{临界}$，而这时桥丝的最大电阻 R_{max}，则爆炸电流 I_b 应满足

$$I_b^2 R_{max} \geqslant P_{临界}$$

$$R_{max} = \rho_{max} \cdot \frac{l}{A}$$

$$\therefore \ I_b = \frac{\sqrt{\pi}}{2} \frac{d}{\sqrt{l}} \cdot \sqrt{\frac{P_{临界}}{\rho_{max}}} = K \cdot d / \sqrt{l}$$

式中：l 为桥丝长度；d 为桥丝直径；K 取决于桥的材料。

这样，直径越大所需的电流 I_b 越大。因为将有一部分能量消耗于外线路中（特别是最初阶段），因此在外线路设计时应加以重视，应使外线路电阻和电感尽量小。

具有低电阻及低电阻系数的金属桥丝材料可以提高金属桥丝中的电流密度。在任何时候，加热金属桥丝的能量都取决于金属电阻和外电路电阻之比。这就是为什么要求外线路电

阻小的原因。

金属桥丝的材料应选用低沸点和低汽化热的材料，这样可以使爆炸电流小。

2. 猛炸药的起爆和爆轰

在桥丝爆炸后，产生了高温等离子体，这种等离子体要向外扩散，因此和它接触的炸药受到了冲击波和高温等离子体向炸药中扩散两种作用。这两种作用是十分剧烈的，能使炸药在桥丝爆炸后的 $1 \sim 2 \ \mu s$ 内产生爆轰。

炸药能否爆轰的条件主要看桥丝交给炸药的能量，而桥丝的能量由输入的电能决定，因此可以把爆炸桥丝看成一种能量的转换。电能的大小取决于电流的大小和时间，瞬时的电流大小也和功率有关，而总能量则是功率对时间的积分。

桥丝爆炸后产生的电弧使电阻下降，因此电流增加。既然炸药爆炸发生在桥丝爆炸后的 $1 \sim 2 \ \mu s$ 左右，那么发生电弧时输入的能量也有助于炸药爆炸。

根据上述发火机理，要使产品可靠发火，需要从两方面着手：①要使爆炸桥丝在很短时间内汽化，形成高能量的等离子体和强大的冲击波；②要选用冲击波感度较高的猛炸药，并对其密度、粒度和晶形等进行控制。为此，在设计和使用爆炸桥丝雷管时应注意以下几个问题：

（1）桥丝材料和几何尺寸。

①桥丝材料。所用桥丝材料的沸点和汽化热应较低，完全汽化时需要的能量较小。在输入电流大小和时间相同的情况下，更易于把金属气体加热到更高的温度，从而转变成等离子体，以形成强大的冲击波。一般金属材料完全汽化所需能量大小的顺序为银、铝、金、铜、铁、铂、钨。试验发现在相同条件下，不同金属丝的起爆能量顺序为金、银、铜、铝、铂、钨、铁。一般用金为最好。必须指出，材料的热容量并不是决定起爆能力的惟一因素。

②几何尺寸。试验还发现各种金属桥丝对猛炸药起爆时有一个合适的金属桥丝直径与长度。总体来讲，太细的金属桥丝不能与发火线路配合，因为爆炸时间短，可利用的储能小。若直径太大，它不能吸收足够的能量以促成汽化，金属桥丝的爆炸强度小，对猛炸药的起爆能力就小。在使用的电源、金属丝直径、被起爆药剂均相同的情况下，试验得出的金属桥丝材料起爆能力和最佳长度顺序如表 5 - 11 所示。

表 5 - 11　金属桥丝材料起爆能力和最佳长度顺序

材料	金	银	铜	铝	铂	钨	铁
最佳长度/mm	1.905	1.27	1.27	1.905	1.27	0.635	1.27

（2）炸药的选用。

因为爆炸桥丝电雷管中的炸药是由冲击波起爆的，因此选用的炸药应对冲击波敏感。泰安比黑索金的冲击波感度要好；在使用时还要考虑粒度和密度的因素，一般选用细结晶，密度为 $1.0 \ g/cm^3$。

（3）发火电路设计。

为了要使金属桥丝在很短的时间内汽化，必须使用电容器快速放电作为电源。同时因为这种桥丝的电阻值都很小（小于 $0.5 \ \Omega$），要求的发火能量为 $0.1 \sim 1 \ J$，所以必须使用低电阻值、低电感值的线路，以免降低爆炸桥丝中的电流和输入爆炸桥丝的功率。

5.7.3　爆燃转爆轰雷管

爆燃转爆轰（DDT）雷管是一类采用强约束性结构以实现爆燃转爆轰的雷管。

通常在非密闭状态下，小直径炸药柱用一般能量引爆时是难以从燃烧转爆轰的，然而在强约束性结构时，却有可能迅速地实现燃烧转爆轰的过程。

这一类爆燃转爆轰雷管主要特征是使用无起爆药的爆燃转爆轰序列，药剂包括 3 种装药：①点火区的施主装药；②过渡区的爆燃转爆轰装药；③输出区的受主装药。施主装药通常是为低压小电流（约数伏和数安）热桥丝点燃，爆燃转爆轰装药能发生爆燃向爆轰的转变，并能引起受主装药爆轰。在此种转变时，过渡区药剂的性质、粒度、密度、过渡区的长度以及壳体的密闭性都是主要的因素。3 种装药也可以使用压装密度不同的同一炸药。可以使用的炸药有泰安、黑索金、奥克托今、CP 炸药、六硝基芪以及其他耐高温炸药，如九硝基三联苯或三硝基萘（耐高温达 300 ~ 320 ℃）等。

CP 炸药是一种新型无机炸药的代号，其起源于美国桑迪亚（Sandia）实验室和 Unidynamics 公司，学名为高氯酸 2 - （5 - 氰基四唑酸根）五氨钴Ⅲ，是一种黄色结晶物，其结构为

$$\left[(CH_3)_5CO-N\substack{\diagup N \\ \diagup \\ N\diagdown \diagup N \\ C-CN} \right] (ClO_4)_2$$

目前美国研制的爆燃转爆轰型无起爆药雷管主要有两类：①洛斯·阿拉莫斯（Los Alamos）国家实验室研制的泰安装药的爆燃转爆轰雷管；桑迪亚实验室的 CP 炸药爆燃转爆轰雷管。

图 5 - 21 为美国洛斯·阿拉莫斯国家实验室的无起爆药爆燃转爆轰雷管结构。其点火部件中的桥丝为镍铬合金，直径为 0.05 mm，呈 V 形，长 2.5 mm。紧靠桥丝的施主装药密度为 1.6 g/cm³，是从丙酮溶液中重结晶制取的、比表面积达 3 650 cm²/g 的泰安。产品适宜的环境温度为 - 54 ~ 74 ℃；低温下全发火电压为 2.5 V，全发火电流为 1.4 A；高温下全发火电压为 2.0 V，全发火电流为 0.7 A。过渡药密度为 1.2 g/cm³ 的泰安。其壳体为一整体钢元件，长大于 8 mm 时可实现爆燃转爆轰。

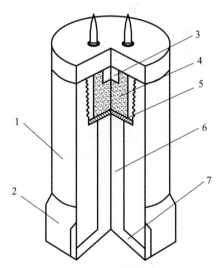

图 5 - 21　无起爆药爆炸转爆轰雷管结构示意图

1—管壳；2—底帽；3—桥丝；4—施主装药；5—密封片；6—过渡装药；7—输出装药

图 5 - 22 为美国 Monsanto 研究公司的爆燃转爆轰雷管。该公司的主要目的是要找出几个关键的最佳设计参数，其电极塞为玻璃陶瓷绝缘体，电极插针为 C - 276 的镍铬合金，直径为 0.102 mm。点火药密度为 1.65 g/cm³ 的泰安，其直径为 4.24 mm，高度为 3.73 mm，

药量为 87 mg。药剂固定套管及底座均为不锈钢质。点火药盖上一厚度为 0.76 mm 铝片。过渡药长度为 9 mm，密度为 1.20 g/cm³，比表面积为 4 000 cm²/g。输出装药泰安药柱直径为 7.32 mm，长度为 1.0 mm，密度为 1.65 g/cm³，比表面积为 4 000 cm²/g。雷管的末端收口，底盖厚 0.245 mm。此雷管在 −54 ℃ 时，200 ms 的恒流脉冲发火电流为 2.04 A；74 ℃ 时，5 min 恒流脉冲不发火电流为 1.03 A。

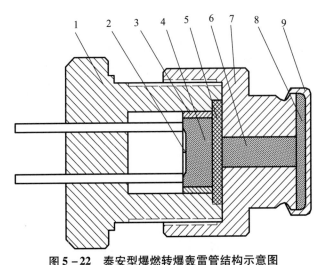

图 5 - 22　泰安型爆燃转爆轰雷管结构示意图

1—头帽；2—桥丝；3—药剂套管；4—点火装药；5—垫片；
6—过渡装药；7—底座；8—输出装药；9—底帽

以上两种雷管都是用泰安装药，具有类似结构，都具有桥丝、点火药、隔片、过渡药、输出装药。均能可靠地完成爆燃转爆轰，但作用时间是毫秒级。

由于泰安型爆燃转爆轰雷管作用时间较长，为缩短其作用时间，以利于此种雷管的小型化，CP 药型爆燃转爆轰雷管在此指导思想下产生。

CP 炸药因其特殊性能而受到重视。它能由爆燃非常迅速地转变为低级爆轰，进而转向高级爆轰。根据 CP 炸药的密度和约束程度的不同，它既可以有起爆药的特性，又可有猛炸药的特性。疏松 CP 药粉，密度为 0.06 g/cm³。未约束的药粉，其性能与炸药相似，对冲击比较钝感，而且明火和火花都不能点燃它。然而在压入雷管受到适当约束时，它可用热桥丝、火焰或火花点燃，并迅速达到爆轰，因而它较现用的起爆药安全性高得多。据报道，试验表明，热桥丝点火后爆燃阶段只持续几微秒。样品密度为 1.3 g/cm³，或密度稍高一些的样品可迅速变为低速爆轰（750~1 200 m/s），低速爆轰传播经一段距离后突变为高速爆轰。样品密度为 1.3 g/cm³ 时，此距离不超过 2~3 mm。样品密度为 1.5 g/cm³ 时，此距离不超过 1.5 mm。CP 炸药也可作为雷管的输出装药，因此可使雷管设计简单。

近年来，随 CP 药型爆燃转爆轰雷管的不断研制与改进，已将它用于某些特殊的武器。这类雷管以 MC 系列排号，如 MC3644 雷管用于某武器降落伞开伞系统，其全部装药均为 CP 炸药，其构造如图 5 - 23 所示。爆燃转爆轰装药药长为 6.2 mm，装药量为 0.072 g，密度为 1.5 g/cm³；输出装药长为 2.45 mm，装药量为 0.037 g，密度为 1.75 g/cm³。雷管轴向输出起爆六硝基芪柔性导爆索。其全发火电流在 −55 ℃ 时为 5.0 A，通电时间为 7.5 ms；

不发火电流在室温下为 1.0 A，通电时间为 5 min。长贮试验表明，在置信度为 95% 、电流为 1.28 A 时，发火概率为 1/1 000。50% 发火最小电流为 1.46 A，电流标准偏差为 0.228 A。

以上是现在出现的几种新型无起爆药雷管。当前对各类无起爆药雷管的研究成为一个引人注目的重要课题。

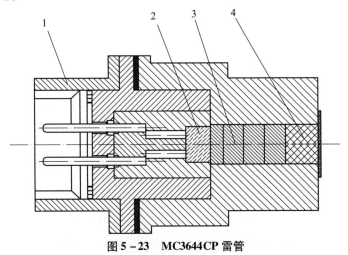

图 5 - 23　MC3644CP 雷管

1—陶瓷顶盖；2—点火装药；3—过渡装药；4—输出装药

思　考　题

1. 分别叙述桥丝式电雷管、火花式电雷管和导电药式电雷管的特点和作用原理，它们相互之间有何联系和不同？

2. 产生静电的原因有哪些？静电是如何影响电火工品的特性的？防静电的措施有哪些？

3. 产生射频的原因有哪些？射频对电火工品的影响有哪些？如何防射频？

4. 爆燃转爆轰雷管的结构特点是什么？

5. 提高电火工品安全性的措施有哪些？

第6章
传爆药和导引传爆药

6.1 概　述

传爆药和导引传爆药是爆炸序列的组成元件,它们的作用是传递和扩大爆轰,最终可靠引爆主装药。引信中典型的传爆序列为:雷管→导引传爆药(管)→传爆药(管)→主装药。

有的小口径炮弹弹体装药量少,而且是用压装法装填,容易起爆,这时也可以不用传爆药,直接由雷管引爆主装药,如30-1炮引。大多数的大口径炮弹,弹体内装药量多,而且大多数是用铸装法和螺旋压装法装填,较不易起爆,这时单靠雷管的起爆能力就不能可靠起爆主装药了。一般35 mm以上弹丸的非保险型引信,均装有传爆药柱,如破-4引信、航-6引信等。近年来,随着弹药安全性要求的不断提高,在直列式传爆序列中的雷管和导爆索中也要求装填符合安全性要求的传爆药。

雷管是引信传爆序列中感度最高的元件,为安全起见,许多弹如高射炮弹、大中口径炮弹或火箭弹,现在甚至小口径(25~30 mm)的航空炮弹等常用保险型引信,这种引信中的雷管与传爆药在解除保险前是隔离的。火炮发射时膛压很高,引信中的火帽或雷管有可能因受到很高的冲击加速度而发生早炸,产生不应有的膛炸事故,危害极大,因此,在引信设计时要求采用全保险型的隔爆装置。如图6-1所示,雷管与传爆药不直接对正,而是装在隔爆装置的滑块或回转体中,形成错位结构的传爆序列。

图6-1所示为隔爆装置在发射时,依靠保险装置锁定在隔爆安全状态。当炮弹飞出炮口时,凭借离心力或惯性力解脱保险,驱动带有雷管的滑块或旋转转

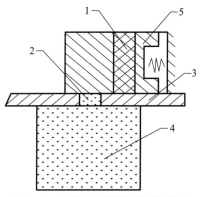

图6-1　导引传爆药形成错位结构
1—雷管;2—导引传爆药;
3—隔板;4—传爆药;5—滑块

子,使雷管轴心与导爆管处在相对位置,锁定在发火状态。由此可见,雷管—导爆管—传爆管是分级传爆、逐级扩大爆轰的过程。其中,雷管—导爆管独立成为隔爆机构。此机构以及保险装置和远距离解除保险机构保证引信在发射过程中的膛内安全性和炮口安全距离。当隔爆机构处在发火状态时,要保证引信中爆轰传递和发火的可靠性。但是为了隔爆机构的小型化,在雷管—导爆管所组成的传爆分序列中,导爆管的直径设计要稍大于雷管直径,以便容易达到安全隔离的目的。下一级导爆管—传爆管的设计应能得到最优的爆轰扩大传递,使传爆管输出大的冲击波能量。以上是雷管—导爆管—传爆管系统的设计原则。

如上所述，在保险型引信中有隔板的情况下，才有可能采用导引传爆药。导引传爆药的作用是将雷管输出的爆轰能量加以传递和放大，以达到可靠、完全地起爆传爆药和隔爆安全的目的。但是，如果平时既能安全地隔离雷管，解除隔离后雷管也能可靠并完全地起爆传爆药，就可以不设置导引传爆药。

导引传爆药和传爆药均由猛炸药加工而成，且输入和输出都是爆炸作用。正因为如此，导引传爆药和传爆药的战术技术要求一般是一致的，只是传爆药比导引传爆药的尺寸要大、药量要多，结构上也有所不同。总而言之，导引传爆药和传爆药在设计、作用和制造上是相对简单的火工品。

6.2　传爆药的战术技术要求

近年来，随着弹药向高能钝感化发展，我国研制了以黑索金为基的聚黑 - 6c 传爆药、钝黑 - 5 传爆药和聚黑 - 14 c 传爆药，以及以奥克托今为基的聚奥 - 9c 传爆药 HNS。传爆药的战术技术要求主要有以下几点：

（1）合适的感度。一般说来传爆药的感度应高于主装药或一切猛炸药，要能被起爆元件可靠起爆。

（2）足够的起爆能力。传爆药输出威力的大小除和药剂性质有关外，还和传爆药量、密度及外壳强度有关。传爆药的爆速应大于主装药，要能够可靠地引爆后续装药。

（3）足够的安全性。由于传爆药和主装药之间没有隔离，所以对其安全性有特殊要求。中国国家军用标准 GJB2178 - 94《传爆药安全性试验方法》规定了传爆药必须通过下列 8 项安全性试验：①小隔板试验；②撞击感度（小落锤）试验；③撞击易损性试验；④真空热安定性和化学反应试验；⑤热丝点火试验；⑥热可爆性（篝火）试验；⑦静电感度试验；⑧摩擦感度试验。只有通过上述 8 项安全性试验，并且爆速大于主装药的药剂才能作传爆药。另外，鉴于传爆药安全性与可靠性的对立统一关系，还要进行可靠性试验，如短脉冲冲击起爆感度试验、小尺寸强约束条件下的爆炸参数测定和非理想爆轰条件下其他爆轰参数的测定。

（4）和引信的关系。传爆药作为引信的一个组件，其性能和尺寸应受引信及弹药的整体尺寸和功能要求约束。另外，从引信爆炸序列的功能来讲，导引传爆药和传爆药是引信完成适时引爆主装药的主体，其能量、密度和尺寸应合理设计。设计时还应把引信体作为一种加强的外壳或功能组合件来考虑。

我国现有的符合上述要求的常用导引传爆药和传爆药的主要种类和性能如表 6 - 1 所示。

表 6 - 1　常用导引传爆药和传爆药主要种类及性能

名称	主要成分及配比	冲击波感度 X_{50} 隔板厚/mm	爆速 /(m·s^{-1})	密度 /(g·cm^{-3})
钝黑 - 5c	黑索金：硬脂酸（95：5）	11. 210	8 245	1. 667
聚黑 - 6c	黑索金：聚异丁烯：硬脂酸：石墨 （97. 5：0. 5：1. 5：0. 5）	10. 997	8 308	1. 680
聚黑 - 14c	黑索金：氟橡胶：石墨（96. 5：3. 0：0. 5）	10. 470	8 463	1. 745

续表

名称	主要成分及配比	冲击波感度 X_{50}隔板厚/mm	爆速 /(m·s^{-1})	密度 /(g·cm^{-3})
聚奥 – 9c Ⅰ，Ⅱ型	奥克托今：氟橡胶（95：5）	10.270（Ⅰ） 10.076（Ⅱ）	8 082	1.700
			8 333	1.709
聚奥 – 10c	奥克托今：氟橡胶：石墨（94：5：1）	8.079	8 296	1.706

6.3 导引传爆药

导引传爆药在传爆序列中具有双重地位。对雷管来说，导引传爆药是受主装药，被雷管引爆；而对于传爆药来说，它又是施主装药，用它来起爆传爆药。因此，导引传爆药必须满足两个条件：既有较好的起爆感度，又要有较大的起爆能力。

导引传爆药选择的炸药要求是：①临界爆速要小，即爆轰感度要大，以便于被雷管引爆；②爆轰速度要大，以利于起爆传爆药。

6.3.1 导引传爆药的结构

导引传爆药的结构有两种类型：一种是带有壳体；另一种是将导引传爆药直接压入隔板中。其高度和直径要根据传爆序列中上、下级火工元件的性能、尺寸和隔爆结构来确定，如图 6 – 2 所示。

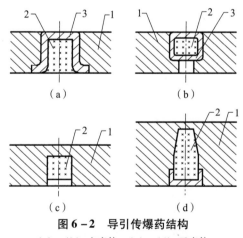

图 6 – 2 导引传爆药结构

（a），（b）有壳体；（c），（d）无壳体

1—隔板；2—导引传爆药；3—导引传爆药壳

图 6 – 2（a）和（b）两种结构是先压成导引传爆药管然后装入隔板中。这种形式的优点是：使导引传爆药管成为装配的独立构件，有利于自动化、标准化生产，还能满足引信结构设计的一些特殊要求。另外，如果药剂的压药性能不好时，采用该结构可以防止药柱碎裂和掉块现象。导引传爆药管一般作为标准元件有专门车间生产。在引信装配中可把装配导引传爆药管放在最后工序，以提高引信生产的安全性。

为了便于安装，目前国产引信的导引传爆药管与隔板孔的配合大部分采用间隙配合。有些引信中导引传爆药管的公称直径略小于隔板孔的公称直径，这就不可避免地存在径向间隙，这种间隙的存在，对起爆能力是不利的。这类结构还带来装配工序较多的不足。表 6－2 是径向间隙对起爆概率影响的试验结果。

表 6－2　径向间隙对起爆概率的影响

间隙尺寸/mm	0	0.102	0.203
起爆概率/%	100	40	0
试验数量/发	10	10	10

图 6－2（c）和（d）两种结构是将药剂直接压入隔板孔中，其优点是无径向间隙，省去了壳体。但是，对压药模具及工艺要求较高，冲头必须与隔板孔很好对正，并有均匀的间隙。压药后药面不得凸出隔板平面，也不得凹入过多。一般规定凹入量不得超过 0.2～0.5 mm。因为凹入量过多，即导引传爆药和传爆药空气间隙过大，从而衰减了起爆冲击波，降低了其起爆能力。因此，这种装药方式一般是药量一定时的定位压药。

为了工艺上的方便，对于不带外壳的导引传爆药要求隔板上的孔留有一定的底厚 e（图 6－3），一般 e 为 0.6～1 mm。底厚 e 对于安全状态隔离雷管的冲击波是有用的。间隙 Δ 小于 0.2～0.5 mm。

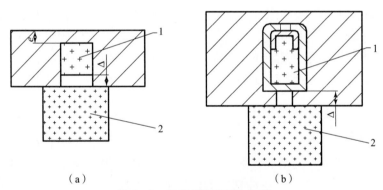

（a）　　　　　　　　　　　　　（b）

图 6－3　导引传爆药轴向间隙

（a）无壳体；（b）有壳体
1—导引传爆药；2—传爆药

对于带壳的导引传爆药，间隙 Δ 没有严格的要求，甚至保留一定的间隙还有好处，因为这样可用爆炸时管壳形成的高速运动的灼热破片去起爆传爆药，它比直接接触的情况还容易起爆。有关资料推荐最有利的空气间隙为 0.75～3.1 mm，间隙 Δ 随管壳底部的厚度而变，一般为 2 mm。

6.3.2　装药密度的确定

炸药的爆速和临界爆速均随装药密度的增加而增加。以黑索金为例，当密度为 1.4 g/cm³时，临界爆速为 2 300 m/s；当密度为 1.6 g/cm³时，临界爆速为 2 800 m/s。密度增加起爆能力增加的同时，爆轰感度要下降。为兼顾起爆能力和起爆感度，并保证药柱有足够的强度，防止产生裂纹及破碎，引信中实际使用的导引传爆药的密度是：钝化黑索金为 $1.6 \sim 1.67 \text{ g/cm}^3$；聚黑 $-6c$ 和聚黑 $-14c$ 为 $1.2 \sim 1.70 \text{ g/cm}^3$；聚奥 $-9c$ 为 $1.70 \sim 1.80 \text{ g/cm}^3$。

6.3.3 导引传爆药的直径和装药长度

1. 导引传爆药的直径

当导引传爆药用来起爆别的装药时，希望其直径大些。因为直径增大时导引传爆药与被起爆的装药—传爆药的接触面积就大，同时放出的能量就增多，这样就可以及时补充爆轰波沿炸药传播时所损失的能量，并且相对地减少了侧表面的影响，减少了爆轰生成物侧向飞散损失所占的比例，提高了导引传爆药能量的利用率，因而起爆能力增大。从轴向起爆时接触面来讲，当导引传爆药的直径等于传爆药的直径时，其起爆能力的利用比较合理。

当导引传爆药作为被起爆的装药时，其直径等于或稍大于雷管直径时，对可靠传爆有利。

由于导引传爆药具有上述的双重地位，在引信中实际采用的导引传爆药直径一般略大于雷管直径。如在电 -2 引信中，当雷管直径为 6.7 mm 时，导引传爆药管外壳直径为 7 mm。

2. 导引传爆的装药长度

关于导引传爆药的装药长度，在一定范围内随着药柱长度的增加，导引传爆药的有效作用也将增大。由炸药理论得知，对于没有外壳的装药，装药的有效部分是以装药直径为底的一个圆锥体，其有效长度约等于药柱直径。在有外壳的情况下，由于减少了爆炸生成物的侧向飞散，装药的有效长度可以相应减小。引信中的导引传爆药，不论是带壳的或是直接压入隔板中的，均属于径向有壳的情况，因而药柱长度可以短些。实际使用时导引传爆药的长度近似于其直径，有时其长度由隔板的厚度所决定，而隔板的厚度则由可靠隔爆的要求来决定。因此，当用铝合金等强度较低的材料做隔板时，导引传爆药柱的长度就长些。

6.3.4 导引传爆药的药量

导引传爆药的药量应保证有足够的起爆能力，如果药量太少，就不足以使导引传爆药达到稳定的爆轰。药量的多少与导引传爆药和传爆药的品种有关，也与它们的接触面积和接触的情况（直接接触还是有纸垫等缓冲物）有关。理论和试验都表明，在一定直径、在一定范围内增加药量（即增加装药长度）其起爆能力也随之增大。就是说导引传爆药的药量在实际上取决于一定直径下的药柱长度。在引信中实际采用的导引传爆药量一般相当于传爆药的 $1/30$。

6.4 传 爆 药

引信中传爆药的作用主要是扩大爆轰，以达到完全起爆弹丸装药的目的。研究传爆药主要是认识影响其起爆能力的因素。这些因素与以上研究导引传爆药的大致相同，只是传爆药比导引传爆药尺寸大，药量多。

6.4.1 传爆药的性质

与导引传爆药相比，传爆药的起爆能力要大。要使传爆药的起爆能力大，从炸药的性质来说就要求用爆速大的炸药。这有两方面的含义：①要爆速大于被起爆装药的临界爆速；②爆速大，起爆能力大。因为爆速大能使被起爆的装药受到更强烈的压缩，在被起爆的装药中产生很大的应力，使被起爆的炸药微粒间发生很快的位移和剪切。炸药发生局部温度升高，有利于形成大量"热点"，因而有利于起爆。

炸药的爆速与炸药的密度有关，密度大时，爆速大。但密度太大会影响起爆感度，所以密度应有一定的范围，一般为 $1.5 \sim 1.6 \ g/cm^3$。

6.4.2　药量和形状

为确保传爆药作用可靠，要考虑传爆药和主装药的质量比。一般炮弹中传爆药量取弹丸主装药的 0.5%~2.5%，大中口径榴弹取 0.5%~1%，其他小口径弹、迫弹、破甲弹和穿甲弹等取 1%~2.5%。设计时除参照相似弹药中传爆药的质量比外，传爆药药量最终还需要用试验的方法确定。

传爆药起爆能力试验装置如图 6-4 所示。将电雷管 1、传爆药柱 2、被起爆药柱 3 一起固定在一块铜板 4 上，通电使雷管爆炸，然后引发被起爆药柱爆炸。被起爆药柱爆炸后在铜板上炸出一定印痕，此印痕称为爆炸熄灭长度（熄爆长度），用它来评价传爆药的起爆能力。很明显，爆炸熄灭长度越长，传爆药的起爆能力越大。试验中所使用的传爆药为特屈儿，密度为 $1.6 \ g/cm^3$，炸药柱为硝酸铵/TNT = 90/10 混合炸药，密度为 $1.66 \ g/cm^3$，试验结果如表 6-3 所示。

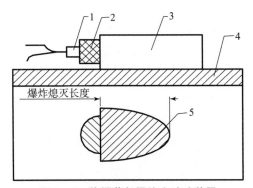

图 6-4　传爆药起爆能力试验装置

1—雷管；2—传爆药柱；3—被起爆药柱；4—铜板；5—铜板上的印痕

表 6-3　传爆药量与起爆能力的关系

药量/g	直径/mm	高度/mm	熄爆长度/mm
8	24	11.8	54
12	24	17.1	60
16	24	21.5	69
20	24	27.8	74
25	24	34.5	78
35	24	48.0	81

试验结果表明，传爆药直径一定时，在一定范围内药量增加，传爆药高度增加，起爆能力增加。但是，当传爆药高度近似为直径的两倍时，炸药的熄爆长度不再增加，即起爆能力不再增加。由此可见，当直径一定、利用轴向起爆时，在一定范围内增加传爆药高度是有益的，但是若把它设计得太长，长径比超过2也是不恰当的。

若传爆药高度一定，增加药量时，就增大了直径，起爆能力也就增大。到底哪个有利，就要固定药量来研究传爆药合理的形状和尺寸。

这里的形状是指传爆药高度与直径的比。固定传爆药的量，利用不同直径的传爆药在铜板上的熄爆长度来表示，试验装置和条件同上，得到的试验结果列于表6-4中。

表6-4　传爆药形状与起爆能力的关系

药量/g	直径/mm	熄爆长度/mm
2	15	65
2	19	80
2	25	100

试验结果表明，当传爆药量一定时，随传爆药直径增大，其熄爆长度增大，即起爆能力增大。因此，只要传爆药的高度能保证爆速增长，其尺寸应尽量做成扁平形为好，当然在使用时还有其他的条件及强度的要求。

6.4.3　传爆药的位置

上面讨论的均是传爆药放在药面上的情况，实际上，同一传爆药，它所处的位置不同其起爆能力也有所不同。把传爆药埋入装药里会显著地增加其起爆能力。用特屈儿作传爆药（$\rho = 1.6\ \mathrm{g/cm^3}$，直径为25 mm，重量为38 g），起爆硝酸铵/TNT = 90/10 混合炸药（$\rho = 1.5\ \mathrm{g/cm^3}$，熄爆长度为100 mm），传爆药埋在装药的不同深度，得到结果如表6-5所示。

表6-5　传爆药埋入深度与起爆能力的关系

传爆药			熄爆长度/mm
埋入深度/mm	药量/g	直径/mm	
表面接触	38	25	87
10	38	25	97
23	38	25	110

表6-5的数据说明，传爆药埋在装药内它的起爆能力较好。这是因为：减少了传爆药爆轰生成物径向的飞散损失；增大了起爆面积；当传爆药埋在装药里面时，不仅利用了传爆药的轴向起爆，还利用了侧向起爆。此时起爆表面是 $\pi/4d^2 + \pi dl$，l 为埋入深度。埋得越深，起爆表面越大。

为了增大传爆药的起爆能力，在许多弹药中，特别是大口径弹中，传爆药常做成细长的杆状放入主装药中。其对起爆能力的影响，可以从下面试验看出。试验条件：传爆药的直径为9.8 mm；被起爆的药是阿马图（药柱长度为120 mm，密度为1.6 g/cm³，直径为

40 mm），在铜板上的试验结果如表 6 - 6 所示。

表 6 - 6　杆状传爆药起爆能力试验结果

试验项目	药量/g			
	21	9	6	
埋入炸药中的相对位置	埋入装药	埋入 1/3	埋入 1/3	表面接触
熄爆长度/mm	120	105	90	0

试验表明，杆状传爆药的起爆能力不受 h/d 小于 2 的限制，而当 h 大时起爆能力大。因为 h/d 小于 2 是针对轴向起爆的情况，而在这里利用的是侧向起爆。这种侧向起爆用于大口径弹药，如鱼雷、大口径航弹、火箭弹。把传爆药沿整个装药放置，使沿整个装药利用它的径向起爆，这样就提高了传爆药的起爆能力；在某些情况下，还能提高杀伤弹及杀伤爆破弹的作用效应。杆状传爆药产生以上有效作用的基本条件是传爆药的爆速大大超过爆炸装药的爆速。

但是也应该看到，传爆药埋入主装药中常要进行专门的钻孔，而炸药钻孔是危险工序。所以，只要不是必要的就不要把传爆药埋入主装药中。

6.4.4　传爆药与主装药间的介质

在弹药中的传爆药经常并不直接与被起爆的装药接触，起码隔有传爆药管的底，有时有厚纸垫，有时还有间距，因此，研究传爆药与主装药之间介质的影响具有实际意义。

以特屈儿（$\rho = 1.6\ g/cm^3$，$d = 15\ mm$）起爆 $\rho = 1.6\ g/cm^3$ 的硝酸铵/TNT = 80/20 混合炸药（药重 200 g，直径 $d = 40\ mm$），隔不同介质时，其在铜板上的熄爆长度如表 6 - 7 所示。

表 6 - 7　传爆药与装药间有不同介质时的熄爆长度

中间介质	厚度/mm					
	0	0.5	1	2	3	5
空气/mm	100	—	76	35	15	15
纸垫/mm	—	—	100	53	25	25
钢片/mm	—	70	44	22	未起爆	未起爆

表 6 - 7 的数据表明，隔不同介质时，起爆能力有不同的影响。直接接触时传爆药的起爆能力最大，因为这时爆轰波没有衰减作用；隔纸垫时起爆能力次之；隔空气时又次之；隔钢片时最差。另外，不管是哪种介质，随着厚度的增加，起爆能力下降的程度也增加。

就空气介质来说，当传爆药的能量去起爆主装药时，由于空气密度大大低于传爆药爆轰生成物的密度，这样将有疏波沿爆轰生成物传播，较多的能量被疏波干扰，而空气层越厚能量损失就越大。

对纸垫介质而言，传爆药的能量一部分被反射，一部分则用于消耗在纸垫的变形上，用来起爆装药的只是其中的一部分。

对钢片介质而言，传爆药的能量也只用了一部分。由于金属钢片的密度大大超过爆轰生成物的密度，它的可压性差，当爆轰波到达钢片时就会发生反射，产生反射冲击波而损失能量，因此，沿爆轰方向传播的只是通过钢片后的冲击波。

如果被削弱的冲击波与被起爆的装药相遇时还能满足爆轰激发条件，那么被起爆的装药就发生爆轰；如果这时在被起爆的装药界面上的冲击波参数（速度）低于临界值，那么被起爆的装药就不会被引爆。

在设计传爆药时，考虑这些因素是有意义的。因为实际中传爆药常装在金属壳中，相当于有金属介质，另外也有纸垫和隔空气层。这些因素都要衰减传爆药的能量，所以在设计传爆药管时，应在不影响其强度及加工的前提下，将底做薄些，一般底厚为 1~1.5 mm。

如果钢介质不是直接接触炸药，而是经过一段空气隙再与炸药相接，这时钢介质对传爆药的起爆能力的影响有所不同。这时空气隙的存在，一方面会使传爆药所形成的冲击波在空气隙中衰减，而另一方面隔板所形成的破片又在此空气隙中加速。如果空气隙有一定的距离（几个毫米）以使破片加速到一定的速度，那么钢片对装药的起爆是有利的；而当空气隙很小（0.3 mm 以下）时，则对装药的起爆是最不利的，因为这种情况下冲击波已衰减而破片尚未被加速。

6.4.5　传爆管的外壳

外壳影响到爆速，因此就影响到传爆药的起爆能力。例如，特屈儿作传爆药（ρ = 1.6 g/cm^3，直径为 28 mm）轴向起爆紧贴的硝酸铵/TNT = 90/10 时，在无外壳时熄爆长度为 87 mm，而有厚度为 2 mm 的传爆管壳时，其熄爆长度为 90 mm。

这是因为外壳可以阻止侧向疏波的干扰，提高化学反应能量的利用率。根据炸药理论可知这种影响对于爆速不大、直径小及密度不大的炸药尤为显著。因为爆速不大的炸药，爆轰时损失的能量多。炸药的直径若在极限直径以下，直径小时，爆速就小，因而爆轰时损失的能量多。即使装药直径超过了极限直径，直径小时相应地增加了侧表面面积，爆轰时其能量损失就多。

现在传爆管壳的厚度为 1~4 mm，此时若传爆管埋在装药里，根据上面的讨论，将使传爆药侧向起爆能力降低。在传爆管的设计中如壁厚大于底厚，有利于更好地利用轴向起爆。在一定范围内，增加壁厚、使壁厚大于底厚，能增加传爆药轴向起爆能力。

传爆药的起爆能力由以上因素综合决定。常用来评定传爆药的起爆能力的方法有两种：①传爆药量与爆炸装药量的比；②被起爆的爆炸装药单位面积上所需传爆药量。显然，这两种方法都不全面。在设计传爆药时，根据现有装备中爆炸确实无问题的那些引信中传爆药与炸药量的相对比较，参照此药量范围，考虑以上因素进行试验作出决定。

传爆药和导引传爆药另一个重要问题是其本身被起爆的可能性。在引信中，无论是雷管引爆导爆管或导爆管引爆传爆管，都是由传爆序列中前一爆炸元件输入的冲击波起爆的。传爆药及导引传爆药起爆的难易程度可由冲击波感度试验来衡量。为此，研究传爆序列时应有各类传爆药的冲击波感度的基础数据。

6.5　传爆序列设计内容与要求简介

在讨论了雷管、导爆药管和传爆药管之后，便可知道传爆序列的基本要求是传爆可靠和隔爆安全。当引信解除保险要求传爆序列作用时，各火工元件之间必须传爆可靠，以完成引爆主装药的目的；当引信处于保险状态而不要求传爆序列作用时，各火工元件之间必须隔爆安全。所以，传爆序列设计就是火工元件之间的传爆可靠性和隔爆安全性的设计。

一个完整的传爆序列设计应包括以下几点：

（1）首发雷管通过直的或弯曲的传爆通道起爆继发雷管，简称为雷管—雷管传爆界面设计。

（2）雷管—导引传爆管—传爆管—主装药界面的设计。

（3）雷管—导引传爆管界面的安全隔离等的设计。

要合理地设计引信中的传爆序列，从火工技术的角度出发应注意以下几点：

（1）要在引信中采用雷管作为传爆序列的起始元件，以提高引信的瞬发性和简化序列等。早期的引信经历了火帽—雷管阶段，其特点是作用时间长（最长可达毫秒级），引信的瞬发度低；当要求延期装定时，延期时间不稳定。

（2）在保证爆轰可靠传递的前提下，尽量使用小型雷管和保险型引信的结构，以提高引信的安全性。

（3）根据弹药、引信的要求，确定传爆序列中最后元件的能量输出形式，确定序列中的其他元件。研究这些元件的输入、输出性能，研究它们的引爆、引燃条件。

（4）研究各爆炸元件界面爆轰传递的概率，从而进一步研究传爆序列的可靠性。

思　考　题

1. 试说明传爆药和导引传爆药的异同点。
2. 传爆序列设计的要求有哪些？

第 7 章

底　　火

7.1　底火的作用和一般技术要求

7.1.1　底火的作用

点燃发射药装药的火工品称为底火。枪弹和口径很小的炮弹可单独使用一个火帽来引燃发射药。当弹的口径增大时，由于所装的发射药量增加，单靠火帽的火焰就难以使发射药正常燃烧，以致造成初速和膛压的下降，甚至发生缓发射，火炮后座不到位，影响连续射击的进行，也会造成近弹和射击精度（散布面积）下降等问题。所以当口径大于 25 mm（包括 25 mm）时，通常用增加黑火药或点火药的方法来加强点火系统的火焰，增加的黑火药或点火药可以散装，也可以压成药柱。为了使用方便，通常将火帽和黑火药（点火药）结合成一个组件，这一组件称为底火。在射击时，底火中的火帽首先接受火炮撞针的冲能而发火，产生的火焰点燃底火中的装药，由装药产生比火帽火焰大得多的火焰来点燃发射药。当炮弹口径进一步增大时，仅靠底火的点火能力也满足不了发射药正常燃烧的要求，此时在底火和发射药之间还要增加点火药包。点火药包通常由小粒黑火药制成，其药量随弹的口径不同而不同，口径越大，点火药量越多。

底火的种类很多，常用使用两种分类方法：①按火炮输入底火能量形式分类，可分为撞击底火和电底火，还有撞击和电两用底火；②按火炮的口径分类，可分为小口径炮弹（地面炮为 20～70 mm；高射炮为 20～60 mm）底火和大中口径炮弹（地面炮为 70 mm 以上；高射炮为 60 mm 以上）底火。

7.1.2　底火的一般技术要求

从底火在全弹上的作用来看，它应具备以下的技术要求：

1. 足够的感度

底火不允许瞎火，这是底火最基本的性能。

2. 足够的点火能力

拥有足够的点火能力，这是保证弹丸的内、外弹道稳定的重要因素之一。

3. 足够的机械强度

足够的机械强度包括两方面的含义：①底火底部不被击针打穿的强度；②底部抗张变形的强度。

一般要求在膛压高的强装药条件下产品不允许瞎火，底火不允许有裂缝，不允许有烧蚀炮闩镜面和漏烟面积超过药筒底面的 1/3 的现象。

底火底部不被击针打穿的强度是在一定的外界击发条件下提出的,这个条件主要是击发能量的大小和击针的形状。如海 −25 火炮、航 −30 火炮等火炮虽打击力很大,但其击针头是圆的,因而不易打穿底火底部。相反,高 −37 火炮虽然打击力最小,但其击针头是平头,打击时容易产生剪切而打穿底火底部。

底火底部抗张变形的强度,不仅与击发条件有关,还与击发机构有关。海 −25 火炮、航 −30 火炮、航 −37 火炮等火炮在击发瞬间,击针是不动的,因而能顶住底火底部,使其不向外鼓起。另外,由于这些炮的闩体是前后移动的,即使在出现底火底部鼓起时,也不会妨碍闩体运动。而高 −37 高射机关炮在射击瞬间,由于击针簧的抗力较小,顶不住底火底部,因而底火底部受膛压作用时会向外鼓起,以致能鼓入闩体的击针孔内;而高 −37 高射机关炮的闩体又是上下滑动的,因而底部的鼓起将妨碍闩体的运动。

4. 上膛安全,使用安全

这一要求是为了保证炮弹上膛时,不会因受惯性振动早发火而提出的。现在评定此性能的方法是通过同重量的假弹,在底火各自使用的火炮和击发条件下,进行规定次数的反复上膛来鉴别,因此它与弹重、上膛次数以及弹簧的抗力大小有关。

5. 底火的密封性好

要求底火浸水试验后发火正常。通常是在 100 ~ 120 mm 深水中浸泡 24 h,然后分析底火中黑火药的含水量或进行发火试验。

除上述要求外,底火的其他要求与一般火工品相同。

7.2 撞击底火

7.2.1 枪弹底火

在轻兵器中,枪支具有很重要的地位,枪支又以各种形式的弹丸来杀伤敌人。为了了解枪弹底火的应用,必须对枪弹有个基本了解。在一般枪弹中,均由 4 部分组成:弹丸、药筒、发射装药和枪弹底火。枪弹底火是附在药筒底部的,为了保证发火可靠,在弹壳上还有一个突起称为火台,其构造如图 7 −1 所示。

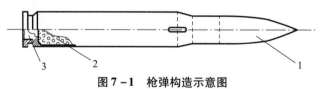

图 7 − 1 枪弹构造示意图
1—弹丸;2—发射装药;3—枪弹底火

枪弹的作用过程:当扳动枪机,击针撞击底火时,底火外壳变形,迫使击发剂向前运动,但击发剂在火台的阻止下不可能向前运动,击发剂在撞针和火台夹击下发火,底火的火焰通过弹壳的两个传火孔点燃火药装药。火药燃烧产生高温高压气体迫使弹丸挤入膛线,弹丸即产生向前运动加速度和角加速度,直到弹出枪口,得到最大的直线运动速度和旋转速度,即可稳定地向前飞行。

底火点火能力的好坏是以点燃发射药效果来衡量的。在枪用发射药中,多为单基药

（即硝化棉火药）。枪用火药几何形状有 3 种：①单孔或多孔粒状药；②片状药；③多孔药。

从枪弹构造中可以看出，枪弹壳是枪弹的重要组成部分。它的作用是：①使弹丸、底火和发射药组成一个整体，使全弹在膛内定位；②枪弹壳起盛装和密封发射药作用，且规定了药室的容积；③在发射时，枪弹壳起到密封枪膛的作用，防止高温高压气体烧蚀枪膛或从枪管尾部冲击。

为了完成以上作用，弹壳必须具有合适的几何形状和尺寸以及一定的机械性能。目前弹壳制造材料采用黄铜或钢为制造材料。制造弹壳的材料和底火室几何形状及尺寸同枪弹底火关系密切，故需专门介绍底火室构造。

枪弹底火室形状通常分为两类：一类为带火台的，另一类为不带火台的，如图 7 - 2 所示。

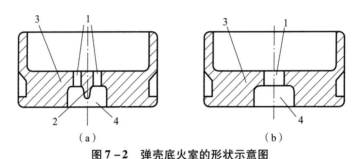

图 7 - 2　弹壳底火室的形状示意图

（a）带火台的枪弹底火室；（b）不带火台的枪弹底火室
1—传火孔；2—火台；3—隔板；4—底火室

传火孔是点燃火药的传火通道。传火孔数目视火台构造而定。带火台弹壳传火孔一般为两个，不带火台弹壳只有中间一个传火孔。传火孔面积（或传火孔数目）大小对点火效果有影响，进而可以影响膛压和初速。有关枪弹底火同底火室高度和直径配合参见《步兵自动武器及弹药设计手册》中有关内容。枪弹底火室直径根据资料统计，底火名义直径比底火室名义直径大 $0.12 \sim 0.14$ mm，即

$$d_s = d_{dh} - (0.12 \sim 0.14)$$

式中：d_s 为底火室名义直径；d_{dh} 为底火名义直径。如果底火直径过盈量太小，则底火易于脱落；当底火直径过盈量太大时，装配困难。

枪弹底火室尺寸还可以用相对过盈量来确定，即

$$d_s = \frac{d_{dh}}{1 + q}$$

$$1 + q = \frac{d_{dh}}{d_s}$$

式中，q 为相对过盈量，$q = 0.015 \sim 0.025$ mm，考虑二者公差后，可取最小相对过盈量 $q_{\min} = 0.002 \sim 0.004$ mm。

δd_s 为底火室直径公差，δd_{db} 为底火直径公差，则

$$d_s + \delta d_s = \frac{d_{dh} - \delta d_{dh}}{1 + q_{\min}}$$

$$d_s(1 + q_{\min}) + \delta d_s(1 + q_{\min}) = d_{dh} - \delta d_{dh}$$

$$d_s + d_s q_{\min} + \delta d_s + \delta d_s q_{\min} = d_{dh} - \delta d_{dh}$$

当 $\delta d_s q_{\min} = 0$ ，则

$$\delta d_s = d_{dh} - d_s(1 + q_{\min}) - \delta d_{dh}$$

枪弹底火有 3 种形式：①无火台底火；②带火台底火；③边缘发火枪弹的底火。其结构如图 7 - 3 所示。

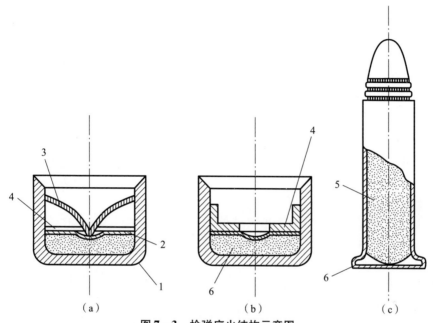

图 7 - 3　枪弹底火结构示意图

（a）带火台底火；（b）无火台底火；（c）边缘发火枪弹的底火
1—壳体；2—盖片；3—火台；4—加强圈；5—发射药；6—击发剂

枪弹底火通常由 3 部分组成：即壳体、盖片、击发剂，也有火台及加强圈等。

壳体多采用黄铜冲压制成，为了防止与药剂作用，壳体也可采用涂虫胶漆或镀镍。壳体具有盛装击发剂、密封药室、防止药剂受潮和调节感度等作用。为了保证火帽底火的性能，要求壳体具有一定的机械强度，与药剂不发生化学反应，并具有一定的几何形状和尺寸，如底厚、壁厚、底到壁的过渡半径等均应进行合理的设计。

枪弹底火与前面介绍过的撞击火帽基本相同，因此关于枪弹底火的感度、点火能力及它们的影响因素详见第 2 章 2.3 节"撞击火帽"。需要指出的是，枪弹底火室中传火孔数目（面积）增大，会使枪膛压力有所降低，但影响不是很大。

7.2.2　小口径炮弹底火

小口径弹通常指 25 mm、30 mm、37 mm 3 种口径的弹。1966 年前，这 3 种弹分别采用 3 种底火。纳氏传火管用于海 - 25 火炮，底 - 2 底火用于高 - 37 高射机关炮，底 - 16 底火用于航 - 30 火炮。首先，这 3 种火炮的性能比较接近：初速都为 800 ~ 900 m/s，膛压为 2 800 ~ 3 050 kg/cm²，强装药膛压为 3 100 ~ 3 300 kg/cm²；底火的感度也较相近，用 2 kg 锤重在落高 4 cm 时发火率为 0，在落高 10 cm 时即可达到 100% 发火。底火的密封性和安全性要求更是一致的，所以存在着统一底火的可能性。

其次，底－2底火和底－16底火都是螺纹结构，而且零件较多，生产效率低，装配工艺复杂，严重影响弹药生产的发展，从生产上也要求改进小口径弹通用底火。因此在这两种底火的基础上研制了底－14底火，并经改进成性能更好的底－14甲底火。下面分别简单介绍。

1. 纳氏传火管

纳氏传火管由5个零件组成（图7－4）：底火体（黄铜镀锡）、HJ－3火帽、铅垫圈、黑火药、纸垫。传火管高为 $24.5_{-0.54}^{0}$ mm，直径为 $13.33_{-0.12}^{0}$ mm。

纳氏传火管的优点是加工工艺简单，尤其是底火体也是冲压件；缺点是铅垫易漏装，在射击过程中铅垫容易熔化导致漏烟。

2. 底－2底火

底－2底火的结构如图7－5所示，由底火体（钢制磷化处理）、火帽压螺（黄铜）、火台（黄铜）、闭气锥体、散装黑火药、黑火药、羊皮纸垫及黄铜盖片等组成。底火体高为 $14.6_{-0.43}^{0}$ mm，直径为 $16_{-0.2}^{0}$ mm。

底－2底火在应用中的缺点：射击时外螺纹漏烟严重。结构上的缺点：HJ－1火帽的盖片为羊皮纸，当受潮时会变软，从而使火帽的感度下降。从工艺上看，底火体为螺纹，难于提高工效，但应用中便于更换。

3. 底－16底火

底－16底火的结构如图7－6所示。底－16底火由底火体（钢镀锡）、外壳（黄铜）、垫片（黄铜镀锡）、压盖（黄铜）、3号撞击火帽、传火管壳（黄铜）、加强盖（紫铜）、点火药等组成。底火体高为 $14.6_{-0.43}^{0}$ mm，直径为 $16_{-0.2}^{0}$ mm。

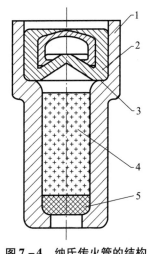

图7－4　纳氏传火管的结构

1—底火体；2—HJ－3火帽；
3—铅垫圈；4—黑火药；5—纸垫

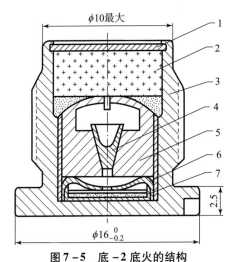

图7－5　底－2底火的结构

1—盖片；2—黑火药；3—底火体；4—闭气锥体；
5—火帽压螺；6—火台；7—火帽

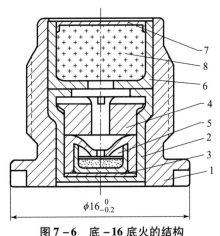

图7－6　底－16底火的结构

1—底火体；2—外壳；3—垫片；4—压盖；
5—3号撞击火帽；6—传火管壳；7—加强帽；
8—点火药

底 – 16 底火的结构特点是壁薄，可以多装药，在装药上用点火药代替黑火药，内部零件为冲压件；其缺点是容易多装垫片造成瞎火，若收口不好，射击时传火管将向前移动造成瞎火。

4. 底 – 14 底火

底 – 14 底火由底火体（黄铜镀锡）、HJ – 3 火帽、外壳（覆铜钢镀锡）、火帽座（紫铜）、点火药、黑火药和纸垫等组成。底火体高为 $24.5_{-0.84}^{0}$ mm，直径为 $13.33_{-0.12}^{0}$ mm。如图 7 – 7 所示。

前面已经述及，底 – 14 底火是设想用于 3 种小口径火炮上（海 – 25 火炮、航 – 30 火炮和高 – 37 高射机关火炮），且将海 – 25 火炮及高 – 37 高射机关火炮弹中点火药包取消。试验结果发现该底火结构上有缺陷：①底火底部凹窝太深，航 – 30 火炮有 10% 瞎火（尺寸配合临界条件下）；②火帽同火帽座间为松动配合，装配时易于装反，严重影响产品质量；③火炮撞针击偏 1.2 ~ 1.3 mm 时，一次击发瞎火达 20%；④底火底部收口质量不易于稳定，底火漏烟严重；⑤高 – 37 高射机关火炮上取消点火黑火药包进行射击，弹丸精度明显下降，不合格率达 50%。因此，在底 – 14 底火基础上，研制了底 – 14 甲底火。

5. 底 – 14 甲底火

底 – 14 甲底火结构如图 7 – 8 所示，由底火体（钢制）、HJ – 9 火帽、火台（黄铜件）、黑火药柱和纸垫等组成。底火体高为 $26.5_{-0.5}^{0}$ mm，直径为 $13.33_{-0.08}^{0}$ mm。

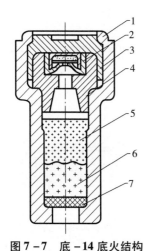

图 7 – 7　底 – 14 底火结构

1—底火体；2—HJ – 3 火帽；3—外壳；4—火帽座；
5—点火药；6—黑火药柱；7—纸垫

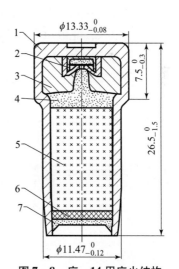

图 7 – 8　底 – 14 甲底火结构

1—底火体；2—HJ – 9 火帽；3—火台；4—松装黑火药；
5—黑火药柱；6—纸垫；7—掺有细铝粉的硝基胶液

底火体为覆铜钢质，起底火闭气及总装作用。其中火帽的直径较大，击针击偏时发火率仍很高。火台紧抵住火帽顶部，在击针击偏时有利于底火的发火。底火结构的特点是零件都是简单的冲压件，装配简单。

试验证明了底 – 14 甲底火完全适合于高 – 37 高射机关火炮和海 – 25 火炮，且取消了药筒内的黑火药包，但满足不了航 – 30 火炮的要求。由于航 – 30 火炮射速高，炮管短，底火的黑火药柱有燃烧不完的现象，从炮口焰观察可以看到黑火药柱在炮口外燃烧的痕迹。鉴于此，在航 – 30 火炮上仍然采用装点火药的装药结构，也不压药柱，经更改后就完全满足了要求，底火外形上仍与底 – 14 甲底火是完全一致的，但是不能完全通用了。

7.2.3　中大口径炮弹底火

中大口径弹通常指 57～152 mm 口径的各种炮弹，这些炮弹采用 3 种底火。

1. 底 – 4 底火

底 – 4 底火结构如图 7 – 9 所示，配用于 57 反坦克弹、85 加农炮弹、高射炮弹和 122、152 mm 榴弹炮弹，这些炮弹的膛压一般在 2 800 kg/cm² 以下。底 – 4 底火的内部结构和底 – 2 底火完全一样，只是放大了底火体，增加了黑火药量，口部垫片采用赛璐珞片。

2. 底 – 13 底火

底 – 13 底火的结构如图 7 – 10 所示，配用于口径 100 mm 的各种炮弹（滑膛炮弹、高射炮弹、加农炮弹、舰炮弹等），膛压一般

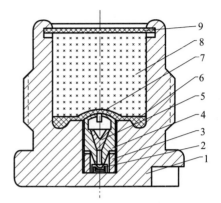

图 7 – 9　底 – 4 底火结构
1—底火体；2—HJ – 1 火帽；3—压螺；4—火台；
5—闭气塞；6—松装黑火药；7—纸压片；
8—黑火药饼；9—赛璐珞垫片

为 3 000 kg/cm² 左右。底 – 13 底火结构与底 – 4 底火基本一致，也是用闭气塞，其装药量小，底火体壁强度较大，能够承受较高膛压。

3. 底 – 5 底火

底 – 5 底火的结构如图 7 – 11 所示，配用于 57 mm 高射机关炮弹和 122 mm、130 mm、152 mm 加农炮弹，膛压都在 3 000 kg/cm² 以上，有的达到 3 600 kg/cm²。其结构特点是装药量小，底火体很坚实，强度大，可以承受 4 000 kg/cm² 的膛压。

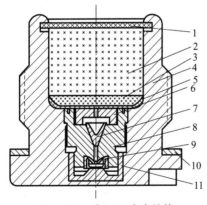

图 7 – 10　底 – 13 底火结构
1—盖片；2—黑火药饼；3—散装黑火药；
4—底火体；5—纸垫；6—压螺；7—闭气锥体；
8—火台；9—火帽；10—密封圈；11—底座

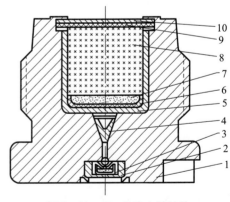

图 7 – 11　底 – 5 底火的结构
1—底火体；2—火帽座；3—火帽；4—闭气
锥体；5—纸垫；6—散装黑火药；7—黑火
药柱；8—衬盂；9—闭气盖；10—密封圈

上述 3 种底火在使用中各有优缺点，但是它们有许多共同之处：如底火所配用的药筒底

火室的尺寸基本相同，都是要密封高温、高压的火药气体，其撞击感度、强度、安全、安定性要求也是一致的；它们结构相似、使用时药筒内都需要装点火药包（黑火药），底火的点火能力可以通过调整点火药包的药量来实现，因此就给研制通用底火提供了可能性。另外，由于这些底火结构都比较复杂，也要求研制结构更为简单的底火。通过大量的试验，吸取了小口径弹通用底火改进过程的经验，最终研制成功了底 - 9 底火。

4. 底 - 9 底火

底 - 9 底火结构如图 7 - 12 所示。底 - 9 底火除底火体外，其余零件均为冲压件，没有闭气塞，简化了结构。在外管内装入一个 HJ - 3 火帽和火帽座。为了防止火帽松动，火帽和火帽座的结合是点铆的。火帽座上装内管，其中装点火药 0.3 g、黑火药 0.7 g，药面上压一纸垫，口部涂硝基胶密封。将组合件压入底火体后在外管口部进行扩口和翻

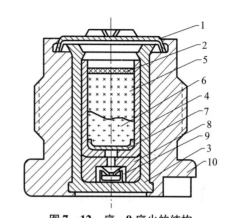

图 7 - 12　底 - 9 底火的结构

1—闭气盖；2—封口片；3—外管；4—内管；5—黑火药；
6—点火药；7—垫片；8—火帽座；
9—HJ - 3 火帽；10—底火体

边，一方面固定内管，不使其松动；另一方面固定外管，可以防止漏烟和外管脱落（射击后）。口部装一个中间冲有梅花槽的紫铜垫片，底火发火后沿梅花槽冲破，紧贴在药筒传火孔壁上，能有效防止火药气体从底火与药筒之间漏出。底火底部进行环铆可以解决底火本身漏烟的问题。

底 - 9 底火设计时是考虑要代替原来的 3 种底火，必须有范围较大的适应性。底 - 9 底火采用强度较大的 35 号钢做底火体，以满足高膛压的要求；外管的底部厚度提高到 1.78 ~ 1.92 mm，以满足撞击力量较大的 57 mm 高射炮；取消了闭气锥体，保证底部不击穿。底 - 9 底火在撞击击偏超过 1 mm 时，感度就有所下降，因此，又发展了底 - 9 甲底火。

7.2.4　迫击炮弹底火

迫击炮弹底火的结构如图 7 - 13 所示，由底火体、火帽和火台等组成，底火壳高度为 $8.10_{-0.15}^{0}$ mm，直径为 $7.27_{-0.42}^{0}$ mm。适用于 60 mm、82 mm、100 mm、120 mm 和 160 mm 迫击炮弹。

底火体由厚 0.4 mm 黄铜板冲压制成，用来组装底火各个零件，密闭气体，承受撞针的撞击。火帽为底火的发火件，保证底火感度和点火能力，火台（黄铜）用于固定火帽和保证火帽发火确实。

与一般炮弹底火相比，迫击炮弹底火在使用上有其特点，底火位于迫击炮弹的基本药管内。在基

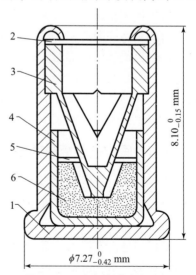

图 7 - 13　迫击炮弹底火结构

1—底火壳；2—封口片；3—火台；
4—火帽壳；5—纸垫；6—击发药

本药管内，迫击炮弹的基本装药直接装在底火的上方，基本药管位于迫击炮弹稳定装置的点火管内。发射时迫击炮弹从炮口处装填，炮弹因重力作用沿炮管滑下，一直落到炮膛底部，正好使基本药管中的底火与击针撞击。由于迫击炮弹的动能使底火发火，底火发火后点燃基本药管内的发射药（即迫击炮弹的基本装药）。由于基本装药的燃烧在管内便产生一定的火药气体压力，冲破基本药管，火焰经稳定装置的点火管孔点燃迫击炮弹的附加药包，从而发射迫击炮弹。

采用这种点火方式是由迫击炮及其弹药的特点所决定的。一般迫击炮的初速和膛压都比较低，因此其装药量一般很小，装填密度很小（0.04~0.15 g/cm³），散热面积大，射击时还有气体流出的现象，因此它比一般的火炮难点火。为了保证装药均匀地燃烧，以达到好的射击精度，它必须具有特殊的装药结构和点火方式。

迫击炮弹底火感度的要求是很重要的，因为迫击炮弹大多数是从炮口装填（所谓前膛炮弹），击发力量较弱，而且一旦发生炮弹发射不出去，倒弹或迟发火时很危险的。因此这种底火感度要比较大。表现在底火结构上有其特点：底火体是黄铜的，底厚较薄（0.4 mm）；击发药中起爆药含量较大。我国早期生产的此底火的火帽不固定，常因 2 h 震动试验不合格而报废，后来改用收口和在火帽口部下方点铆，既保证了底火的感度，又保证震动时不发火和跑火台等问题。

7.2.5　影响底火感度和点火能力的因素

底火的点火能力主要取决于底火中的点火药的成分和药量。黑火药传火较快，点火效果较好，广泛地用作底火中的点火药。有时也用高能点火药作为底火的点火药，这种药剂点火猛度高，适用于低温、高装药密度下的点火。

底火感度取决于其中所用的撞击火帽的发火感度。撞击发火和针刺发火都属于机械发火机理，除了击针因素外，凡是影响针刺火帽感度的因素都将影响撞击底火的感度。另外，影响底火感度的因素还有火台的形状和撞针的突出量和形状。

火台的结构如图 2-5 所示，火台尖、尖端面积小、火台材料的硬度高、火台与底火结合紧密，底火的感度就增加。

撞针突出量大，打击到底火后，火帽底部凹入量就大，撞击剧烈，感度增大。当撞针直径较小时，在同样撞击条件下，凹入深度更大，感度就更高。撞针直径为 4~6 mm。撞击时的偏心程度也影响感度的大小，一般规定同心性偏离不超过 0.5 mm。

7.2.6　底火击发条件介绍

底火发火的可靠性由许多因素决定。底火的撞击感度以一定击发条件下的发火能力来衡量，所以，为了解决底火发火可靠性的问题，必须对击发条件有所了解。一般火炮采用击针击发机击发，这种机构要可靠地击发底火取决于击针条件和弹簧的抗力。

为了可靠地击发底火，必须知道击针在撞击底火瞬间的速度，在炮闩击发机设计中应计算此击针速度，由此击针速度可计算击针在撞击底火瞬间所加给底火的动能。击发机结构如图 7-14 所示。

设击针击发时的工作冲程为 λ，弹簧的最初抗力为 P_0，终了抗力为 P_λ，在击针呈待发状态时，则弹簧所聚集的能量 W 为

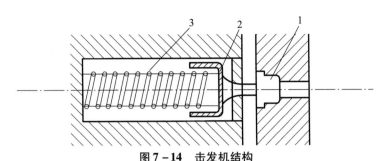

图 7 - 14　击发机结构

1—撞击底火；2—击针；3—击针簧

$$W = \frac{1}{2}(P_0 + P_\lambda)\lambda \tag{7-1}$$

发射时此弹簧的能量便传给击针。由于摩擦损失，压缩弹簧的位能 W 和撞击底火瞬间的击针动能 E 有如下关系：

$$E = \mu W \tag{7-2}$$

式中，μ 为击针摩擦损失的系数，一般取 $0.8 \sim 0.9$。

在击发时，击针运动，击针簧也跟着运动，如以 M 表示击针质量，以 m 表示击针簧质量，这时撞击底火瞬间的击针动能为

$$E = \frac{M + \frac{1}{3}m}{2}V_j^2 \tag{7-3}$$

式中：$1/3$ 为使质量为 m 的弹簧跟着击针运动而消耗于弹簧能量的系数；V_j 为撞击底火瞬间的击针速度。

将式（7-1）、式（7-3）代入式（7-2）中，得

$$\frac{M + \frac{1}{3}m}{2}V_j^2 = \mu \frac{1}{2}(P_0 + P_\lambda)\lambda$$

故撞击底火瞬间击针的速度为

$$V_j = \sqrt{\frac{P_0 + P_\lambda}{M + \frac{1}{3}m}\lambda\mu}$$

因而在撞击底火瞬间，击针加于底火的能量 E_g 为

$$E_g = \frac{M}{2}V_j^2$$

粗略地分析可知这个能量的大小与弹簧的最初及终了抗力（P_0，P_λ）、击针和弹簧的质量（M，m）、摩擦系数 μ 及击针的工作冲程 λ 有关。

当击针撞击动能计算出来以后，就可以同底火 100% 发火最小动能加以比较，从而可以判断底火发火的可靠性。

击发机构对底火的撞击作用，不仅取决于撞击底火瞬间击针加给底火的动能，也与其他一系列因素有关，这些因素在考虑和分析底火发火情况时应予以注意。这些因素是：底火构造与性能；药筒底部与炮闩体平面的间隙大小；击针的形状和直径；击针的突出量和击针尖

的撞击深度；击针尖撞击底火中心的偏差值（允许值在 1.5 mm 以下）。

在一般火炮中，击发机基本数据选择范围为：动能 0.51 ~ 0.92 J；击针速度为 4 ~ 8 m/s，击针质量为 200 ~ 400 g，击针工作冲程为 12 ~ 30 mm，击针直径一般为 4 mm。

击针初始压阻抗为 1.22 ~ 3.06 N，终了压阻抗为 3.06 ~ 7.14 N，弹簧圈数为 5 ~ 12 圈，外部直径为 19 ~ 40 mm。

7.3 电 底 火

7.3.1 对电底火的要求

随着战车、飞机、舰艇等运动目标速度的提高，要求武器具有高的射速，因而相应地要求底火也必须提高作用的迅速性（瞬发度）。一般撞击底火不能满足上述要求，因此就出现了用电能作为能源的电底火。对电底火的要求主要有以下几点：

1. 作用时间短

如 105 – Ⅱ航 – 30 机关炮射速为 1 400 发/min，291 – 2 海双 – 30 机关炮射速为 1 000 发/min，平均每发炮弹射击所占时间只为 0.02s，而从击发机击发底火到底火发火并点燃火药装药的时间应远小于这个数值，因此要求底火的作用时间很短。

2. 耐高膛压

由于这类武器弹药具有较大的初速，因此武器发射时膛压较高。如 105 – Ⅱ航 – 30 机关炮弹丸的初速为（920 ± 1）m/s，正常装药发射时的膛压为 3 139 kg/cm²；而 291 – 2 海双 – 30 机关炮弹丸的初速为 1 650 m/s，正常装药的膛压为 299 kg/cm²。由于膛压高，底火的强度、击穿漏烟等问题就更应该引起重视。

3. 能承受上膛时的震动

上述两门炮均为气压上膛，因此电底火的各零件应能承受此震动而不影响底火性能。

电底火有两种类型：灼热桥丝式电底火与导电药式电底火。本节主要讨论灼热桥丝式电底火的结构和性能。

7.3.2 灼热桥丝式电底火

1. 典型结构举例

图 7 – 15 为海双 – 30 电底火结构。它由黄铜外壳、黄铜环电极、黄铜芯电极、绝缘垫片、桥丝、点火药、绝缘塑料和纸垫等组成。桥丝是直径为 0.03 mm 的镍铬丝。点火药为斯蒂酚酸铅，药量为 0.035 ~ 0.04 g。传火药为过氯酸钾、亚铁氰化铅和松香混合物，药量为 0.5 ~ 0.55 g。绝缘垫片是高强度塑料酚醛层压板，用来衬托桥丝及药剂并防止火药气体直接作用于绝缘塑料。绝缘

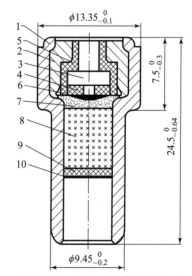

图 7 – 15 海双 – 30 电底火结构

1—黄铜外壳；2—黄铜环电极；3—黄铜芯电极；
4—绝缘垫片；5—绝缘塑料；6—桥丝；
7—点火药；8—传火药；9—纸垫；10—漆

塑料位于环电极与芯电极之间，是一种加玻璃纤维的热固性塑料。

海双 –30 电底火的主要性能指标：产品电阻为 1.5 ~ 3.5 Ω；10 min 不发火的安全电流为 200 mA，100% 发火的最小电流为 800 mA；电底火在产品专用线路内，在 1 000 A 电流作用下发火时间不大于 700 μs。

发火过程：当击针撞击底火底部时，击针同底火芯电极接触，构成通电回路。这时的电路为：兵器电源→击针→底火芯电极→双灼热电桥→环电极→底火壳→兵器电源。通电后桥丝升温，点燃点火药，进而点燃传火药。当其生成物压力达到一定值时，火焰冲破纸垫点燃火药装药。此时电底火要承受高压、高温火药气体的冲击，而不出现底火的击穿、漏烟和芯电极突出等现象。

2. 产品易出现的主要质量问题

（1）击穿和漏烟现象。

火炮射击时电底火要承受高温、高压气体的冲击，这时如果间隔芯电极和环电极所用的绝缘塑料选择不好，芯电极和环电极的尺寸取得不当以及工艺上控制不严，均会使底火在火炮发射时产生击穿和漏烟现象。

在产品设计中，绝缘材料的选择是很重要的。绝缘材料要机械强度好，能承受高温、高压气体的冲击而不破裂，在高温、高压气体作用时不熔化也不发软，甚至能承受 1 000 ℃ 的瞬间温度。

（2）电底火的瞎火问题。

电底火瞎火的大部分原因是电桥断路以及芯电极短路所造成的。从产品各部分分析如下：

①桥丝方面。电桥是电底火的核心部分，产品规定电阻为 1.5 ~ 3.5 Ω，指的是双桥电阻值。桥丝的机械强度不够，勤务处理时就易引起断桥。如果其中一个桥断了，电阻值就会变得很大，超过 3.5 Ω，发射时就可能瞎火。

②点火药方面。在药选定后，如果药剂的颗粒太大，药与桥的接触面积就小，桥给予药剂的能量传递就慢，就可能引起瞎火。药剂受潮也会使产品瞎火。

③桥丝焊接工艺方面。在电底火上桥丝应紧贴在塑料片上，如果桥丝没有紧贴塑料垫，就有可能经不起上腔的考验。另外，焊接时的虚焊也会导致断桥。

④发火件的质量。发火件芯电极与环电极间的距离为 0.5 ~ 0.6 mm。设计中为了保证芯电极和环电极的绝缘，在发火件收口后用 500 V 直流电压进行击穿试验，试验时发现短路的占 30%，其主要原因是芯电极和环电极不同心以及在压塑料时将芯电极或环电极压伤而产生短路。

目前，底火的发展趋势是研制电—撞两用底火。有关手册上记载的电—撞两用底火仅有两种，还需要进一步开展研究。

7.4　底火强度校验

在弹药药筒上，底火同药筒结合形式有两种：①紧配合式的压入式底火；②螺纹旋入式底火。以下就螺纹旋入式底火强度问题进行讨论。

7.4.1 底火螺纹强度检验

当底火旋入药筒以后，其螺纹相互位置如图 7 – 16 所示。Δ 为底火螺纹螺距；d_1 为底火外螺纹内径；d_2 为底火外螺纹外径；A 为底火体部分；B 为底火室部分；F 为底火承受的外力，即火炮最大膛压 $P_{\max}$ 同底火横截面积 $S = \left(\dfrac{\pi d_2^2}{4}\right)$ 的乘积。

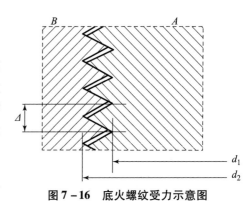

图 7 – 16　底火螺纹受力示意图

在火药燃烧下，产生的高温、高压气体，对底火螺纹产生剪应力及压应力，结合 10 号撞击底火进行螺纹强度校验。

1. 在动载下，底火体材料强度推算及螺纹剪应力校检

底火螺纹剪应力计算存在以下关系：

$$\tau = \frac{F}{\pi d_1 \Delta (Z - 1.5)}$$

式中：Z 为底火螺纹总扣数；τ 为螺纹剪应力，且应满足

$$\tau \leqslant [\tau]$$

式中，$[\tau]$ 为材料抗剪许用剪应力。

底火体为塑性材料，在选取材料抗剪许用剪应力值时存在

$$[\tau] = (0.75 - 0.8)[\sigma]$$

在工程上，为了保证零件强度，对材料应力计算还应取安全系数，塑性材料安全系数一般取 1.4~1.6。

结合 DJ – 10 底火，材料抗剪许用剪应力为

$$[\tau] = 0.8[\sigma] = 0.8 \times \frac{\sigma_{极限}}{n}$$

$$= 0.8 \times \frac{30}{1.5} = 16 \ (\text{kg/mm}^2) = 1.63 \ (\text{N/mm}^2)$$

在 DJ – 10 底火中，实际材料抗剪许用剪应力为

$$\tau = \frac{P_{\max} \cdot \frac{\pi}{4} d_2^2}{\pi d_1 \Delta (Z - 1.5)} = \frac{30 \cdot \frac{\pi}{4}(27.2)^2}{\pi (25.7)(1.81)(14 - 1.5)}$$

$$= 9.5 \ (\text{kg/mm}^2) = 0.97 \ (\text{N/mm}^2)$$

从计算的结果看出，0.97 N/mm^2 小于 1.63 N/mm^2，故 τ 小于 $[\tau]$，底火螺纹剪应力小于材料抗剪计用剪应力，为了满足使用要求，此时尚未包括考虑动载下材料强度的提高。

2. 在动载下，底火螺纹压应力校检

同样结合以 DJ – 10 底火为例进行校检，根据

$$[\sigma] = \frac{\sigma_{极限}}{n} = \frac{30}{1.6} = 20 \ (\text{kg/mm}^2) = 2.04 \ (\text{N/mm}^2)$$

该数据为材料的许用应力。

底火螺纹压应力存在以下关系式：

$$\sigma = \frac{P_{max}S}{\frac{\pi}{4}(d_1^2 - d_2^2)(Z - 1.5)} = \frac{30 \times \frac{\pi}{4}(27.2)^2}{\frac{\pi}{4}[(27.2)^2 - (25.7)^2](14 - 1.5)}$$

$$= 22.4 \ (kg/mm^2) = 2.3 \ (N/mm^2)$$

从计算结果可以看出，$2.3 > 2 > 0$，底火螺纹压应力 > 材料静载强度，不能满足应用要求。

考虑材料动载特性，存在

$$R_{gb} = K_{gb}R$$

当取 $K_{gb} = 1.5$ 时，则有

$$\sigma = 1.5 \times 2.0 = 3 \ (N/mm^2)$$

故 3 大于 2.3，底火螺纹压应力小于材料动载强度，满足了使用的要求。

7.4.2 底火底部强度校验

底火底部强度校验实际上是对闭气锥体及底火底部强度校验。底火闭气部分结构如图 7 - 17 所示。

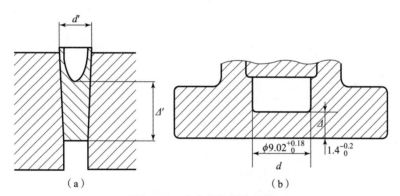

图 7 - 17 底火闭气部分结构

（a）闭气锥体结构；（b）底火体底部结构

Δ —底火体底部厚度；d —孔直径；Δ' —闭气锥体厚度；d' —闭气锥体上部直径

几种底火闭气部位结构尺寸如表 7 - 1 所示。

表 7 - 1 几种底火闭气结构尺寸

底火型号	底部孔尺寸		闭气锥体	
	直径/mm	厚度/mm	直径/mm	厚度/mm
DJ - 2	7	1.5	2.5	2
DJ - 4	7	1.6	2.5	2
DJ - 10	9.02	1.4	2.5	2
DJ - 14	9.02	0.9		

底火底部所受剪应力为

$$\tau = \frac{P_{max}S}{\pi d \cdot \Delta}$$

结合 DJ – 10 底火，$P_{max} = 3\,000$ kg/mm^2，$d = 9.02$ mm，$\Delta = 1.4$ mm，存在

$$\tau = \frac{P_{max}S}{\pi d \cdot \Delta} = \frac{P_{max}\frac{\pi}{4}d^2}{\pi d \cdot \Delta} = \frac{P_{max}d}{4\Delta}$$

$$\frac{9.02 \times 30}{4 \times 1.4} = 48.3 \ (\text{kg/mm}^2) = 4.93 \ (\text{N/mm}^2)$$

当 $K_{gb} = 2$ 时，从前面而知

$$R_{gb} = K_{gb} \cdot R = 2 \times 16 = 32 \ (\text{kg/mm}^2) = 3.27 \ (\text{N/mm}^2)$$

从计算结果比较 3.27 小于 4.93，那么只靠底火体是无法完成密闭高压火药气体任务。

当底火体选用闭气锥体时，可以承受的剪应力为

$$\tau = \frac{P_{max}d'}{4\Delta'} = \frac{30 \times 2.5}{2 \times 4} = 12.5 \ (\text{kg/mm}^2) = 1.28 \ (\text{N/mm}^2)$$

从计算结果可以看出，1.28 小于 3.27，故底火闭气锥体是密闭高压气体的主要承担者，从而看出闭气锥体的构成具有以下两个优点：

（1）闭气锥体可以通过改变形状，减少高压气体的作用力，因而有高的闭气性。

（2）闭气锥体应用，能把底火闭气性及机械感度的提高很好地结合起来。

7.5 底火装配工艺及检验

7.5.1 底火装配工艺

底火装配工艺因产品不同、零件的多少不一而稍有差异，但主要工艺基本一致。以底 – 13 底火（图 7 – 10）为例，其工艺流程如图 7 – 18 所示。

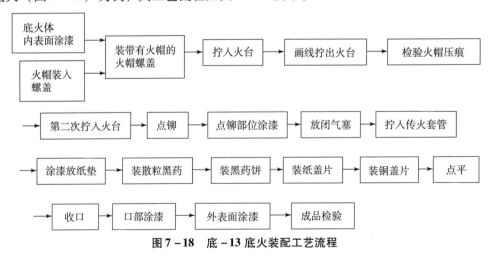

图 7 – 18 底 – 13 底火装配工艺流程

上述工艺流程中，带火帽的火台与压螺的装配很重要，因为它们之间的相互位置关系对底火感度影响很大。装配时，需要卸下压螺检查火帽盖片印痕质量，不允许印痕过深或无印

痕。印痕过深可能会使产品过早发火，无印痕容易造成迟发火或瞎火。火帽盖片如果被压破应更换新盖片，压痕合格的盖片重新拧入压螺并与原标准线重合。这种装配工艺非常复杂，而且产品质量不易保证，如果采用自带火台的火帽就能大大简化装配工艺，如底 -5 底火。

另外，底火点铆和收口工序也很重要。点铆是防止火台即压螺产生移动影响感度。收口是保证各部分结合牢固。对于钢质底火，仅用一次收口不能保证收口严密，故常采用两次收口。黑火药要注意防潮，压制药饼时必须控制好压力和保压时间以及装药量准确。

7.5.2　底火检验和试验

装配好的底火要进行质量检验。

底火生产中的一般检验和试验为外观检验尺寸检验、振动试验、振动后浸水试验、浸水后分析黑火药水分或发火性试验、振动后上膛安定性试验、强度试验、装配正确性试验。

尺寸检验主要检验与药筒配合有关的尺寸。振动试验通常都是在标准振动机上连续振动两 h，每分钟振动 60 次，落高 15 cm。振动后底火结构不许损坏，也不许涂漆脱落。浸水有浸 4 h 的或 24 h 的。浸水后有的将底火解剖，分析其中黑火药的水分不能超过 1%；有的不分析水分，而是直接作发火试验，发火正常即可。

装配正确性试验主要是解剖检查零部件装配是否正确，特别是检查火帽在装配过程中有无损坏。强度试验是在强装药条件下的射击试验，综合检查底火的性能，经试验后不许瞎火、击穿、破裂、底火脱落、严重漏烟（烧蚀炮闩镜面或熏黑火药筒底面积超过 1/3）。对于中大口径弹用底火经试验后还要求底火可以从药筒中卸下来，以保证药筒的重复使用。

上膛安定性试验都是在火炮上进行，上膛时不许底火发火，一般连续上膛 4 次，也有上膛两次的。上膛时漆层脱落一般不影响产品质量，但是也应减少漆层的脱落。

WJ1971 - 90《电底火制造与验收通用规范》规定了电底火性能的考核试验内容，除了撞击底火检验项目外，还有实际射击（单发、连发）试验。

7.5.3　底火生产中常见质量问题分析

1. 瞎火

底火瞎火的原因大致有以下几个方面：

（1）底火底部厚度超过规定或强度太大，使撞针撞击底火时，能量损失过多造成产品瞎火。解决的办法主要是检查底火体质量及尺寸。

（2）火帽装反或配合过松，使得底火受到击发时传递给火帽的能量不足，引起瞎火。

（3）火台上有污渍。

2. 迟发火

迟发火主要是由于底火中火帽装配较松，击发后延迟发火时间；也出现过虽然火帽可靠发火，但是由于黑火药受潮，水分含量较多，使得火帽发火后不能及时点燃全部黑火药，造成迟发火。

3. 早发火

早发火指的是底火上膛试验时就发火，主要原因有：

（1）火台拧入火帽太深或拧破盖片产生漏药，上膛时经振动而发火。

（2）火台上有严重的金属毛刺引起过早发火。

4. 黑火药饼碎裂，含水量超过规定

（1）底火经振动、浸水试验后，发现药饼碎裂，这是由于收口不严，黑火药饼在振动时相对移动而产生黑火药饼碎裂。

（2）收口不严，口部漆层不干或涂漆质量不高，容易造成水分浸入，使水分含量超过规定。

思 考 题

1. 底火的作用是什么？底火的主要技术要求有哪些？
2. 影响底火感度和点火能力的因素有哪些？

第 8 章

点 火 具

8.1 概 述

要使火箭发动机中的火箭火药能正常燃烧，就必须使火药表面达到一定的温度，并在燃烧室中建立起一定的压力，为此就需要点火装置。点火装置（点火具）通常由发火头部分及点火药组成。发火头部分受到外界能量（电能或机械能）作用后，产生一定的火焰。仅仅发火头产生的火焰能量不够大，不足以满足使火箭火药正常燃烧的要求。点火药起着扩大发火头能量的作用，使火箭火药能迅速全面地燃烧，以达到火箭弹燃烧时弹道性能的一致。点火药量的多少与火箭弹配用的火药等一系列因素有关，它是在一定条件之下通过火箭内弹道的计算及试验来决定的。

对点火具的要求，除了与一般火工品相同外，还应满足两个基本条件：①在外界激发能量作用下，点火具应切实可靠发火。点火具的点火药燃烧后，应可靠地点燃火药装药。②当点火具用于弹道上点火时，还应有严格的时间要求。电发火头可以认为是一种最简单的点火具。

点火具按其激发能量形式分类，可分为电点火具和机械点火具（惯性点火具）。电点火具又分为桥丝式、火花式和导电药式。一般火箭弹常用电点火具，而增程弹常用惯性点火具。

点火具是一种相对简单的火工品，本章选择我国的几种典型点火具进行讨论。

8.2 电点火具

8.2.1 电点火具的结构

电点火具多用于火箭弹和火焰喷射器的点火。按照发火结构形式分类，电点火具有桥丝式、火花式和导电药式几种类型。本节重点讨论桥丝式点火具。桥丝式点火具由电发火头和点火药组成，根据它们的相对位置关系又可以分为两类：①整体式点火具；②分装式点火具，如图 8 - 1、图 8 - 2 所示。

1. 整体式点火具

整体式点火具是将发火头放在点火药盒内做成一个整体，将导线引出与弹体的电极部分相接，用于各种小型火箭弹。为了保证点火的可靠性，一般都采用两个或两个以上并联的电发火头。整体式点火具的优点是结构简单，点火延迟时间较短。

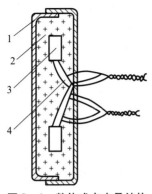

图 8-1　整体式点火具结构

1—点火药盒；2—点火药；
3—引火头；4—导线

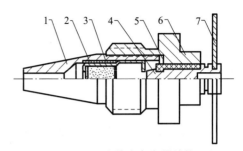

图 8-2　分装式点火具结构

1—喷嘴；2—点火具；3—弹簧；4—导电杆；
5—绝缘体；6—本体；7—导电盖

2. 分装式点火具

分装式点火具是指点火药与电发火头不做成一体而分别安装的点火装置。这种结构的优点是：①发火头和点火药可以分别贮存和运输，安全性好；②便于更换其中个别零件，不需要装拆整个装置，也不致使整个装置报废，使用方便，经济性好；③便于使发火头生产标准化。但是，分装式点火具的缺点是结构复杂、零件数量多，还容易造成点火延迟。

8.2.2　电点火具的作用过程

根据图 8-1 整体式点火具结构可知，电点火具是由电发火头和点火药组成，其作用过程为：电源电能转变为热能引燃电发火头，燃烧火焰引燃点火药，扩大了的火焰再引燃火箭火药。

电发火头的发火是属于热激发过程。根据焦耳楞次定律，电流通过桥丝时，电能转变为热能放出热量，此热量主要是用来预热桥丝。桥丝将热能传递给周围的药剂使药剂的温度升高，当药剂的温度达到发火点时，电发火头就被引燃了。由电发火头的火焰去点燃点火具装药，点火药达到正常燃烧而又持续一定时间的点火温度与点火压力起到扩大发火头火焰的作用，从而，使火箭火药能迅速发展成为稳定的燃烧，以保证火箭弹的弹道性能的一致性。

8.2.3　关于电点火具发火头的讨论

发火头是电点火具的核心组成部分，点火具的感度主要取决于发火头的感度。因此要选用或设计符合使用要求的点火具，必须研究发火头的结构与性能的关系。

前面已经讲过点火具的发火过程，为了定性地讨论问题，从中找出主要应控制的因素，因此把此过程简化为两个阶段：①桥丝预热阶段；②药剂发火阶段。实际上这两个阶段并没有明显界限，而是同时连续进行的。这样划分是为了研究问题的方便，可以依据第一阶段来定性地选桥丝，依据第二阶段来定性地选药剂。

1. 桥丝预热阶段

桥丝预热阶段的中心问题是桥丝预热的温度与升温速度。因为温度及升温速度关系到点火的确实性及作用时间。在药剂不变的情况下，可以建立点火时桥丝热平衡基本关系式。当

通入恒定电流时，电流通过桥丝，其热效应应遵循焦耳楞次定律，即

$$q_1 = 0.24I^2Rt \tag{8-1}$$

式中：q_1 为电流热效应的热量，单位为 J；t 为通电时间，单位为 s；R 为桥丝电阻，单位为 Ω；I 为通电电流，单位为 A。

桥丝通电后，按式（8-1）产生热量，桥丝受热升温。设桥丝升温所需的热量为 q_2，此时，桥丝温度由 T_0（初温）升到 T_1（显然此温度应高于药剂的发火点），并假定桥丝的状态不变，则

$$q_2 = V\delta C(T_1 - T_0) \tag{8-2}$$

式中：q_2 为桥丝温度由 T_0 升高到 T_1 所需的热量，单位为 J；V 为桥丝的体积，单位为 cm^3；δ 为桥丝的密度，单位为 g/cm^3；C 为桥丝的质量热容，单位为 J/（kg·K）；T_0 为桥丝初温，单位为 K；T_1 为通电使桥丝达到的温度，单位为 K。

假定不计热损失，则 $q_1 = q_2$，即

$$0.24I^2Rt = V\delta C(T_1 - T_0) \tag{8-3}$$

$$I^2t = \frac{V\delta C}{0.24R}(T_1 - T_0) \tag{8-4}$$

电阻 $R = \frac{\rho}{S}L$，$V = \frac{\pi}{4}d^2L$，代入式（8-4），得

$$I^2t = 2.57\frac{\delta C}{\rho}d^4(T_1 - T_0) \tag{8-5}$$

则

$$T_1 = 0.39\frac{\rho}{C\delta d^4}I^2t + T_0 \tag{8-6}$$

因为 T_1 远大于 T_0，所以，上式可进一步表示为

$$T_1 = 0.39\frac{\rho}{C\delta d^4}I^2t \tag{8-7}$$

式中：ρ 为桥丝的电阻率，单位为 Ω·cm；d 为桥丝直径，单位为 cm；I^2 通电电流，单位为 A。

这就是预热阶段桥丝最简化的基本关系式。

预热阶段的中心问题是预热的温度与速度。式（8-7）中 t 反映了桥丝预热的速度，T_1 是桥丝预热到药剂发火时桥丝的温度，在此它不是药剂的温度，对药剂来说 T_1 是外界热源的温度。为了提高发火的可靠性，对一定药剂而言，桥丝温度 T_1 越高，药剂越容易发火。因此选用桥丝时，应选择在一定的通电时间下温度升得高的材料。

当药剂一定、电阻一定时，I^2t 是定值，即桥丝直径越细，桥丝温度就升得越高，一般桥丝直径为 0.01~0.04 mm。上述公式中没有反映出桥丝长度与 T_1 之间的关系，实际上桥丝越长对发火越有利，而桥丝长度与工艺性要求有关，长度一般为 2~4 mm。

2. 药剂发火阶段

药剂的发火阶段包括桥丝把热量传给药剂，加热药剂，直到药剂发生爆燃反应。对于点火具中的药剂，应注意药剂点燃的条件。炸药理论告诉我们，要使药剂点燃，就要在药剂上建立稳定的加热层，需要热量。

$$Q = \frac{\eta}{u}(T_k - T_0) \tag{8-8}$$

式中：η 为热导率，单位为 W/(m·K)；u 为燃速，单位为 m/s；T_k 为沸点温度或强烈分解的其始温度的近似值，单位为 K；T_0 为初温，单位为 K。

Q 小易点燃，由式（8-8）可知，η、T_k 小，u 大，药剂容易着火，选择药剂时应从这些方面着手。

综合以上因素，作为点火具的点火药可以是单一的起爆药，也可以是氧化剂与可燃物组成的混合物。选择单一起爆药，其瞬发性好，起爆药的热导率和热容量都较低，并且具有一定的威力。

发火头中的药剂除了考虑着火难易外，还要考虑它的点火能力。为此常要求药剂燃烧时生成一定的固体、液体的灼热生成物，以保证放热量大爆温高。但是药剂的燃速不应太大，因为通电后和桥丝接触的药剂首先反应，然后是其外层的药剂反应。反应同时放出气体，使发火头内压力增大，如不能及时把这种气体从药剂粒子空隙间排出，就可能使发火头炸裂，点不着下面的药剂，而燃烧缓慢些可减轻这种作用。

药剂着火的灵敏性与其点火能力有时不是一致的。要解决此矛盾，常把发火头分为两层或三层。内层用较易点燃的药剂，外层用点火能力较强的药剂；有时还有第三层用来防潮和增加强度，如硝化棉漆、虫胶漆等。

药剂的发火属于热分解。按炸药理论的观点来看是药剂取得一定热量开始化学反应，然后自动扩张一直到燃烧完成或爆炸完。在桥丝预热后的阶段是药剂从桥丝上取得热量。这种热量主要是由于热传导和辐射交给药剂，因此要求热量传得快，为此应尽量保证桥丝面上的清洁光亮。桥丝上存在油腻或氧化层对于传热都会不利的。

一般桥丝的直径为 10_{-2}^{0} mm，因此药剂和桥丝的接触面应小于这个数值。故药剂的点火原理应属于热点起爆的学说的范围，即化学反应首先开始于 $10^{-5} \sim 10^{-3}$ mm 的热点处，然后扩大到整个药剂。由于热点很小，而热点维持时间又短（如电容放电的情况下），则药剂的发火温度就远高于平常所谓的发火点，至少应在 500 ℃以上，相当于机械起爆时的热点。从炸药理论的观点来看，此时延滞期和发火温度应满足下式：

$$\tau = k\mathrm{e}^{E/RT} \tag{8-9}$$

式中：τ 为延滞期；k 为系数，决定性质；E 为药剂活化能；T 为发火温度。

因此，温度越高发火时间也越短。假如采用的药剂不变，在用直流电源时，τ 取决于电流的大小，在电容放电的情况下，则 τ 和放电情况有关（外电路电阻），也就是和放电速度有关。

研究证明只有当药剂传给引火药的热量大于某一最小值，且此时温度不低于某一限度时，引火头才能发火。此最小热量、最小温度和预热所需的最小时间取决于药剂的化学性质、成分和物理结构以及桥丝及通电的速度。

在引火头中有时希望其作用有一定的时间，不太长也不太短，因为通电时和桥丝接触的内层药剂首先开始反应，反应放出热量促使外层药剂反应。但反应的同时生成了相当量的气体，因此引火头内部的压力增加，如不能及时把这些气体从药粒间的空隙中排出，必然使反应不能按平行层的原理进行，而最后导致爆炸，使引火头未燃烧完炸碎。实际中这种情况是以爆炸或炸燃的情况结束反应，而这时爆破雷管会使传导时间下降，不利于成群起爆。

选择什么样的药剂是一个很重要的因素，应考虑药剂发火点的高低、点火或引爆能力的强弱以及材料来源等。发火温度高所需的发火冲能大，感度低；发火温度过低时，使得电引火容易受外界电流的感应的作用而不安全。现在应用的药剂的发火点规定不应小于 60 ℃，一般为 100~200 ℃，在电雷管中使用起爆药有时达 300 ℃。

为要保证电引火足够的发火能力，点火药的选择还应有一定的燃烧热和一定量的固体质点，常选用氧化剂和可燃剂的混合物。为使药剂坚固地附着在桥丝上，还需加一定量的黏合剂。

8.2.4　典型电点火具介绍

1. JD－1 电点火具

JD－1 电点火具用于 107 mm 火箭弹和重型火焰喷射器，其结构如图 8－3 所示，由外壳（黄铜）和药头部件组成。药头部件由内帽、接触芯子、绝缘垫片、桥丝和药剂等组成。桥丝为镍铬合金丝，直径为（0.03 ±0.002）mm；或铂铱丝，直径为（0.024 ±0.002）mm。

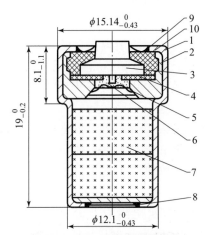

图 8－3　JD－1 电点火具结构

1—外壳；2—内帽；3—接触芯子；4—绝缘垫片；5—桥丝；
6—药剂；7—黑火药；8，9—漆；10—聚苯乙烯

点火具药头成分如下：

三硝基间苯二酚铅：100 g；硝化棉（弱棉）：0.5~1.5 g；乙酸乙酯：40~60 ml；乙酸丁酯：40~60 ml。

JD－1 电点火具的主要技术指标：电阻为 1.0~3.5 Ω，安全电流为 100 mA（5 min 不发火，直流），发火电流为 500 mA（直流），发火时间不大于 50 ms。沿产品芯子轴向端面加 49.1 MPa 的静压力，不允许出现短路及电阻不稳定现象，而且试验后发火性能正常。

JD－1 电点火具的作用过程：外接电源通过接触芯子→桥丝→内帽→外壳构成回路，桥丝将电能转变为热能，加热药剂。当局部温度超过三硝基间苯二酚铅的发火点时，药剂发火。其火焰点燃火箭弹中的传火具，传火具着火点燃火箭火药。

图 8－4 为 107 mm 火箭弹所用的传火具的结构，其盒盖、盒底均由 0.5 mm 的铝带冲成，内装黑火药 15~16 g，盖片为厚 0.06~0.07 mm 的锡—锑箔。

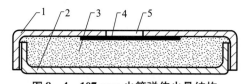

图 8 - 4　107 mm 火箭弹传火具结构

1—盒盖；2—盒底；3—黑火药；4—锡箔；5—传火孔

2. JD - 5 电点火具

JD - 5 电点火具的结构如图 8 - 5 所示。JD - 5 电点火具也是一种桥丝式电点火具，用于某歼击机的空对地 75mm 火箭弹。JD - 5 电点火具由点火具外壳、2 号黑火药、密封圈、衬圈、支架、点火具体和电发火头组成。该点火具外壳用来组装点火具，由钢板冲压而成。密封圈（橡胶）用于零件装配时相互配合，起防潮密封作用。衬圈（塑料）用来支撑点火具体。

电发火头是电点火具的核心零件。所用点火药的成分为 $KClO_3/Pb（CNS）_2/PbCrO_4$（$(50 \pm 1)/(47 \pm 1)/(3 \pm 1)$），其中，$PbCrO_4$ 为着色剂，用以检查药剂混合的均匀性，同时起钝感作用，延长作用时间。药头的外面用 8% 硝基磁漆作为防潮漆。点火药应较好地包在桥丝周围。另外，沾胶的质量也对发火头的质量有影响，胶加得太多，强度大，致使药头点火时过猛，对点火不利。

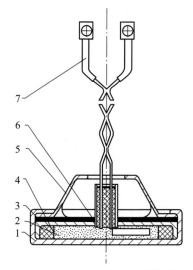

图 8 - 5　JD - 5 电点火具结构

1—外壳；2—2 号黑火药；3—密封圈；4—衬圈；
5—支架；6—点火具体；7—电发火头

JD - 5 电点火具的主要技术性能：电阻为 1. 25 ~ 1. 35 Ω；通电 5 ~ 10 s 不发火的安全电流是 180 mA，而 700 mA 时应 100% 发火；正常使用温度范围为 50 ~ - 60 ℃；常温下水深 0. 25 m，浸水 4 h，黑火药中水分不大于 1%。

JD - 5 电点火具的作用过程：当电源接通后，两个并联电发火头发火，点燃黑火药装药。黑火药燃烧产物达到一定压力后，冲破点火具铝箔盖片点燃火箭装药。

3. 139 电点火具

139 电点火具用于 × × 式 62 mm 单兵反坦克火箭弹。该火箭弹装配于步兵小分队，用于消灭敌人的坦克和装甲车辆，摧毁敌人钢筋混凝土工事。该火箭弹在命中角为 65° 时，可穿透厚度 100 mm 钢甲，实际穿透钢甲厚度为 236. 6 mm。139 点火具在火箭弹中位置如图 8 - 6 所示。

139 电点火具早期为火花式结构，后因其性能不够稳定，极间距离较小的变化就引起发火电压很大的变化；另外，导线间要求良好的绝缘也有困难，因此就被双桥电点火具所代替。其结构如图 8 - 7 所示，主要由点火具外壳、盖片、引火头、密封塞、固化胶、黑火药等组成。

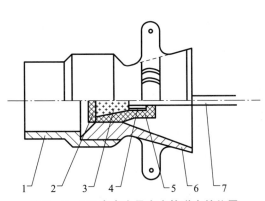

图 8 - 6 139 电点火具在火箭弹中的位置

1—燃烧室；2—点火具盖体；3—黑火药；

4—发火头；5—点火具体；6—喷管；7—导线

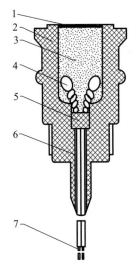

图 8 - 7 139 电点火具结构

1—盖片；2—外壳；3—黑火药；

4—引火头；5—密封塞；6—固化胶；7—导线

139 点火具外壳为高压聚乙烯制成，外壳有突起，以便在发动机上固定点火具，同时密封发动机，以提高点火具的点火效果。139 电点火具采用双桥结构，以保证点火的可靠性。

8.3 惯性点火具

惯性点火具在弹药中用于火箭的增程点火。

火箭增程弹是靠火炮发射出去的，借助点火具点燃发动机，使弹丸速度在原有基础上加大，最后达到增大直射距离，故称火箭增程弹。

惯性点火具在弹丸发射过程中起重要作用，其主要由惯性膛内发火机构、延期机构以及点火扩燃机构等组成，图 8 - 8 是用于某火箭弹的惯性点火具结构。发火机构由火帽、击针和击针簧组成。延期机构主要是延期药。点火扩燃机构主要是点火药盒。

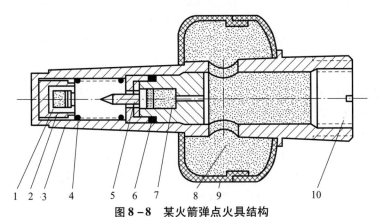

图 8 - 8 某火箭弹点火具结构

1—火帽；2—火帽座；3—点火具体；4—击针簧；5—击针；6—密封圈；

7—延期药；8—点火药；9—药膜；10—螺塞

该点火具的作用过程：当弹丸在发射筒内向前运动时，火帽连同火帽座一起产生一个直线惯性力，此力可以使火帽（连同火帽座一起）克服弹簧的最大抗力向击针冲去；火帽受针刺作用而发火，火帽的火焰通过击针上传火孔点燃延期药，经 0.09~0.12 s 燃烧后再点燃点火药；点火药燃烧形成 5.89 MPa 的点火压力，并迅速地点燃弹丸的火箭火药，完成点火过程。

图 8-9 是 57 mm 防空火箭弹点火具结构，该点火具配于 57 mm 无后座防空火箭弹，用于点燃增程火箭火药。该点火具由本体、药盒、铝箔片、药管、延期体和发火机构等组成。发火机构由火帽、火帽座、击针簧及带传火孔的击针组成。该点火具是借火炮发射时的惯性作用力，使击针后座压缩弹簧以足够的戳击速度刺入针刺火帽使之发火。火帽发火后其火焰通过击针槽点燃延期药，延期药再点燃黑火药，进而引燃火箭火药，以达到增程的目的。点火具作用的可靠性和延迟时间的稳定性，直接影响破甲弹的可靠性和弹着点的散布精度。

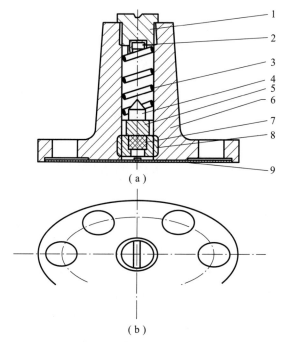

图 8-9　57 mm 防空火箭弹点火具结构

1—火帽座；2—火帽；3—弹簧；4—击针；5—药盒；6—本体；7—延期体；8—药管；9—铝箔片

（a）主剖视图；（b）俯视图

这类惯性作用的点火具在性能和结构上和其他点火具有许多相似之处。性能上要求延期时间准确、点火可靠、勤务处理时安全、抗振抗跌，其他要求与一般火工品相同。延期时间主要由延期药和本体是否漏气等因素所决定。

在设计或选用点火具时，必须对其设计的思想依据、勤务处理的安全性、解除保险的可靠性以及发火的可靠性等问题有初步了解。在此，简单介绍发火机构的设计。

这类点火具的点火机构，从结构上看类似于引信中的膛内点火机构，其中击针和火帽座两个元件中一个可以运动，而另一个固定不动，如图 8-10 所示。例如，新 40 点火具中火帽座可以运动，而击针是固定的；57 mm 防空火箭弹点火具中则击针可以运动，火帽座是固定的。这种机构在击针和火帽之间以弹簧保险器分开。在发射时，由于发射所产生的惯性力，火帽与火帽座结合在一起向后座，克服了弹簧的张力，使火帽碰在击针上而发火，火帽的火焰点燃黑火药，黑火药的火焰点燃火箭火药。

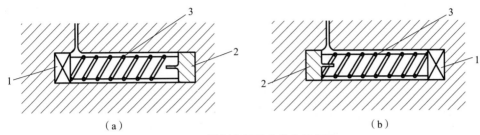

图 8 – 10　针刺火帽膛内发火示意图

（a）火帽固定、击针运动；（b）击针固定、火帽运动

1—火帽；2—击针；3—弹簧

针刺火帽在膛内发火的可靠性，取决于击针、击针簧、火帽的性能及膛内惯性加速度与重力加速度的比值。击针及击针簧对发火性能的影响是多方面的，但是存在一个合理匹配问题。

火帽运动时的惯性力为

$$F = ma$$

式中：m 为火帽与火帽座的质量，单位为 g；a 为弹体运动的加速度，单位为 m/s^2，此加速度是由膛压大小决定的，即

$$F = \varphi \cdot P \times 1/4 \cdot \pi D^2$$

式中：D 为弹底直径，单位为 cm；P 为膛压，单位为 kg/cm^2；φ 为系数，由炮弹设计和发射药量决定。

因此，可由膛压求出惯性力，弹簧的张力必须小于此惯性力，并使击针和火帽相碰时还能保证一定的速度，只有这样火帽的发火才是可靠的。

8.4　辐射式延期点火具

辐射式延期点火具用于 ×× – 5 甲地对空导弹，其结构如图 8 – 11 所示。

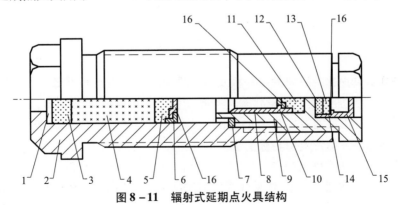

图 8 – 11　辐射式延期点火具结构

1—顶盖；2—延期点火管壳；3—传火药；4—延期药；5—引燃药；6，10，14—火帽壳；7—密封垫圈；8—套筒；9—辐射传火管壳；11—针刺药；12—氮化铅；13—三硝基间苯二酚铅；15—辐射罩；16—绸垫

辐射式延期点火具由两部分组成：①带隔板起爆的辐射传火管；②延期点火管。辐射传火管由辐射罩、热辐射火帽、带隔板的传火管体、冲击激发火帽和套筒等组成；延期点火管由密封垫、引燃火帽、延期药、点火药和点火管壳等组成。

热辐射罩（铝帽）用于接受助发动机中辐射热能，并将热能传给热辐射火帽。火帽由绸垫、三硝基间苯二酚铅（0.03 g）、氮化铅（0.04 g）和火帽壳（铝壳）组成，其中三硝基间苯二酚铅对热辐射敏感，迅速发火并点燃氮化铅，氮化铅用于保证隔板另一边的起爆。绸垫用于固定药剂和保证药剂易于接受热辐射。辐射传火管体（不锈钢制作）用于组装传火管零件，防止点火具受潮，并密封传火系统，保证传火系统作用可靠和切断主、助发动机间通路。冲击激发火帽用于接受热辐射火帽爆炸冲击波和隔板变形振动。其中，针刺药用于保证隔板振动发火，药剂成分为：

硝酸钡：25%；

三硫化二锑：17%；

三硝基间苯二酚铅：50%；

四氮烯：8%。

药量为 0.04 g，发火后应可靠地点燃延期点火管。套筒用来固定冲击激发火帽。

延期点火管体（不锈钢制作）用于组装点火管、密闭点火具和固定延期药燃烧时点火具自由容积。绸垫用于固定药剂及保证顺利地传火。加强帽用于固定点火药。点火药（0.06 g）用于接受冲击火帽火焰，可靠地点燃延期药（0.44 g）。传火药（0.1 g）用于保证点火具的点火能力。

点火药成分为：

四氧化三铅：70%；

锆粉：30%；

弱棉：3%（外加）。

延期药成分为：

镁铝合金粉：37%；

过氯酸钾：63%；

虫胶：0.5%（外加）。

传火药成分为：

硫氰酸铅：45%；

过氯酸钾：55%；

松香：2%（外加）。

点火具的作用过程：当导弹的第一级发射药燃烧时，燃烧温度很高，其辐射能将延期管的辐射罩（Al 材料）加热达到熔融状态；此温度引燃三硝基间苯二酚铅，三硝基间苯二酚铅再引爆氮化铅；冲击波通过厚度 1 mm 钢片引燃扩焰药，然后依次引燃延期药、传火药，点燃发射装药推动导弹沿着发射目标前进。

辐射式延迟点火具的特点：

（1）结构严谨，性能稳定。如采用了不锈钢外壳、耐腐蚀、全密封型结构不易受潮，延期时间准确。

（2）应用安全，只要外界无 100 ℃以上热源直接辐射或直接接触传热，应用就安全。

（3）利用隔板起爆，两部分均有自己的完整传火体系，既完成了传火任务，又完成了密封发动机任务。

8.5 点火具设计的几个问题

点火具的任务是点燃火药装药，且本身还应具有一定感度，这是点火具的主要性能，当然还应满足所配弹药的其他要求。下面讨论点火具设计时应注意的几个问题。

8.5.1 点火药的选择

点火具的点火能力主要来源于点火具中的点火药，利用点火药的反应热和生成物对火药装药进行点火，因此点火药燃烧时必须满足以下3个条件：

（1）具有一定的点火温度，即要具有一定的热量。点火药点燃主装药柱必需的传热量为

$$q = \alpha(T_g - T_s)t_{ig}$$

式中：T_g 为点火药燃烧产物的温度，单位为 K；T_s 为主装药柱的燃烧表面温度，单位为 K；α 为点火药燃烧产物对固相药柱的传热系数，包括燃气的传导与对流、固相微粒与燃气的热辐射以及固体的热传导率等，压力与流速对该值有很大影响；t_{ig} 为点火药燃烧产物包围药柱表面的时间。

上式说明点火药燃烧产物对主装药柱传热量 q 与温度差（$T_g - T_s$）、传热系数 α 以及 t_{ig} 成正比，可以看出 T_g 越高，越容易点燃主装药。

（2）具有一定的点火压力。

（3）点火温度和点火压力要保持一定的持续时间（即点火时间）。

选择点火药应考虑以下几个方面：

1. 点火药成分的确定

目前用于点火具中的点火药分为两大类：①黑火药；②高热效应混合药剂。用得多的是黑火药，它的火焰感度好，易于被点燃且在低压下传火速度快，而且燃烧时能产生大量热气体，故有利于迅速建立起点火压力，将热量迅速传给主装药。另外，黑火药的安定性也较好。但是，黑火药易于受潮，这是它很大的缺点，所以在设计点火装置时必须关注防潮密封。

高热效应混合药剂其成分一般是由氧化剂与金属粉混合而成，如氯酸钾/镁粉（80/20）点火药、聚四氟乙烯/铝粉/镁粉（40/30/30）点火药等。这类点火药的优点是燃烧产物温度高，所需要点火药量少。例如，某火箭发动机如用2号小粒黑火药点火，达到瞬时点火需要点火药量300 g，如用高热效应混合药剂点火药只要60 g即可瞬时点火。因为镁铝燃烧产物温度高，所需要的药量就少。但是，金属粉易氧化，尤其是有水分存在时，化学安定性不好，故在储存和使用过程中性能不够安定，应注意采取防潮措施。

因此，选择点火药时不仅考虑到它的点火能力，还要考虑它的安定性。

2. 点火药量的确定

点火药成分选定后，就应确定药量。点火药量的多少是影响点火过程的可靠性及点火延期时间大小的重要因素之一。点火药量过多，会造成很大的点火压力峰，甚至超过壳体的允

许范围；点火药量不足，又会造成点火延期，甚至不能点燃主装药。不同的点火压力曲线如图 8 - 12 所示。

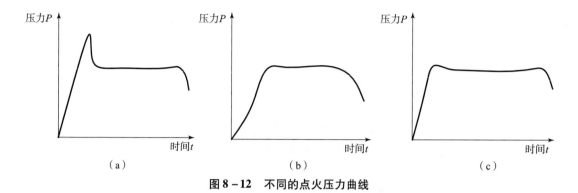

图 8 - 12　不同的点火压力曲线
（a）点火压力峰过大；（b）点火延期；（c）正常点火

实际的点火过程是一个相当复杂的过程，点火药量究竟多少为宜与很多因素有关。如点火药、主装药的性能，点火装置在燃烧室内的位置，发动机和它的喷管尺寸，环境初温及点火装置的结构等因素都对药量有影响。因此，当我们确定某一具体发动机的点火药量时，只能先用类比的方法选用某一种经验公式初步估算，最后的点火药量必须通过点火试验来确定。

例如，对于管状双基发射药，发动机点火药量可用下式估算：

$$W_{ig} = 0.005 W_p$$

式中：W_{ig} 为点火药量，单位为 g；W_p 为主装药重量，单位为 g。

点火药量也可以用状态方程式来估算，在喷管密封盖打开之前，点火药的燃烧可以认为是在定容情况下的燃烧，其产生的压力为

$$P_{ig} = \frac{RT_0 W_{ig}}{V_0} \quad W_{ig} = \frac{P_{ig} V_0}{f_1} \times 1\,000 \ (\text{g})$$

式中：P_{ig} 为点火压力，单位为 kg/cm^2，通常取为工作压力的 30% ~ 40%；V_0 为燃烧室自由空间容积，单位为 cm^3；f_1 为火药力，单位为 kJ/kg。

3. 点火药粒度和装填密度选择

点火药的粒度大小对燃烧速度有影响。粒度小燃速快，粒度大燃速慢。如果粒度太小，燃烧速度过快会造成局部瞬时压力峰过大，因主装药受热时间短，不利于点火。当粒度太大时，燃烧速度过慢，则延迟期太长。因此应根据不同的火箭发动机的要求选择适当的点火药粒度。

装填密度大，燃速下降，热感度也降低；反之，装填密度小，燃速快，热感度也高。作为火箭发动机用的点火药一般为松装。为了调整燃烧速度，可以将小药粒压成一定大小的若干个药柱或药饼。

4. 点火药中惰性杂质及水分的影响

点火药中的惰性杂质及水分都会直接影响火焰感度和燃速，特别是水分危害更大。黑火药的水分允许含量为 0.7% ~ 0.9%。

8.5.2 关于电引火头的讨论

灼桥式电引火头不仅用于电点火具中，也广泛地用于电底火及电雷管中，有时还单独用于其他装备中。灼桥式电引火头结构比较简单，主要由脚线、塑料塞、套管、桥丝、引火药等组成，如图 8 - 13 所示。

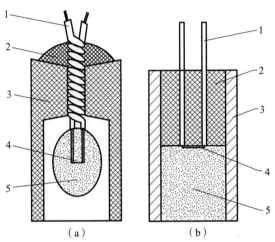

图 8 - 13 灼桥式电引火头结构

（a）弹性药头；（b）直插式药头

1—脚线；2—塑料塞；3—套管；4—桥丝；5—引火药

灼桥式电引火头发火性能是与桥丝的材料性质及结构有关的。如桥丝材料不同，则其密度、比热、比电阻等均不同，对发火感度的影响也不同。桥丝直径和长度以及通入电引火头电流的大小也与引火头的感度有关。同时药剂的成分和粒度对发火头的性能也有影响。

灼热式电引火头的制造工艺流程如图 8 - 14 所示。

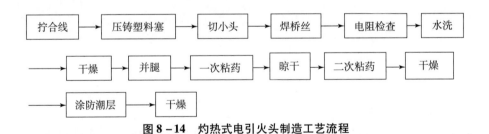

图 8 - 14 灼热式电引火头制造工艺流程

压铸塑料塞是用来固定两根脚线间的间距的，在专用模具中用热压法将塑料压铸在脚线的拧合部位。对于要求不高的民用雷管，也可以用橡皮垫或纸垫代替塑料塞。

桥丝焊接应牢固，无虚焊，焊点要小且光滑。桥丝焊接好后要弯成 M 形，可以增加桥丝强度，并且有利于热量集中，在首次粘药可以容易粘住。

引火头的粘药要分次进行，第一次粘药应将桥丝包裹严，干燥后再粘第二次。每粘一次药后要晾干 30 min，然后再烘干（温度一般选择 40~60 ℃），这样可以避免在桥丝部位产生气孔（缩孔），也不会产生裂纹。气孔和裂纹会影响引火头的强度和点火时的作用。在完成二次粘药和干燥后，在药头上涂敷一层4%~8%的硝基漆，起防潮作用。涂层应均匀，过厚会使引火头由燃烧转为爆炸，影响点火能力；太少又起不到防潮作用。

思 考 题

1. 点火具设计的主要技术要求是什么？
2. 试分析灼热式电点火具的作用过程。
3. 点火具设计中应注意的问题有哪些？

第 9 章

索类火工品

索类火工品是具有连续细长装药的柔性火工品的总称。索类火工品包括导火索、导爆索、塑料导爆管等。

9.1 导　火　索

9.1.1　概述

导火索是传递火焰的火工品，它是一根里面包有黑火药芯子而外面缠有几层包皮的索状物。在爆破工程中大量用来把火焰传到各个火焰雷管中，火焰雷管引爆炸药包。在木柄手榴弹中，导火索把摩擦火帽的火焰传到雷管中并保证火帽发火到雷管引爆之间有一定的延期时间。一些不装炸药的炮弹，如宣传弹、燃烧弹、烟火礼花弹中，也用它来传火与延期，导火索把火帽的火焰传到抛射药中去，使这些非爆炸元件抛出。导火索的作用就是传火和延期，根据使用的情况而提出以下各种技术要求：

（1）有足够的火焰感度和点火能力（喷火性能）。导火索要完成传火的任务，它必须是易于被点燃而且有点燃被点对象的能力。

（2）有均匀的燃烧速度，不应中途熄灭或断火。用黑火药做芯子的导火索的正常燃烧速度是 1 cm/s。

（3）有一定的尺寸。因为导火索是要和别的火工品（火雷管）装配在一起使用的，因此它应有一定的外形尺寸。我国导火索外径为 5.3～5.9 mm，比火雷管稍小，药芯直径为 2.2 mm。

（4）防潮性能良好。导火索是织物外壳，常在潮湿气候和潮湿环境下使用。有些导火索甚至在水下使用，而黑火药受潮又容易失效，所以要求导火索要有较好的防潮性能。

（5）其他要求，如使用、运输安全以及外观是否有损坏等。

导火索按应用范围分为军用和民用两种。根据不同的燃速，导火索可分为速燃导火索和缓燃导火索两种。速燃导火索的燃速每米在 100 s 以下，缓燃导火索的燃速每米在 100 s 以上。缓燃导火索又分为普通缓燃导火索（燃速 100～200 m/s）和高秒导火索（燃速 200 m/s 以上）两类。一般工业导火索常用燃速为 100～125 m/s。

9.1.2　导火索的结构

1831 年英国人毕克福发明了导火索，其外壳用皮、布和纸制成，药芯为黑火药。一直以来导火索的结构基本没有变化。图9-1是我国工业导火索的结构。军用导火索为了加强防潮性能，在纸层中加有一层防潮剂或塑料。

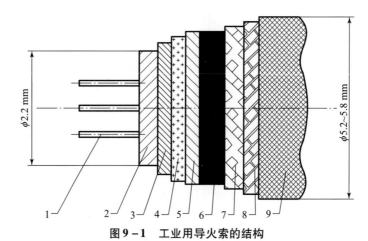

图9-1 工业用导火索的结构

1—芯线；2—药芯；3—内层线；4—内层纸；5—中层线；6—防潮层；7—中层纸；8—外层线；9—外层涂料

药芯的成分一般为硝酸钾:硫:木炭 =64%:26%:10%；药芯直径为2.2 mm，药芯为粉状或小粒黑火药，每米长度药量为6 g，中间通过两根或三根棉线，也可以用人造纤维。

药芯线与药芯混杂在一起，在制索时起引导黑火药粉往下流的作用。

内层线将黑火药包成索状，内层纸的作用是防止内包层的松懈，同时进一步将药芯包缠紧固，增加药芯的密度，中层线与内层纸的缠绕方向相反。

中层纸外涂沥青层，用于防潮、防透火，并将中层线黏结在一起，防止松动。同时沥青层与中层纸紧密黏结，使导火索得到加固。

纸层外有外层线，作用是缠紧纸条层。

最外层为黏性涂料层，可将外层棉线与纸条紧密地黏结在一起，防止在切断导火索时散开。最外层的涂料为白色，以区别于导爆索。

药芯的各层纤维包缠物可用棉线、亚麻、人造纤维等制作，我国多采用棉线。

9.1.3 导火索的燃速

导火索的燃速是它最重要的质量问题。燃速不正常的现象包括燃速不合格、熄灭、断火及爆燃等。造成燃速不正常的因素很多，一般可以从3个方面来考虑。

1. 原材料

（1）原材料配比和细度对燃速的影响。透火现象是指有火星从壳壁穿出。由表9-1可以看出，成分细度增加，燃速增加。这是因为粒径越小，比表面积越大，燃烧面积就增加，所以燃速增加；可燃剂中木炭和硫的含量不同，燃烧速度也不同，一般来说，木炭增加，硫减少，则燃烧速度增加。原因是木炭的质地较松，有较大的燃烧表面从而使燃速增加；而硫有黏合剂的作用，硫增加时堵塞木炭中的小孔，使燃烧变得困难。

表 9 – 1 黑火药成分配比和细度对燃速的影响

序号	黑火药成分配比/%			药粉细度	燃速/(m·s⁻¹)	燃烧情况
	硝酸钾	硫	木炭			
1	64	26	10	60 目筛全通过	108 ~ 114	正常
2	64	26	10	药芯中有铜丝	102 ~ 108	有透火
3	65	17	18	100 目筛全通过	90 ~ 94	透火较多
4	65	17	18	120 目筛全通过	60 ~ 62	速燃
5	65	16	19	100 目筛全通过	92 ~ 94	—
6	65	16	19	120 目筛全通过	60 ~ 71	速燃
7	65	15	20	100 目筛全通过	72 ~ 74	—
8	65	15	20	120 目筛全通过	60 ~ 68	速燃

（2）原材料的性质对燃速的影响。黑火药中所用的硝酸钾是一级纯品，不纯的硝酸钾中含有氯化物，容易吸潮，使燃速发生变化。硫中的杂质主要是砷，燃烧生成的氧化砷（砒霜）是剧毒物质。

影响燃速的一个重要的因素是木炭，包括所用木材的种类（一般是阔叶树）、年龄、采伐季节、炭化情况以及杂质多少等，在选择时要严格控制。

（3）原材料中的水分含量。表 9 – 2 中数据为水分含量小于 1% 时的情况。结果表明，随着水分含量增大，下药量减少，密度降低，燃烧速度变快。但是，当水分含量超过 1% 后，黑火药中水分含量越大，燃速越慢。因为水分含量大时，由水变成蒸汽所需要的热量就多，在药量一定的情况下，水分吸收的燃烧热就多，反应温度降低，导火索燃烧速度就慢。

表 9 – 2 黑火药中水分含量对燃速的影响

序号	水分含量/%	燃速/(m·s⁻¹)
1	0.205	79.7
2	0.270	76.7
3	0.446	72.4
4	0.900	66.9

2. 工艺影响

（1）装药密度。装药密度越大，燃速越慢，火焰感度也下降。在导火索中，造成装药密度变化的主要原因通常指药嘴直径的大小。

（2）装药药量。由于工艺控制不好造成少装药或无药的导火索，它的燃速必然下降，在无药时则会造成熄火。

3. 使用条件

（1）合格的导火索如果贮存不好而吸潮，或使用条件发生变化，导火索的燃速将受影响。导火索吸潮后的情况和延期药中所讨论的情况类似，即会发生火焰感度下降甚至断火现象。外层有损伤时，会加剧吸潮性能。导火索受到油脂、蜡等钝感物的污染，会使黑火药钝化，也会影响燃烧的正常进行。

（2）外界温度和压力对黑火药的燃速的影响可参见延期药。这里要指出的是，关于导火索本身所受到的压力对燃速的影响。例如导火索在爆破时受到岩石土壤的压力，使燃速降低，近于熄灭（或熄灭），而经过一段时间后它又重新增长，使雷管的爆炸时间推后，这是很危险的。因为操作者可能会认为是瞎炮而前去检查，结果在检查时却又爆炸了。在雷管和导火索结合时，需要滚边或钳紧，如果钳得过紧，有时可能发生阴燃而点不着雷管。

9.1.4　导火索的制造工艺和药芯检验

1. 制造工艺

（1）制造工艺流程。

导火索的制造工艺流程如图 9-2 所示。

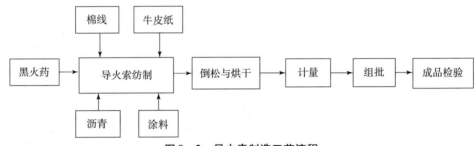

图 9-2　导火索制造工艺流程

（2）原材料的要求。

①棉线：要求棉线先经过烘干去除水分，因为水分含量过高，会使黑火药吸潮。棉线一般是双股捻成的，有利于带药粉。棉线的油脂含量应小于 1%，因为油脂对黑火药有钝感作用。

②纸条：一般工业用导火索用 3 层牛皮纸。牛皮纸分导火索纸和水泥袋纸两种。牛皮纸紧密性好，耐折，不容易撕裂，使用前应切成边缘整齐的纸条。

③涂料：涂料是指最外层纸条粘接时所用的涂料。这种涂料应有良好的粘接性并不影响产品性能。

④沥青：沥青在使用前要经过熬制以去除水分和杂质。

（3）制索工序。

制索工序是导火索制造的中心环节，制索机的结构和导火索的结构对应。图 9-3 是一种制索机的结构图。由图中可以看到放在药瓶 9 中的黑火药粉，由两条或三条棉线自瓶底孔中拉下第一道线盘中央的药嘴。第一道线盘是顺时针方向转动的，然后进入第二道线盘；第二道线盘逆时针方向转动，在第一道和第二道线盘之间有斜缠线装置。经第二道线盘后的导火索已经包了一层纸和两层棉线了，然后导索经导轮由垂直方向改为水平方向前进，于是再缠上涂有沥青的纸条和一层不涂沥青而涂有黏结剂的纸条，之后再通过第三道线盘的中心引向导火索轮。如果导火索的结构不同，则要相应地改变制索机的结构。

制索机的结构比较复杂，各部分部件的质量对导火索的性能都有影响，因此在投入生产

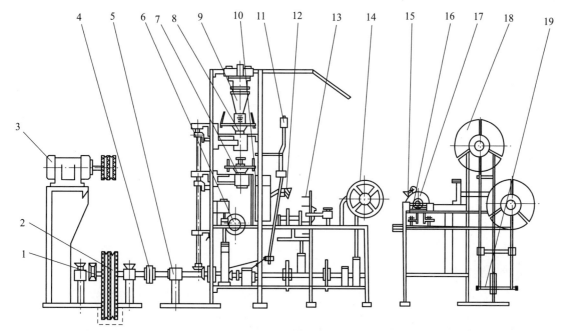

图 9 – 3　制索机结构

1—离合器；2，14—皮带轮；3—电机；4—接轴器；5—轴承架；6—小标准轮；7—二道线盘；
8——道线盘；9—药瓶；10—沥青锅；11—开关把手；12—斜纸装置；13—三道线盘；
15—压线及导筒；16—计数装置；17—标准轮；18—索卷盘；19—制动装置

前都要经过仔细准备，而且每批药在正式生产前要做试药工作，就是先拉制出几米导火索，剪出几根 2 m 长的导火索段，经过点火试验，如果燃速合格便可投入正式生产。

2. 导火索的药芯检验

导火索的燃速主要取决于药芯，药芯的药量标准是 6 g/m，如果药量过少，即所谓断药、细药，燃速就下降，甚至熄灭，这是导火索生产中的一个关键的问题，因此各工厂都有不同的检查药芯的方法。常用的方法有气动法、光电效应法、电容电桥法、触点式开关电路法等。

（1）气动法。在第一道线盘下面装一个探测头，其中通入空压的气体，导火索从探测头中通过，如果通过断药或细药的导火索时，导火索直径有所变化，直径的变化表现在探测头上的气压差作用到气电转换元件（电接点压力表）上，再经过相应的电气线路，使制索机停转。

（2）电容电桥法。这种方法采用的探测头是弧形的电容器，当药芯直径有变化时，弧形电容器的两个极板间距离发生变化，从而引起电容量的变化。因为弧形电容器作为电桥的一臂，故当电容变化时，电桥的平衡受影响，因此有信号输出，经过放大，并以一套电控线路连接到制索机上，控制制索机停转。

（3）触点式开关电路法。触点式开关电路法的探测原理如图 9 – 4 所示。当导火索的直径变小时，弹簧将滑块推出，A 和 B 两点接触，电路接通，此时就有信号输出，可以经过电路接到制索机的开关上使其停转。

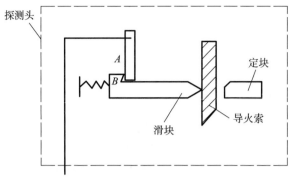

图 9 - 4　触点开关的探测头结构

9.1.5　导火索的检验

1. 外观尺寸检验

表面涂层应均匀，不应有折伤、变形、发霉、油污以及剪断处松散等现象。外径和药芯应符合要求，细药和断药的地方应剪去。

2. 秒量测试

从索卷端头 5 cm 以外，任意截取 1 m 长的导火索，点燃导火索的一段，用秒表测定从点燃到另一端开始喷火的时间，即为导火索的秒量。测试时还应观察导火索的燃烧性能，不应有蹿火等现象。

3. 喷火强度试验

用 0.1 m 长的两根导火索间隔 40 cm 放置在内径为 6~7 mm、长为 150~200 mm 的内壁干净的玻璃管内，点燃一根后，要求能将另一根引燃。

4. 浸水性能试验

将导火索两端用防潮剂浸封 5 cm，浸入 1 m 深的水中 2 h，水温 10~30 ℃，取出测试导火索的燃速，要求燃速及燃烧性能不变。

5. 射击试验

军用导火索要求导火索用步枪在 50 m 外射击，不应燃烧。民用导火索不要求射击试验。

9.2　导　爆　索

9.2.1　概述

导爆索是一种传递爆轰波的索状起爆器材。导爆索本身需要用其他起爆器材（如雷管）引爆，然后可以将爆轰能传递到另一端，引爆与其相连的炸药包或另一根导爆索。导爆索主要用于同时起爆多发炸药装药，其优点是使用简便、安全，起爆时不需要电源、仪表等辅助设备，也不受杂散电流、雷电、静电等的干扰。

自从 1879 年出现导爆索以来，已有 100 多年的历史。随着炸药及爆破技术的不断发展，以导爆索为代表的索类火工品也得到了不断改进和发展。18 世纪末到 19 世纪初，首先研制出了以铅为外壳、硝化棉为药芯的导爆索。以后由于军事上的需要，改进为铅—锡一类软金属作为外壳的导爆索，炸药芯由苦味酸、TNT 发展为泰安、黑索金，在军事爆破中一直使用了四十多年。由于金属壳导爆索有制造复杂、成本高、弯曲性小、爆轰感度低等缺点，曾有一个时期发展以棉麻纤维为外壳的导爆索代替金属壳导爆索。

20 世纪 60 年代以后，由于近代石油工业及国防航天技术的迅猛发展，金属管导爆索又作为特种用途而得到了改进和发展。目前，国外技术发达国家已经将金属管导爆索广泛用于导弹、火箭、宇宙飞船及各种武器系统。为了能经受高空遇到的高温、低压环境，常规装药已经不能满足要求，于是金属管导爆索装填耐热炸药的新结构产生了。美国于 1971 年发展了军用金属管导爆索。20 世纪 70 年代，金属管导爆索以装耐热炸药为主，此后，出现了封闭式导爆索、铠装柔性导爆索、切割索及延期索等，以满足不同的需要。

虽然金属管延期索在使用上有许多优点，但是其生产周期长，工艺过程复杂且危险等，科学家一直没有放弃寻求一种新的可代替品。1990 年，英国公布了用物理气相沉积方法制造叠层薄膜烟火传火系列。该传火系列主要用于导弹内的复杂传火序列，不仅克服了烟火延期索所具有的缺点，而且精度和强度都优于金属管延期索，很适合自动化生产。

总之，随着科学技术的发展，现有的索类火工品一定会得到不断改进，新型索类火工品将会不断涌现。

9.2.2　导爆索的结构和制造工艺简介

普通纤维外壳导爆索的结构与导火索相似，只是用炸药而不是用黑火药做药芯。为了从外观上将两者区别开，导爆索的外层防潮涂料中掺有红色颜料。导爆索制造工艺与导火索相似，不再叙述。

柔性金属壳导爆索是由炸药和金属外壳组成的爆炸元件。柔性金属导爆索的外壳材料一般都是延展性好、退火温度较低的有色金属或合金，如铜、锡、铅、银、铝、铅锑合金等，目前我国生产的柔性金属壳导爆索多用铅和银作为外壳材料。炸药装药常用泰安、黑索金、奥克托今等，现在有用六硝基芪的。为了保持良好的爆炸性能又便于加工，炸药的粒度应较小，流散性要好。

制造柔性金属壳导爆索时，一般先把金属管内部清洗干净，将所需要炸药定量地灌入管中。装药时必须严格控制好炸药的装填密度；然后，将金属管两端封住，用具有一定孔径的拉伸模进行拉伸。每拉伸一次，换一个孔径更小的拉伸模，使管径逐渐缩小，药芯密度渐渐增大。重复操作多次，就得到直径很小的柔性金属壳导爆索。拉伸变形量要控制适当，以防金属管断裂。多次拉伸（一般是几十次），一方面使药芯越来越密实，另一方面使得金属管材的延展性大大降低。因此，在成型过程中或制成后，要进行退火，以保证必要的挠性。退火是在退火炉内进行的，退火温度和时间取决于金属管材料的性能、直径和壁厚，也取决于炸药芯的耐热极限。

据国外资料报道，退火之后将柔性金属壳导爆索置于 4 218.5 kg/cm^2 的静液压下处理 2 min，可使药芯密度显著提高，从而改善其定时精度和同步性能。

导爆索广泛用于爆轰传递、工程爆破、爆炸成型、爆炸胀管、爆炸切割、延时控制、特殊表面上的多点同时起爆和石油射孔弹中，在军用方面已经用于导弹、鱼雷及宇航等方面。

9.2.3 影响柔性导爆索性能的主要因素

1. 炸药的影响

炸药本身的性能和粒度是影响柔性导爆索性能的主要因素。柔性导爆索的爆速及耐温性能均取决于炸药本身的性能。粒度越细，完全反应所需要的时间短，其极限直径和临界直径也小，爆轰感度高、爆速大，但是炸药过细会使炸药的流散性变差。在炸药中掺入无机物或钝化剂，可以改善炸药的装药性能和流散性，但是，炸药的起爆感度和爆速会降低。

炸药中水分含量增加，柔性导爆索的爆轰感度将逐渐下降。

2. 装药密度和药量的影响

在炸药的种类选定后，装药密度与炸药的爆速有对应的关系，炸药密度越大，爆速越高，起爆能力也随之提高。

装药量的多少影响爆轰感度和输出性能。装药量越少，药芯越细，爆轰感度越小，反之则越大。在导爆索爆速一定的情况下，增加装药量、加大药芯直径，导爆索的起爆能力增大。

3. 金属管材料的影响

柔性导爆索的外壳金属材料对导爆索的性能及生产工艺有较大的影响。金属管成分、壁厚的均匀性及所含杂质均会影响柔性导爆索的性能。

4. 其他影响因素

拉拔工艺、拉索机机油渗入药芯以及柔性导爆索存放的温度、贮存时间均影响导爆索的感度与起爆能力。

9.3 塑料导爆管

9.3.1 概述

塑料导爆管简称导爆管，它的构成是在一根内壁涂覆有极薄层炸药粉的塑料空心管。导爆管的作用是低能低速传递爆轰波，一般爆速为 1 600～2 000 m/s。导爆管本身不会自燃或自爆，可由较小的爆轰或爆燃等冲击能激发（如可用撞击火帽激发，也可用雷管激发），冲击波传递至管的尾端可直接引爆火雷管或点燃延期雷管中的延期药。传爆过程声音很小，管壳本身不破坏。

导爆管有极良好的抗电性能，在杂散电流、静电、感应电流作用下不发生意外起爆；在承受一般机械冲击作用和普通火焰作用下也不起爆，且具有不怕水、不怕潮湿等特点。另外，导爆管造价低、尺寸小、重量轻、柔性好，使用安全简便。

导爆管主要和延期雷管结合构成导爆管起爆系统，也称非电起爆系统。导爆管虽然存在爆破网络不便检查的缺点，但是由于它具有抗水、不受杂散电流及感应电流影响，而且爆破网络连接形式多样以及可以实现炮孔间微差起爆方法灵活等优点，所以大量用于各种爆破工程中。

据有关资料报道，塑料导爆管在航空飞行器上使用，其性能可取代铠装柔性导爆索和挠性封闭式导爆索。另外，在塑料导爆管内插上光导纤维或导线可构成一种双用途导爆索，这是美国 Lockheed Missiles & Space 公司新研制的产品，主要用于未来组合式武器系统，特别是用于弹头和弹药引信。

9.3.2　导爆管的结构和制造

导爆管是瑞典于 20 世纪 70 年代发展起来的一种新型起爆器材，我国于 1978 年成功研制出导爆管及导爆管起爆系统。导爆管的结构随性能的不同而有所差异，但是其基本结构均由导爆药粉和塑料管两部分组成。普通的导爆管的结构如图 9 - 5 所示。高强度导爆管的结构和普通导爆管基本相同，所不同的是塑料管的材质与加工工艺。

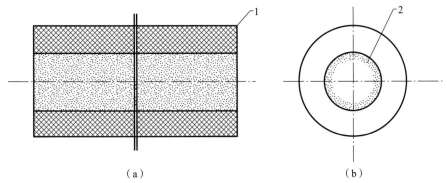

图 9 - 5　导爆管的结构

（a）侧向剖视图；（b）轴向剖视图

1—塑料管；2—导爆药粉

导爆管的制造工艺流程如图 9 - 6 所示。

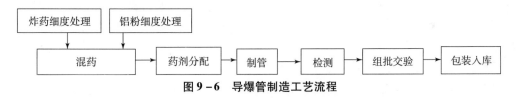

图 9 - 6　导爆管制造工艺流程

导爆管的制造工艺比较简单，在塑料挤出机上装配自动进药装置，再与牵引、收卷等装置配合，即可一次连续成型，图 9 - 7 是导爆管生产设备和工艺流程。

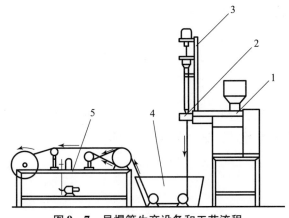

图 9 - 7　导爆管生产设备和工艺流程

1—塑料挤出机；2—直角机头；3—加药装置；4—冷却水槽；5—牵引集卷机

塑料挤出机装有直角机头。热塑性塑料通过挤压经过圆环状的成型模成为管状。为了防止管内出现负压，在芯棒上开孔直通大气。进药采用固体流态化技术，使很细的药粉在较小的压力和流量下进入机头芯棒中心的通气孔内。出口处由于流径变大，动压力突然降低，药粉随着空气进入管内腔，又受到塑料挤出时的静电作用，于是向正处于黏流状态的管壁上飞散，被管壁吸附而黏结。挤出的塑料导爆管通过牵引经过冷水槽被冷却而定型，再经过牵引轮到收线轮盘卷成成品。

9.3.3　影响导爆管质量的因素

1. 定量装药的均匀性

导爆管的内径很小，每米装药量仅 16 mg，要通过注药管（内径2.5 mm）把药粉均匀地涂布于塑料管内壁上，必须对药料及定量加料装置严格控制。

药料粒度要小而且均匀，流散性好。从爆炸性能来看，粒度越小越好；但是粒度越小，表面自由能越大，结块、附壁、堵塞通路等现象越严重。所以，为了保证药料的流散性，必须对炸药和铝粉进行筛选，控制适当的粒度，并加入少量表面活性剂或润滑剂。

药粉是通过管道输送到塑料管内的。首先从料斗流入下料管，再由下料管流入注药管；然后注药管穿入成型模的芯棒上的通气孔，将药粉导入塑料管内。为了防止进药通路堵塞，用蜂鸣器或电铃的电磁振荡部分敲击下料管及注药管的管壁，使药剂分散。

2. 塑料管的质量

塑料管的内外径和椭圆度（长径与短径比）不合格会影响装配质量，而且不合格的薄管壁容易在传爆时破裂，降低爆速。为了保证塑料管的尺寸，应注意以下几点：

（1）挤出机与牵引轮的转速必须配合适当，使塑料进料量与成管牵引速度相匹配，以保证外径符合要求。

（2）必须选择正确成型模的模口与芯棒尺寸，以使外径合格时内径也合格。

（3）实践证明，机头温度升高、牵引速度增大时，椭圆度也增大，因此要适当控制机头温度和牵引速度。

（4）根据牵引速度，控制冷却水水温，调节冷却水池水位，确保冷却效果，防止出现椭圆管。

（5）用外径测定装置进行在线测定。

思　考　题

1. 影响导火索的燃速的因素有哪些？
2. 试述金属导爆索的拉制过程。影响柔性金属导爆索性能的因素有哪些？
3. 塑料导爆管的特点是什么？影响塑料导爆管性能的因素有哪些？

第 10 章

工程雷管

10.1 概　述

工程雷管主要是指用于爆破工程和其他一些工业中的雷管。工业雷管和前述的弹药中所使用的雷管在爆炸性能方面相似，但是没有炮弹雷管的耐发射振动的要求，贮存期要求也短得多，只要求贮存两年，而要求起爆能力要大，这是因为工程雷管要求直接起爆比较钝感的矿山炸药。

工程雷管的用途较广，军用和民用爆破工程都离不开它，如修筑工事、开凿隧道、开矿采石、炸礁建港、修路筑坝、建筑物拆除、石油开采、地质勘探等，凡是用到引爆炸药的地方均离不开工程雷管。

10.1.1 雷管发展史

雷管出现于 1867 年，最早的雷管是单一装药雷管，外壳材料是钢，装填雷汞，用导火索引爆，管壳的内径为 6 mm。

虽然雷汞易于被火焰引爆，但是爆速较低，起爆能力不强。为了改善起爆性能，1900年出现了复合雷管，即雷管的装药变为两部分：上部装起爆药，下部装猛炸药。复合雷管的安全性也较单一装药的雷管要好。雷管中装药以加强帽覆盖，这样不仅增加了对冲击的安定性，还增加了雷管的起爆能力。这种雷管结构基本一直沿用到现在，只是在装药种类、管壳材料等方面有所变化。

起爆药最初用雷汞，1907 年开始用氮化铅，为了改善其火焰感度，又在氮化铅上面装少量三硝基间苯二酚铅，后来又广泛使用了二硝基重氮酚。

猛炸药最初用 TNT，目前一般用泰安和黑索金。

管壳材料方面，当用雷汞作起爆药时，采用铜、铁或纸；用氮化铅作起爆药时，采用铝和纸壳；用二硝基重氮酚作起爆药时，因为其在正常条件下与金属无作用，故铜、铝、铁、纸壳都可以。值得注意的是，铝壳雷管禁止在有瓦斯或煤尘危险的矿井下使用，因为灼热高温铝片很容易引起瓦斯发火。

10.1.2 工程雷管的分类

工程雷管按起爆冲能可以分为火焰雷管和电雷管两大类。电雷管又可以分为瞬发电雷管和延期电雷管两类，延期电雷管根据延期时间不同可分为秒延期和毫秒延期两种。电雷管和火焰雷管在结构上只是前者比后者多一个引火头，其他部分完全一样。

火焰雷管用导火索引爆，起爆方法简单，不需要设起爆电路，也不受杂散电流和雷电的威胁，小规模的爆破使用比较合适。因为导火索燃烧时要喷出火焰，所以在有瓦斯的矿井禁止使用火焰雷管。另外，导火索燃烧还要产生有毒气体，所以一般地下爆破也不使用。

电雷管一般用于同时起爆大量药包，便于远距离起爆。随着爆破工程的发展，电雷管的使用也逐渐增加。

雷管的号数：单式雷管出现后，因为炸药包的感度不同，所要求的起爆力也不同，当时把雷管按起爆力大小编成了 10 个号。号数越大的雷汞装药量越多，起爆力越强。

炸药爆炸的完全程度和雷管的作用有关，在一定限度内，雷管的力量越大，炸药的爆炸越完全，爆炸的效果越好。使用实践证明，6 号雷管和 8 号雷管已能满足要求，对较钝感的炸药用 8 号雷管，较敏感的炸药用 6 号雷管。如果用 8 号雷管不能起爆，一般就使用一个中间传爆药柱。这样广泛生产和使用的就剩下 6 号雷管和 8 号雷管了，其他号数的雷管只在作炸药起爆感度试验时才使用。

复式雷管出现后，起初为了决定复式雷管的装药量，仍以标准雷汞雷管的起爆力为标准，起爆力相当于标准雷汞雷管某号的复式雷管仍编为同样的号数，所以大量使用的仍然为 6 号或 8 号复式雷管。

随着雷管装药中起爆药和猛炸药种类的不断变化，管体的不同，以及各国在工程爆破中应用炸药感度不同，现今各国的 6 号雷管或 8 号雷管的起爆力已大都不再和标准雷汞雷管的 6 号和 8 号雷管完全对应了，一般都要大得多。而且不同国家雷管的起爆力也不相同，各有各的标准。

10.1.3　工程雷管的技术要求

工程雷管的技术要求和炮弹雷管相似，但由于其使用特点决定了它在某些技术要求上的差异。

（1）一定的感度：工程雷管是接受导火索、延期药、电引火头等热冲能点火，故必须有足够的火焰感度，保证在这些点火器件的作用下可靠发火。

（2）足够的起爆能力：工程雷管大多数直接用来起爆炸药包。而炸药包的炸药主要用 TNT、硝铵炸药等，这些炸药的起爆感度低，没有足够的起爆能力不能可靠起爆。现在我国军用爆破雷管中猛炸药量规定为 1 g。爆破雷管检验时采用 5 mm 厚的铅板，其炸孔直径军用铜壳不得小于 9 mm，其余的不得小于雷管外径。

（3）贮存安定性好，要求贮存两年后装药性能不变；装药不与管壳发生作用，特别要注意桥丝和脚线的防腐蚀。

（4）结构简单，原材料丰富，价格低廉，适于大量生产，以满足工程爆破雷管消耗非常大的特点。

（5）运输使用安全。

10.1.4　工程雷管的结构

工程雷管的结构与炮弹雷管大同小异，也是由雷管壳、加强帽、猛炸药几部分组成。工程电雷管主要由火雷管和引火头组成，其结构如图 10 - 1 所示。

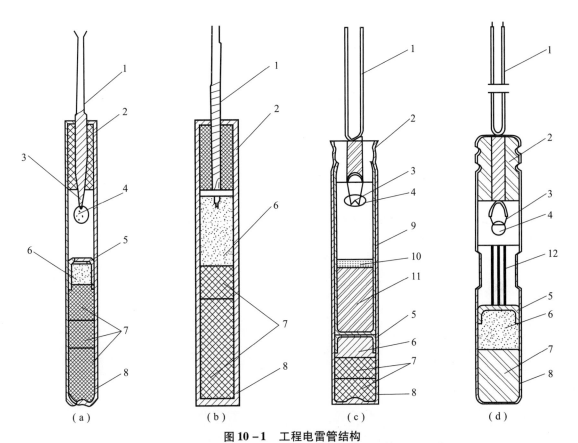

图 10 -1　工程电雷管结构

（a），（b）瞬发电雷管；（c）秒延期电雷管；（d）毫秒延期电雷管

1—脚线；2—封口塞；3—桥丝；4—点火药头；5—加强帽；6—起爆药；7—猛炸药；
8—雷管壳；9—延期管壳；10—点火药；11—延期药；12—铅延期体

10.2　火　雷　管

10.2.1　火雷管各部分的作用及其对性能的影响

1. 管壳

管壳的作用：一方面是把雷管各部分结合成一个整体，保护起爆药二硝基重氮酚（DDNP）和猛炸药的安全，并不受外界湿度影响，保证贮存中性能良好；另一方面是缩短爆轰成长期、使爆炸完全。另外，雷管爆炸时，外壳形成的高速破片还是有力的起爆因素。从雷管的作用可知选择雷管壳材料的关键强度，无论什么材料制壳都要有足够的强度。从表10 -1 可以看出管壳强度对管壳的影响。

表 10 -1　不同厚度的管壳试验结果

管壳	DDNP 假密度	DDNP 压力 /(kg·cm^{-2})	DDNP 药量 /g	试验发数	结果 /发	半爆百分率 /%
6 层	0.70	250	0.11	50	半爆 31	62
4 层	0.70	250	0.11	50	半爆 30	78

选用管壳材料时主要考虑装药和管壳的相容性好，易于加工、材料丰富、成本低廉、使用安全等。

雷管底部的凹陷对起爆能力的影响现在还无明确结论，但在空气中直接接触或相隔 0.5 mm 范围内的铅板扩孔试验几乎肯定是凹底比平底好，如表 10 - 2 所示；但离开 0.5 mm 间隙后就出现了相反的结果，如表 10 - 3 所示。

表 10 - 2　雷管底部凹陷锥度不同炸铅板结果

凹陷锥度	45°	60°	75°	90°	120°	150°	180°
铅板孔径/mm	12.5	12.3	12.0	12.0	12.0	11.5	10.8

表 10 - 3　不同间隙时平凹底雷管炸铅板结果

形状	间隙/mm								
	0	0.1	0.2	0.5	1.0	2.0	10.0	50	100
凹底	11.5	10.9	10.9	9.1	8.1	8.1	7.6	3.7	5.1
平底	10.2	7.8	8.0	9.3	10.9	11.7	9.0	5.6	6.1

2. 加强帽

加强帽的作用是增加雷管强度，减少冲击感度，加快起爆药二硝基重氮酚的爆轰成长速度，减小起爆药的极限药量，在雷管受震动时防止漏药。表 10 - 4 是加强帽材料对起爆能力的影响，可见，加强帽的作用在管壳强度较差的雷管中显得尤为重要。

表 10 - 4　加强帽材料对起爆能力的影响

序号	加强帽材料	起爆药/g	起爆试验		半爆百分率/%
			数量/次	半爆/次	
1	铁	0.09	200	4	2
2	铜	0.09	200	12	6
3	铝	0.09	200	192	96

铁壳加强帽传火孔直径为 $1.9^{+0.1}_{0}$ mm，铜帽、铝帽基本上直径都为 $2.5^{+0.1}_{0}$ mm。加强帽长度经试验证明在 6 mm 以后，极限药量趋于稳定。

3. 药剂

（1）起爆药我国目前生产军用雷管的起爆药采用氮化铅，工业雷管主要装二硝基重氮酚、硝酸肼镍等，二硝基重氮酚使用较多。随制造方法的不同，二硝基重氮酚结晶形状、颜色均不同：结晶状有针状、板状、短柱状、球状聚晶等；颜色有草青、深黄、黄棕、深紫、黑棕色等；真密度为 1.63 g/cm³，假密度变化范围也很大，一般为 0.15 ~ 0.95 g/cm³。工业雷管规定二硝基重氮酚颜色黄到紫色，假密度为 0.55 ~ 0.75 g/cm³。

常温下二硝基重氮酚挥发性极小，吸湿性也小，且二硝基重氮酚的抗湿能力很强。

在干燥的情况下二硝基重氮酚与铜、铝、锌、铁、锡等金属皆不起作用，潮湿时不与铜起作用。

二硝基重氮酚和黑索金组成雷管，库存一年以上无变化，在室温下长期存放不失效。

二硝基重氮酚受光照射爆轰性能变差，受光照射 10 天后的二硝基重氮酚完全失去爆炸性能，只能燃烧。

二硝基重氮酚的爆发点为 176 ℃（5 s），火焰感度极高，可与四羟甲基氯化磷（THPC）相比。

为保证雷管的生产安全，二硝基重氮酚做了穿刺感度试验。用铁脚线在管壳内的二硝基重氮酚中做上下往复穿刺试验，以 2 次/s 的速度进行，铁脚线升起的高度为 10 mm，穿刺了 156 次未发生爆炸。

二硝基重氮酚对人体的主要危害是刺激中枢神经，中毒症状为眩晕昏迷，长期接触可能造成肝和膀胱疾病。

总之，二硝基重氮酚有良好的性质，机械感度小，威力大，火焰感度高，化学性能安定，与金属无作用，原料来源丰富。我国从 1958 年起爆破雷管起爆药全部将雷汞改为二硝基重氮酚，但其缺点是耐压性不好，压力大感度大降，因此，这种雷管耐震性不好。另外，二硝基重氮酚的废水有害，难处理，正逐步被基本无废水的硝酸肼镍及其他起爆药取代。

（2）猛炸药。我国目前生产的爆破雷管猛炸药均采用黑索金，这里只介绍一下黑索金的性质。

黑索金是中性物质，对阳光作用稳定，对热作用也较稳定，在 50 ℃ 下可长期贮存而不分解。

黑索金的爆速较高，所以用它装成的雷管威力较大。黑索金的机械感度较高，可压性差，在生产上一般均以 5% 的地蜡、蜂蜡或以虫胶造粒后使用，这样虽然改善了压药性能，但是其感度有所下降。

10.2.2　火雷管的生产工艺

火雷管的装配过程有直填法和药柱分装法两种。直填法是把炸药分次直接压入壳内，故压装次数较多，产品的药柱高度较易控制。药柱分装法需要的设备较少，生产效率较高。各生产厂都根据本厂的特点选择装配方式。

1. 猛炸药的压装装药方式

猛炸药的压装装药方式可以是药柱分装法，也可以直接在管体内压药。一般药柱分装法因不受管壳强度限制可以把猛炸药的密度压得大一些，有利于提高雷管的起爆力，但它装药次数多，工序复杂，占用设备也较多。为提高生产效率，我国工程爆破雷管大多是采用管体内压药柱。

压药过程中压力是从靠近冲子一端传到另一端，这样必然存在密度梯度，而且这种密度分布的梯度在压力一定时是随着药柱高度的增加、药柱直径的减小而增加。在炸药种类和材料一定的情况下，可以用 l/r 来衡量药柱密度的均匀性（l 为药柱高度，r 为药柱半径）。l/r 值越小，药柱的密度越均匀。l/r 值的选择原则是根据产品密度的要求及结合生产效率，一般工程爆破雷管 l/r 值选 2.0~3.0。

2. 二硝基重氮酚的装药方法

二硝基重氮酚的装药质量是影响雷管的质量关键因素之一。二硝基重氮酚的密度大时火焰感度下降，而这个密度又和二硝基重氮酚的假密度有关。目前，二硝基重氮酚的装药压力不能超过 250 kg/cm²，否则容易造成瞎火，这是二硝基重氮酚装药时要特别注意的地方。

因此，需要知道火雷管中二硝基重氮酚能引爆黑索金的最大密度和不致于造成震动时加强帽脱落及洒药的最小密度。当然，最大密度与二硝基重氮酚的药量有关，因为药量大即药柱高大，这样即使燃烧转爆轰困难，在药柱足够长度内，最后也能发展到爆轰的。

某厂用8号纸壳火雷管研究了假比重对二硝基重氮酚的最大密度和最小密度的影响，二硝基重氮酚的平均药量范围为 0.3~0.35 g，试验使用的雷管壳和加强帽符合生产技术条件。试验结果如表 10-5 所示。

表 10-5   不同假比重的二硝基重氮酚在纸火管中的最大密度和最小密度

二硝基重氮酚假比重	最大密度/$(g \cdot cm^{-3})$	最小密度/$(g \cdot cm^{-3})$
0.62	1.10	0.85
0.63	1.10	0.85
0.63	1.10	0.80
0.65	1.10	0.85
0.65	1.05	0.85
0.69	1.00	0.85
0.69	1.05	0.90
0.69	1.05	0.95
0.71	1.05	1.00
0.71	1.00	1.00
0.71	1.10	1.00

从表 10-5 的数据可以看出：一方面，不同假比重的二硝基重氮酚的最大密度基本相同，所以假比重大的二硝基重氮酚能承受的压力小；另一方面，假比重小的二硝基重氮酚最小密度也小，而假比重大的二硝基重氮酚最小密度也大，并几乎和最大密度一致。这一结果表明假比重小不仅对压药性能有利，可以加大压力；对产品而言，上下密度范围大，药柱高大也对点火、爆轰转变有利。但实际生产中因为假比重的不一致造成的药高相差过大会使火雷管作为延期雷管的半成品时，上部装延期管或导火索时发生困难，所以工厂为了保证产品质量，一般将二硝基重氮酚的假比重规定在 0.6~0.7 g/cm³ 范围内。

3. 扩口

为使装药和扣加强帽顺利进行，管壳排管后均用冲子将口部扩大一点。扩口使用各种压药设备都可以，扩口冲头直径为 6.26~6.36 mm，扩口深度为 13~15 mm。纸管在装二硝基重氮酚前用扩口冲子把药柱管口部稍许扩大和膨圆，冲子头部直径为 6.35~6.40 mm，扩口深度为 13~15 mm。

10.2.3 火雷管检验

1. 铅板炸孔试验

把带导火索的雷管直立在铅板上，铅板厚度（4±0.1）mm（6号铜管）或（5±0.1）mm（8号铜管），铅板放在内径 30 mm、高 30 mm 的铁管上。

雷管起爆后，测量铅板上炸孔直径，铜管壳直径不小于 9 mm，其余的不小于雷管外径。

2. 运输安全性试验

运输安全性试验和一般火工品相同。

10.2.4　火雷管的质量问题

为了分析火雷管的质量问题，要求对火雷管中的爆炸过程有一个全面的了解。这部分的内容可以参考炮弹雷管相应部分，火雷管的质量问题主要是半爆和瞎火。

1. 半爆原因分析

（1）起爆药药量不足。虽然导火索点火正常，起爆药也被起爆了，但是药量不足，起爆能力小，不能完全起爆松装炸药，这样将造成半爆。

（2）起爆药压力过大。二硝基重氮酚在假密度大时很容易压死，我国规定在使用假密度为 $0.55\sim0.75$ g/cm^3 的二硝基重氮酚时，它所受的压力不超过 90 kg/cm^2。若由于某种原因使二硝基重氮酚所受的压力过大，使燃烧不能转为爆轰，起爆力降低就会造成半爆。

（3）猛炸药压力过大。钝感剂太多或混合不均匀，会造成炸药感度下降；另外，退药柱速度太快，保压时间短，造成药柱裂缝，引起爆速下降，都能产生半爆。

（4）管壳强度不足。当爆速传至药柱部分时管壳被爆炸产物鼓破，造成半爆。

（5）松装药及药柱受潮。

（6）加强帽传火孔太大。在顶层起爆药着火时，气体容易从传火孔逃逸，不利于起爆药爆速的增长；另外，加强帽的材料和长度也能产生半爆。

2. 瞎火原因分析

（1）导火索严重受潮，点燃能力太弱，只能引燃起爆药，起爆药缓慢燃烧不能迅速转为爆轰，引爆不了猛炸药，最后导致瞎火。

（2）虫胶浸入起爆药或传火孔大部分被覆盖，虽然导火索没有变质，但因药剂被钝感或传火孔小，能量传递不开也会瞎火。

（3）起爆药压力过大，火焰感度大大下降，特别是使用二硝基重氮酚作为起爆药，在同样的点火能力下不能被点燃，这就是所谓的"压死"现象。

10.3　电　雷　管

电雷管是在火雷管的基础上增加一个电点火装置，其任务就是把电能转变为热能，引燃雷管中的起爆药，所以电点火装置是用来代替导火索点燃火焰雷管的。

10.3.1　电雷管的分类

电雷管根据作用时间可分为瞬发电雷管、延期电雷管，延期雷管又根据延期时间的长短分为秒延期雷管和毫秒延期电雷管。

1. 瞬发电雷管

瞬发电雷管一般称为工程电雷管，由电发火头或电桥丝加上火雷管而成。

2. 延期电雷管

因为瞬发电雷管在大量爆破时，大量的炸药爆炸会产生巨大的地震效应，这将对附近的建筑物造成危害，为了减轻这种破坏作用和进一步提高生产效率，可采取分段爆破。有时在一些特殊工程中，需要定向爆破，还需要炸药以较短时间的间隔顺序爆炸，这样发展了延期雷管。

延期雷管的结构是在火雷管和电引火之间增加一个延期装置，其延期时间的长短可由延期药柱的长短或改变延期药的成分来达到。

延期雷管的延期时间各国有不同的规格，我国秒延期雷管有2 s、4 s、6 s、8 s 4种，时间精度为±0.5 s。

毫秒延期电雷管是一种短延期的电雷管，其结构基本与长延期电雷管相似。毫秒爆破用于大量药包分若干段顺序爆破，每段时间相差20～50 ms。爆破时受前一段炸药爆炸波压缩的土壤尚未来得及飞出，还处在应力状态下，第二段又爆炸即再给以压缩，这样多次压缩，岩石和矿石就粉碎得比较均匀，减少了大块的产生，又提高了炸药的使用率。另外，毫秒爆破也和长延期爆破一样有减少地震波的作用。

毫秒雷管由于时间间隔很短，因此精度也要求很高，一般精度在20%间隔时间以下否则容易造成混段，因此控制时间的精度对于毫秒电雷管的制造与设计是重要的问题。目前我国毫秒延期雷管的延期精度已经达到10%以下，甚至小于5%。

10.3.2 电雷管的电引火头

1. 灼热桥丝式电引火头

灼热桥丝式工业电雷管中电引火头的原理和结构与桥丝式电底火、电点火具、引信电雷管基本相似。我国目前制造的工业雷管大都属于这一类型。桥丝材料有两种：①镍铬丝；②康铜丝。镍铬丝直径为0.03～0.042 mm，康铜丝直径为0.035～0.040 mm。产品电阻范围：镍铬丝为2～4 Ω，康铜丝为0.6～3.8 Ω。点燃单个电发火头需0.3～0.8 A电流，串联时需要0.8～2.5A电流。此类电引火头的缺点是抗杂散电流的性能较差。

如果采用直径为0.078～0.082 mm的紫铜丝（比电阻 $\rho = 3.4～3.5$ Ω/m），桥长4.0～4.1 mm，桥丝电阻只有0.012 Ω，单发火电流为6 A。这种雷管用0.5 m铁脚线全电阻为0.6 Ω，单发发火功率 $RI^2 = 21.6$ W，因为它需要的发火功率较大，所以比较安全。

桥丝式电发火头的优点：①性能均一；②电阻小，即使脚线和爆破网绝缘较差，也不易影响点燃。

电引火头的结构有两种：①弹性结构药头；②刚性结构药头。弹性结构药头是传统的制造工艺，结构简单，大部分都是手工操作。由于桥距与桥丝长度一致性较差，导致产品质量均一性差。刚性结构药头制造工艺较复杂，但是由于实现了机械化生产，且桥丝焊接（压焊）在具有刚性基座、极距一定的电极片上，因此桥丝长度一致性好，产品质量高，发达国家均采用这一工艺。我国虽然在20世纪80年代就已经引了刚性结构药头生产工艺线，但是一直没有得到推广应用。

2. 导电引燃灼热式电发火

这种电发火头是由两个电极和导电引燃药组成，电流通过导电引燃药产生的热量把引燃药点燃（详细发火过程见第5章5.4节"导电药式电雷管"）。这种电雷管的引燃药是压在或呈滴状粘在两电极上，它的导电性是靠在引燃药中加入细金属粉和细的炭末达到的。例如某厂研究试制的低压安全电雷管导电药的成分随安全电压而不同，如安全电压为5 V时，其成分为氯酸钾 30%、铁粉 65%、乙炔黑 5%；安全电压为 20 V 时，其成分为氯酸钾 40%、铁粉 20%、硅粉 37%~38%、乙炔黑 3%~2%。

引燃药成分：过氧化钡 48%、硝酸钡 22%、镁粉 21%、酚醛树脂 9%。

导电引燃灼热式电发火雷管的结构如图 10-2 所示，它可保证在 5 V 或 20 V 直流电压下作用 1 min 不发火。经试用后普遍认为这种雷管可以有效地防止杂散电流的危害。

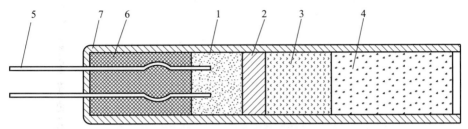

图 10-2　安全雷管结构

1—导电药；2—引燃药；3—起爆药；4—猛炸药；5—脚线；6—塑料塞；7—雷管壳

导电引燃灼热式电发火雷管的缺点是产品电阻不均匀，而且长期贮存及运输中能引起变化，由于这原因，故爆破网络的精确计算比较困难。

我国目前工业电雷管还未采用此类电发火。

3. 火花式电发火

火花式电发火由电极和不导电引燃药组成，只要在电极间加入足够高的电压，电极间发生电火花。电火花以其热和机械效应使引燃药发火（发火机理参见第 5 章 5.3 节"火花式电雷管"）。现在火花式电发火电雷管在爆破工程中很少使用。

10.3.3　工程电雷管的装配工艺

我国目前生产的工程爆破电雷管全部为桥丝灼热式引火头，分为两种结构：一种是将桥丝式电引火头插入火雷管的装配件；另一种是将桥丝直接插入起爆药，或在桥丝上直接压入起爆药。

1. 引火头构造

一般引火药成分中含有起爆药的，引火头作用可在微秒级；引火药中不含起爆药的，引火头作用时间多在几到几十毫秒数量级。

含有硫氰酸铅的引火药不宜做铁脚线，因为潮湿的条件下脚线会被腐蚀。

弹性引火头的制造方法见第 8 章 8.2 节"电点火具"部分，此处简单介绍刚性结构药头工艺流程，如图 10-3 所示。

图 10-3　刚性结构药头工艺流程

刚性结构药头工艺流程须在专用生产线上进行。钢带经预冲线冲定位孔，注塑料块，然后送至终冲线。在终冲线上制成引火头的两个电极，同时折叠电极压住桥丝，经点焊机焊接，以保证电极与桥丝接触良好；然后经放大投影仪检查外观，人工盘绕在专用的磁盘上；

在粘药机上粘上点火药后，送到红外线干燥炉内干燥。制成的引火头经过检查发火冲能、安全电流和最小发火电流后就可以与脚线进行焊接了。在此工艺流程中，桥丝焊接采用自动控制，焊出的桥丝牢固、电阻稳定，电阻上下限相差很小，保证了产品质量的一致性。

2. 电雷管的装配——引火头和火雷管的结合

瞬发电雷管是将合格的火雷管上部向上插入紧口工具中，再插入电引火头，其塑料塞末端应与管口平齐，然后紧口。紧口深度随管壳材料而异，目的在于结合牢固。对于8号铜壳电雷管，要求深度为0.15 mm，纸壳雷管则应更深一点，以防止震动时引火头松动或脱出。

秒延期雷管和毫秒延期雷管装配是在电引火头后先装一延期装置：秒延期雷管装导火索，毫秒延期装微气体延期药，然后再和火雷管装配。

目前我国民用的8号瞬发电雷管几乎是统一的结构，都是桥丝直插二硝基重氮酚内，而不另外先制成引火头，这样只要在桥丝插入后，再用灌硫磺的方法或用滚口机将管壳和塞子结合的方法把电发火部分和纸管壳结合起来。

这里要注意的是桥丝插入深度，一般脚线两端伸出纸板垫2.5~3.0 mm。如伸得太长，桥丝过分靠近黑索金药柱，则可能造成半爆。

10.3.4 工程爆破电雷管的质量问题

1. 瞬发电雷管串联起爆的缓爆与瞎火

在成群起爆时，由于电雷管电阻变化范围超过规定，或引火头质量差等原因造成感度不均匀，敏感的雷管先发生爆炸，将线路炸断，钝感的雷管尚未发生作用而瞎火。

2. 雷管的速爆、半爆和炸脱

（1）速爆：即雷管通电后马上爆炸，延期药没起到延期的作用。其原因可能是：引火头较大，产生的气体较多，造成管内的压力大，把延期药迅速冲碎而直接引爆起爆药；或者是引火头与外壳配合太松，引火头的高压气体由缝隙流出直接引爆起爆药。

（2）半爆：若引火头较大，燃烧速度快，气室压力升高，这时如果管壳的强度不够，就会被胀大或鼓破，使二硝基重氮酚不能完全爆炸，致使不能完全引爆猛炸药。另外，加强帽和管壳配合不紧时，这个增高的气室压力还可能给二硝基重氮酚二次加压，结果使二硝基重氮酚起爆能力降低。

（3）炸脱：炸脱即拔帽，引火头着火后气体将塞子推出。产生这种情况的原因是：若是塑料塞子的原因，则因紧口深度不够；若是灌硫磺的塞子的原因，则是灌硫磺时温度太低与管壳附着力太小造成的。另外，如引火头太大，也可能因产生气体多而引起炸脱。

10.3.5 电雷管的检验

1. 电阻测定

我国国内所用电雷管的康铜丝电阻为0.8~1.2 Ω，镍铬丝电阻为2.2~4 Ω。由于成群起爆的需要，各雷管间电阻不能相差太大，一般康铜丝电桥的电阻低，镍铬丝电桥的电阻高，使用时不可混合在一组中。

2. 最大安全电流和最小发火电流

和桥丝式电雷管一样，工程爆破电雷管（或引火头）有最小发火电流和最大安全电流。

通入的电流大于最小发火电流时，雷管都应发火；通入电流越大，发火时间越短。发火电流和发火时间呈双曲线关系，如图 10 - 4 所示。曲线的方程式将因桥丝材料和药剂成分而变化，平行 x 轴的渐近线与 y 轴上的交点就是最大安全电流。

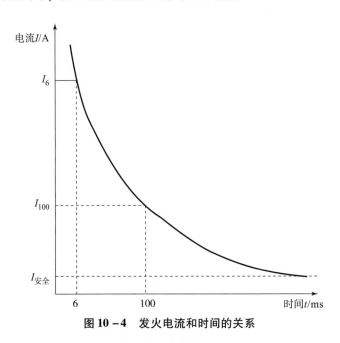

图 10 - 4　发火电流和时间的关系

在爆破雷管的使用中，为了实际需要还要测定 6 ms 的发火电流 I_6 和 100 ms 的发火电流 I_{100}。I_6 是保证瞬发电雷管和毫秒电雷管在有瓦斯危险的井下使用的准爆电流。因为考虑到炸药爆炸后矿层发生破裂，内部有瓦斯就会放出来。如果这时爆破网络的电流尚未切断，则电路上如脚线端头接触不良而产生的电火花就会引发事故。所以在有瓦斯的井下使用电雷管对通电时间均有限制。这个时间的长短是根据试验测得矿层开始移动的时间而确定的。世界各国一般限制在 4 ~ 10 ms，我国规定为 6 ms，这个电流可供发爆器设计使用。

I_{100} 是保证单个雷管在实际使用中确定可靠发火的最小电流值。通常串联时所取的准爆电流为两倍 I_{100}。

3. 发火时间、传导时间、作用时间检验

发火时间是指从通电到输入能量足以使药剂发火的时间；传导时间是指从药剂发火到雷管爆炸的时间；作用时间则是通电到雷管爆炸的时间，所以作用时间等于发火时间加传导时间。

4. 发火冲能 K

使引燃发火的电流冲能 $K = I^2 R t$。在串联时，因为电雷管是同一类的，所以可将电阻 R 忽略，只用 $I^2 t$ 来表示。

发火冲能 K 与电流强度有关，因为电流强度越小，相对来说热损失就大，这样的发火冲能也大，它们的关系如图 10 - 5 所示。实际的 $K = I^2 t + Q_损$，这里的 $Q_损$ 和桥丝雷管中的热损失项一样，是个变数。在发火的结构和材料固定后，发火冲能随电流的增大而减小，最后趋于一个定值，即最小发火冲能 K_0。

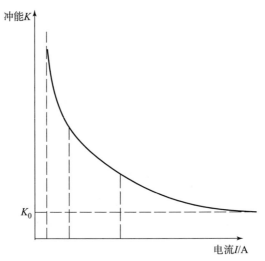

图 10 - 5   电流与发火冲能的关系

最小发火冲能 K_0 是电发火的一个特性值，因为最小发火冲能时，假定热损失等于 0，所以 $K_0 = I^2 t$，只要知道电发火的 K_0，给定电流，可以计算所需的通电时间；反之通电时间固定，可用 K_0 确定所需的发火电流。

发火冲能与时间的关系如图 10 - 6 所示，I 减小发火时间增长，发火冲能也增加，直线和 y 轴的交点为 K_0，在任何发火时间 t_x 时，发火冲能 $K = K_0 + K_x$，则 K 比最小冲能 K_0 大一个 K_x，此时的 K_x 就是损失掉的冲能，K_x 随时间的增加而增加。发火冲能的倒数称为电雷管的感度，$S = 1/K_0$。

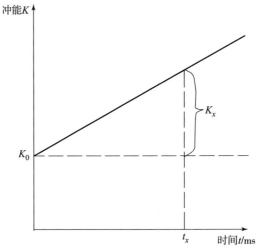

图 10 - 6   发火冲能和时间的关系

5. 桥丝熔化冲能 $K_Л$

从通电到桥丝熔断时所需的电流冲能值为

$$K_Л = I^2 t_Л$$

式中：I 为通入桥丝的电流；$t_Л$ 为从通电到熔断的时间。

和发火冲能一样，在 I 减小时，因散热影响很大，K_Π 增加，强电流下 K_Π 逐渐减小而趋于一个定值 $K_{\Pi 0}$，这就是最小熔化冲能。

熔化冲能的意义在于能判定在高的电流强度下，是否产生电桥烧断而引燃药未被点燃的现象，也就是可以判定烧断的电桥是否有足够的潜热引燃电发火。如果熔化冲能大于发火冲能，即可保证电发火。我国生产的电雷管，一般都是保证 $K_{\Pi 0}$ 大于等于 K_{B0} 的，因此可以不考虑桥丝在大电流下熔断而产生的瞎火。

10.3.6　电雷管延期精度控制

延期雷管的结构就是在火雷管和电引火之间增加一个延期装置，根据延期时间分为秒延期和毫秒延期。早期的秒延期雷管用导火索作为延期体。由于导火索燃烧时产生大量的气体，如不及时排出，会使管内压力增大，黑火药燃烧速度加快，影响延期时间精度。因此，在导火索和电引火头之间的管壳上开了两三个排气孔。在装配时将排气孔用锡箔纸封住，防止导火索中的黑火药受潮，又可以在气体压力作用下锡箔纸被冲破而使气体排出。用导火索作延期装置的雷管，由于导火索燃烧速度慢，时间精度较低，所以规定的各段之间的时间间隔比较长，另外还有防潮性差的缺点。

微气体延期药的优点是燃速较快，时间精度好，所以各段间的时间间隔可以缩短；而且燃烧时生成气体少，雷管不需要设排气孔，防潮性能好。微气体延期药可以采用直填式也可以采用铅延期体式。

直填式是将延期药压入金属管内。为了提高延期精度，保证延期药装药密度的均匀性，通常分次压装。铅延期体式是将延期药装入铅管内，然后分次拉拔而成，有单芯、三芯、五芯等，再根据延期时间长短切成一定长度的延期元件。

电雷管延期精度的控制，尤其是毫秒延期精度的控制是一个比较复杂的问题，它既与延期元件的质量有关，又与电引火头的质量有关，同时还与雷管中装填的起爆药的性质及电雷管的气室大小有关。

10.3.7　电雷管的成群起爆

1. 成群雷管在直流电作用下发火

在实际爆破中一般是数十个电雷管组成一组。通常先将 n 个雷管串联，然后 m 个串联组再并联。雷管能否起爆是按各串联组分别考虑的。

准爆电流到底和什么有关系呢？

假设串联着很多电雷管，设 A 为最敏感的电雷管，B 为次敏感的电雷管……Z 为最不敏感的电雷管。由于制造上的公差，各雷管发火头存在着不同的感度、不同的临界发火冲能。通入电流 I，当 $I^2 t_A$ 达到 A 雷管临界发火冲能时，A 雷管经过 $t_A + Q_A$ 把线路炸断。假如此时 $t_A + Q_A$ 时间内通入电流冲能已达到 B 雷管的临界发火冲能 $I^2 t_B$，即

$$t_B = t_A + Q_A$$

那么 B 雷管仍可爆炸，但 Z 雷管最不敏感，它要求的发火冲能为

$$K_z = I^2 t_z$$

假如

$$t_z > t_A + Q_A$$

Z 雷管就爆炸不了。所以要 Z 雷管爆炸只有

$$t_z \leqslant t_A + Q_A$$

这就是准爆条件。

将上式两边乘以 I^2

$$I^2 t_z \leqslant I^2 t_A + I^2 Q_A$$

即

$$K_z \leqslant K_A + I^2 Q_A$$

故

$$I \geqslant \sqrt{\frac{K_z - K_A}{Q_A}} = \sqrt{\frac{\Delta K}{Q_A}}$$

式中，ΔK 为最敏感和最不敏感雷管间的临界发火冲能之差，也可以说是感度之差。

由上式可知串联中雷管灵敏度相差越大，准爆电流也就越大，而传导时间 Q_A 长对降低准爆电流有好处。为此，爆破雷管引火头选择药剂时考虑取燃速不要太快的药剂。

2. 爆破网络的一般计算法

我国工业电雷管规定成群起爆的准爆电流康铜丝为 2 A，镍铬丝为 1.5 A。使用时，在有条件的情况下尽可能采用较大的电流起爆，以保证串联发火的确实性。

（1）串联法。

如图 10 - 7 所示。电源电动势为 E，母线电阻为 R，串联 n 个电雷管，每个电雷管的全电阻为 r。

电源内阻 R。一般忽略不计

因为

$$E = I(R + nr)$$

则

$$I = E/(R + nr) \geqslant 串联准爆电流$$

若串联准爆电流取 2A 可以算出在此电源下能串联的雷管数 n 为

$$n \leqslant (E - 2R)/2r$$

（2）并联法。

并联起爆如图 10 - 8 所示。先把雷管串联成若干组，然后把这些组并联起来，一般是使每个串联组中电雷管数目相同，即

$$E = I(R + nr/m)$$

$$I = E/(R + nr/m)$$

流过每一组的电流，即流过每个电雷管的电流。

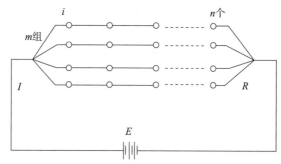

图 10 - 8 并联起爆

$$i = \frac{I}{m} = \frac{1}{m} \cdot \frac{E}{R + \dfrac{nr}{m}} = \frac{E}{mR + nr} \geqslant \text{串联准爆电流}$$

确定并联的组数后可计算出能串联的雷管数 n。

10.4　数码电子雷管

在工业雷管推广初期，很长一段时间内，工业火雷管占据整个工业雷管的半壁江山。但由于火雷管在使用过程中存在诸多问题，比如安全性能差、感度高、爆破效率低下等原因，导爆管雷管和电雷管应运而生，且发展迅速，市场份额不断扩大。导爆管雷管和电雷管两者相比较，导爆管雷管优点显著，主要表现为抗静电、抗杂散电流、抗射频等性能优越。起爆网络对电和磁作用敏感性低，不会因外界电磁干扰导致药包早爆，具有良好的安全性能，更适用于有电磁场、杂散电流及雷雨天气的易引发误爆的环境。因此，导爆管雷管的市场份额不断扩大，截至 2019 年，导爆管雷管的市场占有率为 66.18%。

但是，导爆管雷管也存在先天性的缺陷，限制了其进一步的推广：如导爆管雷管的网络异常无法用仪器仪表检测。尽管在实际爆破工程中，一些工程技术人员针对不同的使用场所对导爆管起爆网络的可靠性给出一些经验和建议，然而，对导爆管雷管网络可靠性的评估普遍停留在实践经验和直观感受判断上，很难对网络可靠性进行事先测试，给工程爆破带来很大的拒爆风险，因此，大规模导爆管雷管起爆网络可靠性受到爆破行业的关注；且因其特殊的起爆和传爆机理，导爆管雷管无法在含有瓦斯和煤尘的环境下使用。导爆管雷管和电雷管各有优缺点，工程技术人员要根据使用环境和爆破效果来选用合适的起爆器材。导爆管雷管和电雷管也存在共有的缺陷，主要体现在延期精度不高，在对降震要求较高的城市拆除爆破、大块率有严格控制的岩土爆破等爆破效果高的环境中表现不佳。

10.4.1　数码电子雷管的结构和功能

在此背景下，数码电子雷管应运而生。数码电子雷管是一种应用微电子技术、加密技术、数码技术等实现通信、控制、加密、延时等功能的工业雷管，简称电子雷管。数码电子雷管除具备延期精度高、网络设计简单可测、减震效果显著等特点外，还具备密码起爆等功能，一经推出，就受到了行业主管部门和公安部门的青睐。近年来，在工信部和公安部的联合推动下，数码电子雷管的推广应用势头强劲，产销量增长高达上百倍，年平均增量超 200%。尤其是近几年来，数码电子雷管的产销已呈爆发式增长之势。

数码电子雷管与导爆管雷管和电雷管结构上略有不同，如图 10-9 所示。数码电子雷管本质上是电雷管的一种，具有芯片延时、数据通信、密码加载、起爆控制等功能。数码电子雷管主要由电子引火元件和装有主装药的基础雷管通过带有电脚线的卡口塞连接而成。电子引火元件由电子控制模块和点火元件两大部分组成。电子控制模块是将电容器、专用电子芯片、二极管等电子元器件通过硬连接焊接于电路板上，置于雷管内部，并内置雷管身份信息，具备雷管起爆延期控制和起爆控制功能。电子雷管模块可以对点火元件的通断状态进行测试，是能够和起爆控制器及其他连接设备进行通信和数据交互的专用电路模块。电子控制模块外部封装采用航天专用胶，用于加固和保护各电子元器件和电路。

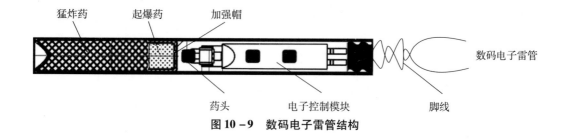

图 10 – 9 数码电子雷管结构

10.4.2 数码电子雷管的发火序列

1. 数码电子雷管的发火序列

起爆控制器给电容充电→电容给芯片供电→芯片延期结束后给桥丝通电→药头发火→起爆药爆炸→炸药爆轰。

2. 数码电子雷管的发火机理

电容从起爆控制器获得能量，芯片接到起爆命令后进入延期状态；延期结束，芯片给桥丝通电，桥丝被加热后升温达到灼热状态，最终引爆桥丝外包的点火药，点火药爆炸产生高温高压气体引爆起爆药和猛炸药。数码电子雷管是采用电子元器件进行延期的。

10.4.3 数码电子雷管进展及现状

20 世纪 80 年代初期，数码电子雷管问世，这是一种采用电子控制模块对整个起爆过程进行控制的新型电雷管。数码电子雷管在一定范围内可随意设定延期时间，并可按照设定时间实现准确发火。20 世纪 90 年代末，电子信息时代到来，电子芯片的小型化技术逐步成熟并得到应用，数码电子雷管才作为一个全新的产品正式进入民爆行业，开启了工业雷管的全新时代。

数码电子雷管主要由电子延时点火元件和雷管体组成，采用数字电路完成延时，特别适用于高精度网络爆破、微差爆破等工程环境。与火雷管、电雷管和导爆管雷管等传统雷管相比，数码电子雷管具有如下技术特点：①延期精度高；②延期时间可灵活设定；③具有抗静电、抗杂散电流、防射频等性能；④可设定密码，采用专用起爆器起爆，增强了在流通领域的安全性，有利于安全管理。

由于数码电子雷管具有上述优点，工信部在《民爆行业十二五发展规划》中将数码电子雷管作为工业雷管未来的发展方向。规划中提出要加快电子雷管的产业化进程，积极推动，提高市场比例。

在过去很长一段时间内，由于电子雷管生产成本高、操作技术要求高，因此市场占有率极低。据粗略统计，2016 年以前，国内电子雷管的市场占有率不足 2.1%。近年来，随着国家安全管控形势的变化，公安部在安全管控的重点地区如北京、新疆等地大规模推广数码电子雷管以全面替代传统雷管。近两年来，工信部和公安部联合正式发文力推数码电子雷管，要求推进起爆器材不断转型，发展安全、可靠、高效及提高社会公共安全水平的品种，不断加大数码电子雷管的推广力度，确保电子雷管稳步进入市场。之后，数码电子雷管的市场被迅速打开。

10.4.4　国外数码电子雷管研究现状及产品

10.4.4.1　研究现状

20 世纪 80 年代初期，日本一些公司率先在现有的瞬发电子雷管上加装电子延期电路，实现电子雷管的延期，可以在 1~8 s 内任意设置，步长为 1 ms；同时，雷管延时误差不超过 2.2 ms，该雷管便是现代数码电子雷管的雏形。1993 年，AEL 公司和诺贝尔公司也先后研制出了具有自主知识产权的第一代数码电子雷管。20 世纪 90 年代，数码电子雷管及其起爆系统进入快速发展时期，诺贝尔公司于 1996 年研制出第二代数码电子雷管，随后 AEL 公司在 1998 年也开发了新一代数码电子雷管。1998 年，诺贝尔公司开发的产品抢先占据数码电子雷管市场，并成立了 Bickford 公司，专门从事 Daveytronic 数码电子雷管及其起爆系统的开发和生产；随后，诺贝尔公司又与澳瑞凯公司合资成立了精确爆破公司，负责研制 PBS 型数码电子雷管及其起爆系统。1999 年，澳瑞凯公司对产品进行了迭代，开发了 I‑Kon 系列数码电子雷管及其起爆系统；2001 年，澳瑞凯公司开始在全世界推广 I‑Kon 系列数码电子雷管。

10.4.4.2　产品

目前，数码电子雷管产品以澳瑞凯、AEL、日本旭化成等公司的技术比较成熟，具体介绍如下。

（1）澳瑞凯公司的电子雷管。澳瑞凯公司生产的电子雷管是高端工业雷管技术的典型代表，被广泛应用于控制爆破、台阶爆破、井下采矿爆破等场所，经过近三十年的技术开发和迭代研究，目前已经发展到第五代技术；同时，澳瑞凯公司还根据不同应用场景和用户需求，开发了不同技术标准和不同价格的电子雷管产品。

其中，I‑KonTM 电子系列雷管全部可编程，最大延期时间为 30 s，特殊场合可满足最小延期间隔为 0.1 ms。该系列产品在电子控制模块中植入电容，采用集成电路芯片，可使雷管独立工作，并将炸药密封于管壳内，提高了雷管的抗动压能力。尾线采用镀锌铜包钢材料，保证了抗拉强度；脚线的外部绝缘层采用特殊的聚丙烯材料制成，大大提高了耐磨性能，使其适用于大多数矿山和采石场条件。雷管的尾线部位有活动连接部分，能与爆破母线进行快速便捷的连接。该系列雷管使用范围广，在苛刻条件下的优越性得到很好的体现。

（2）南非 AEL 公司的电子雷管。非洲炸药有限公司（AEL）开发了两个系列的数码电子雷管及其起爆系统，分别是 Smartdet 系统和 Electrodet 系统。该电子雷管的延期时间可以采用预调延期时间（固定延期时间）和可编程序系统两种。其中，Smartdet 系统能够很好地控制爆堆、震动和飞石等。Smartdet 系统由 3 部分组成，分别为隧道爆破系统、窄矿脉系统、通用爆破系统。Electrodet 电子雷管起爆系统由 4 部分组成，分别是电子雷管、总控装置、作业面控制盒和地面计算机管理系统。按照国际采矿行业安全性能级别和提高生产率的要求进行设计，该电子雷管分为地面爆破专用系统和窄矿脉爆破系统。Electrodet 爆破软件由两部分组成，分别是 Detnet 2000 和 Mi Mine，所有的爆破器材的控制由 Detnet 2000 完成，Mi Mine 的功能是根据用户需求，将数据转换成表格或者图形。

（3）日本旭化成化学工业公司的电子雷管。日本旭化成化学工业公司开发的电子延时雷管（EDD）主要由瞬发电雷管、IC 定时器和电容器组成。所有元器件封装在一个直径为 17 mm、长为 110 mm 的塑料管内，产品开发耗时 10 年。该产品应用电子延时雷管的控制技术，在降低爆破震动和噪声、降低炸药单耗、提高爆破能量效率和爆破效果、改进光面爆破方法、减少原岩松动区和超控量、减轻预裂爆破震动等方面效果显著。该公司根据使用环境需求，开发了 3 个系列的数码电子雷管，分别是光面爆破专用型、露天爆破专用型和隧道爆破专用型，延期时间最长可设为 800 ms，步长为 1 ms，延期误差在 0.2 ms 以内。

国外数码电子雷管技术起步早、发展快，其产品可靠性较高，但也存在井下应用拒爆和安全事故发生的情况，关于拒爆问题的分析及研究的公开资料较少。

10.4.5　国内数码电子雷管研究现状

国内数码电子雷管起步较早，但发展速度缓慢。20 世纪 80 年代，云南燃料一厂和原冶金部安全环保研究院开始合作研制电子延期超高精度雷管，于 1988 年完成我国第一代数码电子雷管，从而填补了我国在数码电子雷管研制领域的空白。我国开发的第一种数码电子雷管采用电子技术器，取代化学延期体以完成延期时间的精确控制，不具备在线编程和检测、数据交换、密码管控等功能。随后在很长一段时间内，数码电子雷管的研发处于停滞状态。直至 1996 年，云南燃料一厂重新投入数码电子雷管的研发，并于 2001 年 12 月实现了数码电子雷管的设计定型及技术鉴定。随后，贵州久联民爆器材发展股份有限公司也开始了数码电子雷管的研发工作，历时两年多，开发出具有自主知识产权的数码电子雷管产品。该产品于 2006 年 5 月通过了原国防科工委的技术鉴定。

2007 年 1 月，北方邦杰科技发展公司研制的"隆芯 1 号"数码电子雷管通过了国防基础科研项目验收。2009 年 7 月，山西壶化集团经工信部批准，从国外引进了电子雷管生产工艺及设备，建立了首条电子雷管装配线；随后，中国兵器工业西安 213 研究所、创安达公司等也相继开展了此项研究工作，不断推进电子雷管的技术进步。

由于电子雷管具有优越的安全性和管控功能，受到公安部和各省区市政府及公安厅（局）的高度重视。自 2008 年以来，公安部多次发文安排布置工业电子雷管技术方面的工作。根据工信安全 [2018] 第 237 号《工业和信息化部关于推进民爆行业高质量发展的意见》，我国将逐步淘汰普通工业电雷管和导爆管雷管，全面推广使用工业数码电子雷管。为了适应这一新形势的变化，国内工业雷管厂家也纷纷加入数码电子雷管生产行列，产量出现爆发式增长。

从目前的使用情况看，数码电子雷管在露天爆破中受到使用单位的好评和认可，但是在 2015—2017 年期间，数码电子雷管在隧道、矿井、基桩等爆破作业中存在问题较多，拒爆（或盲炮）率最高达 10%，瞎火率达到 20% 以上。2018 年以来，芯片企业对芯片技术进行升级，并对爆破方案进行优化，在隧道、矿井、基桩等爆破作业中存在的问题得到有效改善，深孔爆破拒爆率低于万分之五，质量水平与导爆管雷管相当；但在隧道、矿井、基桩等浅孔装药小孔爆破中拒爆率仍然较高，拒爆率在千分之几甚至更高，质量水平甚至低于普通电雷管。

10.4.6　数码电子雷管存在的问题

数码电子雷管因其精准的延期时间、优化简单的网络设计、安全可靠的密码起爆、有效降低爆破震动和显著减少环境污染等诸多优点得到快速的发展。在产品大规模的推广应用过程中，存在的问题也日益突出，如芯片技术参差不齐、产品质量不稳定、井下使用拒爆率居高不下等。其中，以井下小断面爆破拒爆率高最为突出。井下爆破采矿、隧道掘进、煤矿井下开采等爆破作业是工业雷管的主要市场，占总使用量的 2/3 左右，因此，研究数码电子雷管井下使用的失效机理、解决数码电子雷管的失效问题迫在眉睫，是数码电子雷管顺利推广和实现逐步升级换代的关键。

传统延期雷管的延期是靠管内的延期药剂进行延期的，而数码电子雷管的延期依赖于管内的电子控制模块。数码电子雷管与传统药剂延期雷管工作原理最大的不同就是传统药剂延期雷管起爆时引火元件是接受点火信号后瞬时作用，结构简单，药剂延期过程受外界因素（如震动冲击、电磁干扰等）影响较小，而电子雷管引火元件是延期结束后作用，外界因素会对电子雷管构成一定程度的影响。

结合国内学者分析，数码电子雷管的小断面拒爆问题主要归结为三大类：

（1）冲击震动。地下小断面爆破面狭小，孔间距小，岩矿致密，但爆破参数沿袭导爆管雷管设计方案进行设计。小断面爆破应用中炸药爆炸产生的冲击波会对数码电子雷管造成过载冲击，使其内部元器件遭受过载冲击从而引起不同程度受损。

（2）岩石挤压。炸药爆炸后产生的能量使岩石移动，挤压后爆雷管，使雷管变形，造成盲炮。

（3）电磁干扰。炸药爆炸时产生的低频爆轰波，导致电子雷管内部电路的损坏。

一些研究者通过对拒爆问题的现场观察和分析，认为电磁兼容是电子雷管发生拒爆的主要原因。对于导致电子雷管拒爆的电磁兼容问题，敏感元件比较明确，就是电子雷管中的电子延期体；除了正常情况下的干扰外，前段已经完成爆破导致的诸多干扰源，综合体现在爆破母线和尾线上，即相互叠加的高压短时低电流干扰。宏观上表现出容性干扰，既有传导干扰，又有辐射干扰，而且干扰覆盖完整频谱的范围，而无法分割处理。在金属矿开采爆破过程中，金属元素产生的干扰远比纯岩石开采要强大得多、复杂得多；岩石越硬，电磁干扰电压越强；布线凌乱会增加干扰点，加剧干扰程度。

目前，关于数码电子雷管在井下小断面爆破中应用的相关理论研究缺乏系统性，关键技术的研究尚不成熟，亟待系统、完善地解决。

思　考　题

1. 试述工程雷管的号数由来。
2. 试述工程电雷管发火时间和通电电流的关系。
3. 设计工程爆破网络时应注意什么？为什么？

第 11 章
导弹火工品

导弹武器具有威力大、精度高、射程变化范围大等突出的优点。导弹的出现和发展是武器发展史上的重要阶段。现在各国都很重视导弹武器的发展，而且现在常规武器中的炸弹、炮弹也在向可制导化方向发展，这就使得以往的制导武器和非制导武器的界限渐趋模糊。本章将介绍导弹火工品的一般知识。

11.1　导弹火工品的用途

火工品在导弹上的用途极为广泛，为了了解火工品在导弹中的作用，首先对导弹的构造作一个简单的介绍。

导弹主要由战斗部、制导系统、控制系统、弹体、推进剂和动力装置等组成，如图 11 - 1 所示。

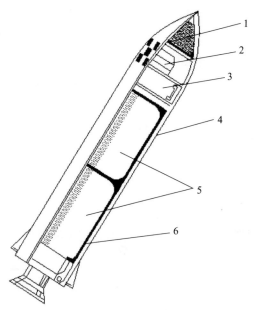

图 11 - 1　导弹结构
1—战斗部；2—导引系统；3—控制系统；4—弹体；5—推进剂；6—动力装置

（1）战斗部：战斗部用于摧毁目标，是完成战斗任务的部分。由于战斗部大多数放置在导弹的头部，人们又习惯称为弹头。由于导弹所攻击的目标性质和类型不同，相应地有各种毁伤作用和不同结构类型的战斗部，如爆破战斗部、杀伤战斗部、聚能破甲战斗部、化学战斗部、生物战剂战斗部以及核战斗部。

（2）制导系统：用来制导导弹飞向目标的仪器、装置和设备。制导系统由两个分系统组成：①测量并修正飞向目标偏差的系统称为导引系统；②保持稳定飞行，控制飞行姿态以命中目标的系统称为控制系统。

（3）弹体：即导弹的主体，由各舱、段以及空气动力翼面连接而成。弹体有空气动力学外形良好的壳体，用来安装战斗部、控制系统和动力装置及弹上电池等。

（4）弹上电源：是供给弹上各分系统工作用电的电能装置，除电池外，通常还包括各种配电和变电装置。

（5）动力装置：以发动机为主体，为导弹飞行提供动力的部分，也可把这个组成部分称为推进分系统。动力装置保证导弹获得需要的射程和飞行速度。有的导弹有两台发动机：一台是起飞发动机（或称为助推器），用来使导弹迅速起飞和加速；另一台是主发动机（或称为增速发动机，也称续航发动机），用来使导弹保持一定的飞行速度，以追击目标。不少型号的反坦克导弹和地对空导弹采用两台发动机，而远程导弹、洲际导弹则要用两台以上的发动机。

为了清楚地认识火工品在导弹中的作用，这里以结构和作用均较简单的"陶"式反坦克导弹为例，介绍它的发射过程。

"陶"式导弹是典型的第二代反坦克导弹，美国于 1970 年投入使用，已装备三十多个国家和地区，其结构及各种部件位置如图 11-2 所示。

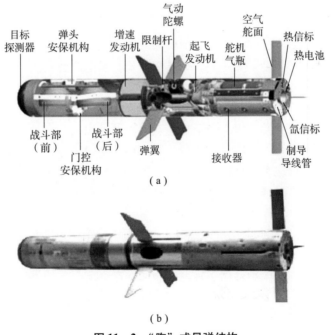

图 11-2　"陶"式导弹结构

（a）结构示意图；（b）外观图

"陶"式导弹的发射过程描述如下：

设按击发开关 $t=0$ 时，同时定时程序开始启动；当 $t=75$ ms 时，由地面控制箱供电（24 V），弹上热电池点火头发火，激活电池，准备供电。陀螺点火具同时点火，打开气瓶，放出气体，启动陀螺转动并达到额定速度。当 $t=1.5$ s 时，起飞发动机点火具发火；80 ms

后点燃发动机内的推进剂，在 39 ms 内燃完，导弹在发射筒内开始运动。设此时 $T = 0$，当 $T = 50$ ms 时，右翼片张开到 45°，电子舱内电爆开关由弹上电池供电（50 V）发火。$T = 100$ ms 时，左翼片张开到 90°，由弹上供电，舵机开瓶装置发火，产生 88 N 推力，将限制杆在 15 ms 内推移 3 mm，准备解脱一级保险。至此，速度达 65 m/s，并已飞行 7 ~ 12 m。此刻由弹上电池供电，增速发动机点火器点火，并点燃引燃药盒，160 ms 后推进剂点燃，引信第二级保险解脱，推进剂在 1 s 燃烧完，速度猛增到 360 m/s。导弹靠惯性飞行。当命中目标时，弹头碰合开关碰合，雷管起爆，引起导弹爆炸。射手抬起手柄，由控制箱供电，使安装在发射筒内壁左右两侧的切线器发火，切断飞行导线，即可取掉发射筒。到此完成了一发导弹发射的全部动作。

由上述可知，火工品在"陶"式导弹上具有点火、起爆、控制等作用。比在炮弹、火箭弹上的作用多得多。在较复杂的导弹上，火工品还用于级间分离系统、自毁系统以及某些电路电气的接通、断开等。

火工品作为执行机构，与完成同样动作的其他形式机构相比，它具有重量轻、体积小、工作电源小、输出能量大、作用迅速、成本低、可靠性高等一系列优点，非常适用于导弹对体积和重量等的严格要求。所以火工品在导弹武器上得到了广泛的应用，而且随着导弹的发展，火工品的应用会越来越多。

下面就火工品在导弹中的点火、控制、分离、自毁等方面的应用情况作一简单介绍。

11.1.1　点火系统

几乎所有的固体发动机和许多液体发动机都采用点火具来点火，其结构和原理与前面介绍过的火箭弹点火具相同。发火头一般为灼热桥丝式，目前广泛使用的点火药为黑火药。

液体发动机如果只进行一次点火，而不要求重新启动，就可以用点火具。近年来，对要求重新启动的液体发动机，也有用点火具来点火的。

大型固体发动机药柱的尺寸大，为了确实点火，可采用点火发动机点火。点火发动机工作稳定可靠、燃烧持续时间长、能量大，目前即使在较小的固体发动机上也有用点火发动机点火的。点火发动机通常装在药柱前端，顺流喷射点火，也有装在喷管内逆流喷射点火的。点火发动机以及后面将要提到的控制发动机、分离反推发动机，又统称小发动机，国外一般都把它列为火工装置。

放热双金属点火材料，例如 Pyrofuze 材料，也可用于固体发动机点火。这是一种新的火工器件。它是在铝芯外包覆金属钯的型片，其截面可为各种不同的形状，装在推进剂中用于点火。其特点是结构简单、作用可靠，且可消除通常点火所引起的点火压力峰。

11.1.2　控制系统

控制系统用以保证导弹稳定地飞行并操纵导弹改变飞行姿态，使其按所要求的方向和弹道飞行而命中目标。许多导弹控制系统中的滚转控制、微调控制、姿态控制、旋转稳定、消旋控制等可利用小火箭发动机的推力来实现。在中型导弹上使用的一种典型的旋转稳定小火箭发动机，其直径为 38 mm，长为 159 mm，重量为 0.36 kg，燃烧时间为 1 s，平均推力为 196 N，总冲量为 226 Ns。

根据战斗要求，导弹在飞行弹道的特定点上，必须终止其推力。一种常用的简单方法是利用推力终止装置打开燃烧室前端。这种装置由推力终止固定环、起爆器、柔性导爆索等火工件组成。点火后推力终止固定环破裂，然后燃烧室压力把推力终止封门推出，导致火箭发动机前端通气而实现推力终止。

近年来也有推力终止装置安在固体发动机壳体和喷管之间的报道。推力终止装置中爆炸螺栓爆炸后，使发动机壳体与喷管之间形成间隙，燃气迅速排出，燃烧室压力骤然下降，致使熄火，实现推力终止。

导弹上电子器件的开关可用燃气开关或电爆开关等火工器件进行控制。一个火工器件可以对几个电路同时实施控制。

11.1.3　级间分离系统

1. 大型导弹的级间分离

大型导弹的弹头与弹体间的分离都是由分离系统来实现的。要求分离机构在分离时刻之前连接可靠，而分离时刻又要迅速而确实分离。火工器件可以很好地满足这种要求，所以导弹特别是大型导弹一般都是采用火工器件来分离的。

2. 小型或中型导弹的级间分离

小型或中型导弹的级间分离常使用爆炸螺栓，大型导弹如果也使用爆炸螺栓，则要用很多个，这样就降低了可靠性，所以大型导弹多用可靠性高的聚能导爆索（一种火工元件）来切割级间段蒙皮（图 11 - 3）。近年来，有的导弹将柔性导爆索（一种火工元件）装入一带有橡胶或塑料衬套的不锈钢管中使用（图 11 - 4），当爆炸时柔性导爆索产生的能量使衬管膨胀时，扁平形钢管变圆，从而切断蒙皮，而钢管并不破裂，避免爆炸气体产物和金属碎片对仪器设备的损坏。

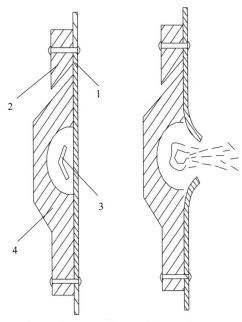

图 11 - 3　聚能导爆索切割蒙皮原理图

1—壳体；2—搭接环；3—聚能导爆索；4—支承环

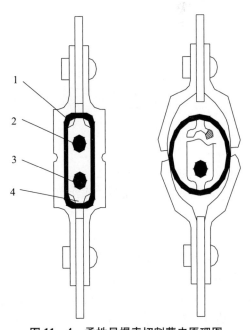

图 11 - 4　柔性导爆索切割蒙皮原理图

1—钢套；2—柔性导爆索；3—备用导爆索；4—塑料衬套

随着导弹技术的发展，运载能力的增强，多级火箭承受载荷能力的增大，用爆炸螺栓连接越来越暴露出它的缺点，因为不但用的爆炸螺栓数量多，而且单个螺栓的直径也要大，不仅可靠性下降，而且也给设计带来了新问题。所以目前导爆索越来越多地用在导弹上，有取代爆炸螺栓的趋势。

上述动作只是解开了两级，并没有使两级分离开。要使级间分离开，通常有两种方法：热分离和冷分离（加力分离）。所谓热分离就是靠上一级发动机喷气的作用把两级分开（图 11 - 5）。上一级发动机在两级仍连接时就开始点火，因为两级间的一段空间平时是密封的，所以上级点火的同时要打开级间段的排气孔，以防压力增高造成危害。这个打开级间段排气孔的动作可由另一组爆炸螺栓或导爆索来完成。

冷分离方式是借助辅助的加力和反推固体火箭来分离的。上一级发动机待两级分离后才点火，因此称为冷分离或加力分离（图 11 - 6）。分离时反推火箭将下一级推开，加力火箭使上一级加速。在两级分开一定距离之后，上一级发动机才点燃。当然，这种分离要求反推火箭要具有很高的可靠性。

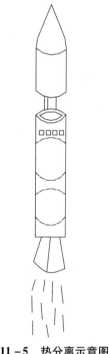

图 11 - 5　热分离示意图

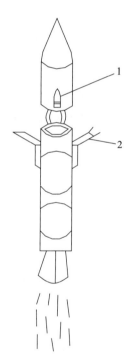

图 11 - 6　冷分离示意图

1—加力火箭；2—反推火箭

在上述解开及分离开的动作之前，还应该用爆炸开关和爆炸阀门等火工器件将电路断流并关闭液体和气体系统的阀门。

由上述可见，级间分离必须考虑许多相关的因素和相互矛盾的要求。各系统之间的协调问题比较复杂，稍有差错就会导致飞行失败，因此要特别重视可靠性问题。

11.1.4　自毁系统

万一导弹失灵，为了防止己方受到危害和失密于敌方，所以在导弹上设计了自毁系统。

自毁系统中常用聚能导爆索进行破坏，或用柔性导爆索引爆自毁炸药，还有用聚能导爆索对装自燃推进剂的箱子实施破坏，从而引起推进剂的混合和爆炸而实现自毁。聚能导爆索一般是具有聚能效应的 V 形或 U 形结构，其 V 形或 U 形部分装填炸药。装在 V 形或 U 形金属管中的炸药被雷管引爆后，爆轰沿炸药传播，爆轰波到达处，形成聚能金属流，如图 11 - 7 所示。该金属流能穿透一定厚度的金属板，切割厚度随炸药药量的变化而变化。

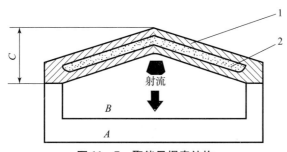

图 11 - 7　聚能导爆索结构

1—外壳；2—炸药

对于重要的电路板、光电机械系统等可用薄片炸药同这些系统连在一起，在自毁时进行有效而彻底的破坏。

利用炸药爆炸（或燃烧）的能量进行切割，因其工艺简单、效率高、速度快，广泛应用于军民领域。如金属切割索不仅可应用于火箭级间分离、关键器件自毁，还可应用于拆船业水下快速切割打捞以及建筑业。

11. 2　典型导弹火工品简介

导弹火工品的结构原理与前面所述的火工品基本相同。下面仅对导弹用的典型火工品作一简单介绍。

11. 2. 1　点火火工品

1. 点火具

点火具是导弹上运用最多的一种火工品。点火具将推进剂的表面迅速地加热到点火温度，使装药能正常地进行燃烧。最常用的是桥丝式点火具，图 11 - 8、图 11 - 9 是其中的两种类型。图 11 - 8 为装有两个单桥的点火管结构，图 11 - 9 为四脚双桥点火具结构，这是为提高可靠性而采取的两种常见形式。

图 11 - 8 中装有黑火药作为点火药；图 11 - 9 中仅有引燃药，点火药装在发动机中一个点火药盒中。黑火药是目前广泛应用的

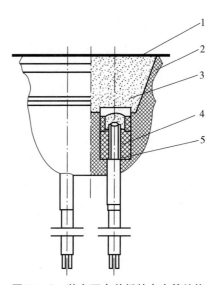

图 11 - 8　装有两个单桥的点火管结构

1—盖片；2—本体；3—黑火药；4—点火管；5—密封圈

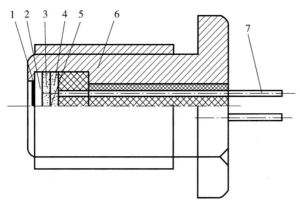

图 11 - 9　四脚双桥点火具结构

1—密封胶；2—盖片；3—第二装药；4—第一装药；5—桥丝；6—壳体；7—脚线

一种点火药。小型导弹发动机常用的是 2 号小粒黑火药，大型发动机则常用 1 号大粒黑火药作主药包，2 号小粒黑火药作辅助药包，同装在一个点火药盒里。但是黑火药的能量较低，燃速不够快，为了改善这方面的性能，在黑火药中添加一些铝镁粉等金属粉或者用金属粉加过氯酸盐组成的烟火剂作点火药。它们虽然改善了黑火药能量低和点火延迟时间长的缺点，但是铝镁粉易氧化，镁粉易吸潮，也带来了贮存和使用性能不够安定的问题。

对于只需一次点火的液体发动机，也可以用点火具。但是考虑到高空低压环境下会使点火延迟时间增加，影响点火的可靠性，所以要求点火具应具有秒流量大、发热量大、持续时间长的特点。

2. 小火箭发动机

小火箭发动机的结构如同普通火箭发动机一样，由于它具有能完成点火、旋转稳定、消旋、级间分离等特种功能，所以国外都把它列入火工器件中。图 11 - 10 是法国阿里安运载火箭上用的分离发动机，推力为 130 MPa，总冲量为 2.9×10^4 Ns，工作时间为 1 s。

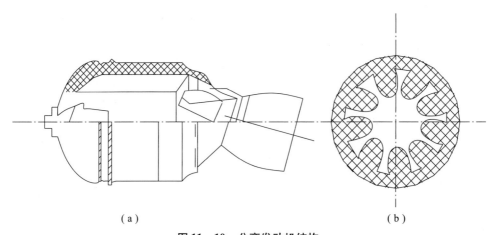

（a）　　　　　　　　　　　　　　　　　　　　　（b）

图 11 - 10　分离发动机结构

（a）侧向剖面图；（b）轴向剖面图（装药）

3. 爆炸线电爆管

美 XM8 电爆管上有一种结构较为典型的爆炸线火工品，可用于导弹的发射和控制系统，其结构如图 11 – 11 所示。当通过 52 Ω 电缆线输入电压为 2 000 V、电容为 1 μF 的能量时，此电爆管可靠发火。而导弹在地面勤务处理和使用时可能遇到的各种情况下是安全的。

这种电爆管结构上除用爆炸线外还采用了 3 种安全措施：

（1）完全屏蔽、完全隔离结构。点火药装在膜片帽与壳体之间，形成屏蔽；膜片帽装在爆炸线和点火药之间形成隔离。这样，可防止电磁场对药剂的作用，并且当杂散电流加热爆炸线、甚至融熔时，还能保证安全。但当通电起爆时，可将膜片帽中心部位上直径 1 mm、厚仅 0.025 mm 的薄弱部分剪切下来，形成引燃通道。

（2）空气隙结构。在塞子上钻有 3 个孔，构成一个从电极到壳体的电击穿薄弱环节，可防止静电和射频的意外引爆。

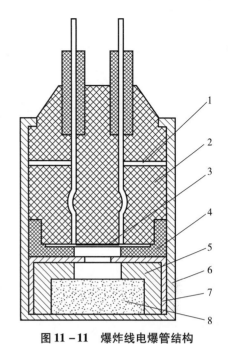

图 11 – 11 爆炸线电爆管结构

1—空气隙；2—电极塞；3—爆炸线；4—衬垫；
5—剪切垫；6—壳体；7—膜片帽；8—点火药

（3）绝缘层结构。在膜片帽与塑料衬垫之间有厚为 0.025 mm 的绝缘层，以加强爆炸线与膜片帽之间的绝缘程度。这样就可以防止爆炸线周围的空气发生电弧加热空气，使温度和压力升高而击穿膜片帽发生点火。

4. 隔板点火器

隔板点火器用来点燃导弹固体发动机。主要由 5 部分组成：起爆器、施主装药、隔板、受主装药、输出装药，如图 11 – 12 所示。隔板是外壳的一部分，起爆器引燃施主装药，施主装药产生的冲击波通过隔板引燃或引爆受主装药，受主装药再引燃输出装药。这个过程中隔板并不受到破坏。

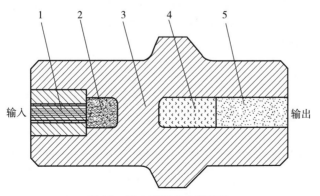

图 11 – 12 隔板点火器结构

1—起爆器；2—施主装药；3—隔板；4—受主装药；5—输出装药

这是一种非电点火器，对静电、射频不敏感，安全性好，并且具有密封点火过程的特点，所以在一些发动机上得到了应用，但是加工工艺性差。

11.2.2 起爆火工品

1. 火电两用电雷管

这是一种新式结构雷管，用于导弹战斗部的引爆，其结构如图 11 - 13 所示。当导弹碰击目标时，导弹引信的撞击式传感器接通电源，雷管因桥丝灼热而起爆。若导弹在飞行攻击中没有碰到目标，则由延期药盘直接点燃雷管，将导弹销毁。

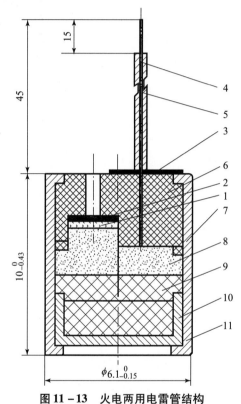

图 11 - 13 火电两用电雷管结构

1—斯蒂酚酸铅；2—绸垫；3—铝粉导电漆；4—脚线；5—套管；
6—电极塞；7—垫圈；8—氮化铅；9—泰安；10—加强帽；11—管壳

这种雷管的主要特点是由火焰、电两种输入能量起爆，为引信小型化创造了条件。雷管的导线与管壳间涂了导电漆，提高了运输、贮存和使用的安全性。这种雷管的体积小，结构也不算复杂。

导弹上除用桥丝式电雷管外，还用到火花式雷管、薄膜式电雷管。美军的反坦克导弹中一直用碳膜雷管，其能量精度很高，说明工艺达到了相当高的水平，但是结构没有什么独特之处。

2. 钝感电雷管

按美国军标规定，所谓钝感火工品是指温度为 107 ℃时，通电 1 A、1 W，300 s 不发火；在 -62 ℃时，通电 5 A、5 W 必须在 50 ms 内可靠发火。要使电火工品达到上述要求，用钝感电桥（或配合用钝感药剂）是一种使用较多的办法。另一种办法是在雷管中不用起爆药，即无起爆药雷管。这两类雷管在导弹中都得到了应用。

（1）钝感电桥式雷管。这是一种带状钝感电桥式雷管，其结构如图 11 – 14 所示。电桥为厚度仅 0.002 5 mm、宽为 0.25 mm 的镍铬合金桥带。其表面积比相同截面积的圆柱状电桥要大，单位长度电桥的消耗也就大，因而外界电场在电桥上产生的热量比较容易散失。电桥周围做成锯齿形状是为了构成电桥到铝套管的安全放电通道。

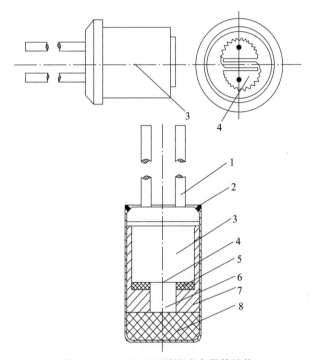

图 11 – 14　MK101 型钝感电雷管结构

1—导线；2—密封胶；3—玻璃电极；4—桥带；5—绝缘垫片；6—氮化铅；
7—铝套管；8—泰安

桥带既能耗散射频电流又能通过其锯齿形状向周边泄放静电，因此桥带是防射频、防静电电雷管的首选换能元件。

带状电桥还可以做成其他形状，图 11 – 15 是其中的几种。

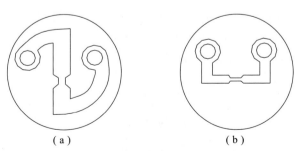

　　（a）　　　　　　　　　　　（b）

图 11 – 15　钝感起爆器带状电桥的几种形式

（a）Z 形；（b）U 形

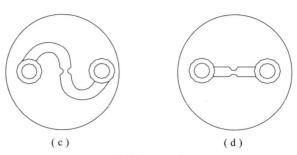

（c）   （d）

图 11－15　钝感起爆器带状电桥的几种形式（续）

（c）S 形；（d）一字形

（2）无起爆药雷管。前面介绍爆炸线电爆管时曾提到将点火药换成猛炸药，就是一个爆炸线雷管。除这种形式的无起爆药雷管外，还有冲击片雷管、飞片雷管、DDT 雷管等。

①冲击片雷管装有金属箔桥和冲击片，大电流输入箔桥，使箔桥爆炸，高温高压气体驱动紧贴箔桥的冲击片，经过飞片膛以很高的速度撞击并引起炸药爆炸。

②飞片雷管装有热丝和飞片，在两者之间加入施主装药，施主装药可以为烟火药或炸药。热丝引燃施主装药，施主装药燃烧产生的气体推动飞片，飞片以高速撞击并引爆炸药。

③DDT 雷管在强约束性的结构中装有施主装药、过渡装药和受主装药。用低电压电桥引燃施主装药，再通过过渡装药以实现燃烧转爆轰。

3. 特种导爆索类

（1）柔性导爆索。柔性导爆索是 20 世纪 50 年代后期发展起来的一种新型索类火工品，它以挠性金属为外壳，炸药为芯子。外壳材料一般为延展性能好、退火温度低的有色金属或合金，如铜、锡、铅、银、铝、铝锑合金等。药芯常用泰安、黑索金、奥克托今、六硝基芪等炸药。柔性导爆索可拉伸到直径 1 mm，在导弹上可用于爆轰传递、爆炸切割、延时控制等。

（2）聚能导爆索。为了提高威力，可以做成聚能导爆索。聚能导爆索内装有猛炸药的金属管被拉制成截面成 V 形的细长条。当被起爆后，管内的炸药爆炸，因聚能形成的金属射流切割一定厚度的金属板。聚能导爆索具有能量大、能切割多种结构及材料等特点，是应用较多的线型分离装置，如美国阿特拉斯—人马座火箭、"土星" V 号运载火箭及多种导弹上的绝热隔板分离。

以上两种导爆索在爆炸时产生高速金属碎片和腐蚀性气体产物，不能满足某些比较复杂条件的应用；同时，由于在一些特殊的应用中，常常希望充分利用爆轰产物气体所具有的能量来做功。为此，在金属柔性导爆索的基础上，发展了封闭导爆索。

（3）封闭导爆索。封闭导爆索是以柔爆索为内芯，其外采用泡沫聚氨酯、玻璃纤维、尼龙及不锈钢丝等分别作为挤塑包覆层、编织层而制成有护套的导爆索。护套有足够的厚度与强度，足以封闭住金属碎片和爆炸产生的所有气体，其结构如图 11－16 所示。

以上几种导爆索可根据不同的使用要求进行弯曲，如柔爆索可弯曲半径为 2 cm，封闭导爆索可弯曲半径为 3 cm。这几种导爆索可以在很多场合中使用，所以在导弹上得到了广泛应用。

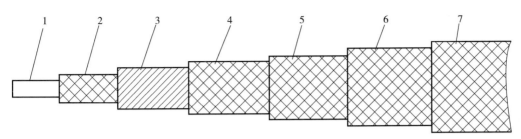

图 11 – 16　封闭导爆索结构

1—柔爆索；2，4，5，6—玻璃纤维；3—挤塑泡沫聚乙烯层；7—不锈钢编织层

11. 2. 3　做功火工品

做功火工品通常分为火药做功火工品和炸药做功火工品。火药做功火工品利用火药燃烧时产生气体的压力做功，完成某种任务（如燃气发生器）；或者利用气体的压力推动一定的载荷做功，完成某种任务（如活塞机构）。炸药做功火工品利用炸药爆炸时产生的冲击波压力达到破坏、分离或解脱某些连接部分（如爆炸螺栓）。

1. 燃气发生器和活塞启动器

燃气发生器是一种产生高压气体、作用时间比较长的启动器，可以用来驱动各种控制装置、机电系统，也可用于某些系统的充气或增压（如用于驱动陀螺，用于液体推进剂系统增压）。

对于确定的燃气发生器，产生压力的大小取决于产生气体量的多少。调节产生压力的大小除了通过改变药量外，更多的是选用不同种类的药剂来实现。常用的药剂中，无烟药产生的气体量较多，斯蒂酚酸铅次之，一硝基间苯二酚铅再次之。而如果要求产生很少的气体则可用少量黏合剂与微气体的机械混合药剂。

活塞启动器可看作是一个简单的燃气发生器与活塞的组合，其结构如图 11 – 17 所示。

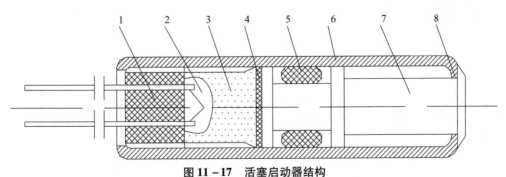

图 11 –17　活塞启动器结构

1—电极塞；2—点火药；3—推送药；4—盖片；5—密封环；6—壳体；7—活塞杆；8—密封胶

活塞启动器在导弹上的应用非常广泛，可用于导弹发射时解脱发射架的锁定、引信保险的解脱，推动电子舱的开关装置而打开弹上的电路（一次动作可同时打开几个至几十个电

路）。如果活塞的端部为尖形，则可用于刺破导弹上气瓶口部的金属箔，放出气体供弹上陀螺工作、控制舱机动作等；如果活塞端部为环形刀，则可用于切割。

活塞启动器在设计和选用时要注意其主要参数应符合使用要求。主要参数有活塞冲程、活塞最大加速度、作用时间和活塞末速等。

2. 爆炸螺栓

图 11 – 18 是常用的两种爆炸螺栓的结构图。图 11 – 18（a）表示爆炸螺栓爆炸时在环形凹槽薄弱环节处断开，使原来连接的两部分 1 与 3 分开。图 11 – 18（b）表示爆炸螺栓爆炸时，切断销子 4，使 1 与 3 两部分分开。

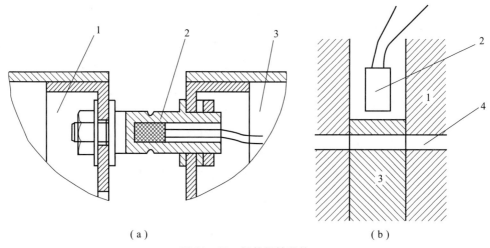

图 11 – 18 爆炸螺栓结构

（a）在环形凹槽薄弱环节处断开；（b）切断销子断开

1，3—被连接结构；2—爆炸螺栓；4—销子

3. 其他做功火工品

除上述火工品外，在导弹上还使用逻辑爆炸网络、火工红外辐射器、热电池用火工药剂和长时间曳光管等火工品。

11.3　导弹火工品的安全性问题

导弹的贮存和使用条件往往是很恶劣的，因此对火工品提出了严格的要求。通常，舰用导弹的环境更差。在舰上长期库存和上架待发的导弹始终处于温度、湿度、盐雾、霉菌、风雨、云雾、电磁场、震动、冲击、摇摆以及挥发性有害气体等一系列有害物理场的包围中，所有这些物理量将构成不安全因素，可能对导弹武器的正常使用直接或间接地产生不利影响，其中电磁场的影响尤为严重。20 世纪 60 年代，由于导弹和电子技术的发展，防电磁场影响已作为特殊的要求而提出。为此，导弹火工品应具有高度的安全性、稳定性和可靠性。具体而言，导弹火工品除要满足对火工品的一般要求外，还特别要求具有防静电、防射频（简称为"双防"）的能力和高度的可靠性。

11.3.1　关于"双防"问题

导弹火工品的"双防"是个很值得重视的问题。静电和射频对火工品有明显危害，所以在使用火工品时要采取必要的防护措施或选用钝感火工品。在几类电火工品中，桥丝式电火工品性能较稳定和安全，因而使用量最大。下面以桥丝式电火工品为主介绍导弹火工品的"双防"问题。

1. 关于防静电问题

导弹静电是常见的现象。迅速揭掉导弹上的塑料罩，弹体就会带电；导弹装在轮胎式牵引车上行驶，而车对地又没有电通路时，弹体就会积累 $10^2 \sim 10^3$ kV 的静电；带电云层从暴露的导弹上空经过时也会使导弹带电；导弹加注或排泄液体燃料时，在软管接管嘴处由于摩擦也会产生很高的静电；从火箭发动机喷管排出的高速炽热燃气流也会引起静电；导弹在飞行时也可产生 10 kV 量级的静电；如果导弹通过或靠近带电的云层，产生静电的现象则更为严重。

目前电火工品是以人体静电作为检测标准的。经考察人体带电的情况，美军标规定：贮能电容为 $(500 \pm 5)\%$ pF，电压为 (25 ± 5) kV，串联电阻为 $(5\,000 \pm 5)\%$ Ω，总电感为 5 μH，在 (70 ± 5) ℉湿度小于 50% 的环境下火工品放电应不爆炸。有关防静电火工品结构参见第 5 章电雷管的有关部分。

2. 关于防射频问题

在自然界空间中充满电磁波，光本身就是一种电磁波，热辐射也是一种电磁波，可见电磁波对电火工品的作用是不可避免的。防射频问题，实际上只是怎样防止电磁波引起火工品意外发火及引起火工品性性能改变问题（如钝感、迟发火等）。

电磁波对火工品作用效果是个很复杂的问题。电磁波对火工品的作用，最后往往归结为电流作用（桥丝式或导电药式），故常常以火工品发火电流及功率指标来衡量电火工品抗电磁波的作用。

电台和雷达发射的电磁波对电火工品的危害最大，故常说射频对电火工品的危害。

射频对电火工品的危害可以归纳为几个方面：①来源于发射机功率、方向及同电火工品相对位置；②由于电火工品结构带来的危害；③由于电火工品过于敏感而引起发火。对于①的原因无法改变，对于②和③可以设法改变。

对于桥丝式电火工品，射频能量或是以电流的形式通过脚线输入桥丝，加热到一定温度后会使火工品发火；或是以电压的形式加在脚线—管壳之间，电压足够高时因击穿产生火花放电而引起电火工品发火。其中前一种形式引起发火的可能性较大。

对射频危害的防护，通常应采取综合的措施。其中屏蔽是防射频主要而有效的措施。按照美军标规定，武器外壳对射频为 1 MHz ~ 20 GHz 的射频能量应衰减 60 dB；对 1 ~ 100 MHz 的射频能量应衰减 40 dB。

为了对导弹进行测试、控制、维修、馈电和散热等，不可避免地要在外壳上开设洞孔缝隙，这样就产生了外壳的电气不连续现象。为了避免由此形成的射频能量的泄漏，应采取一些弥补措施，如对封闭式洞孔可安装金属网或金属垫圈；对于开放式洞孔应限制直径，加大深度并限制洞孔的数量；对于有活动盖罩的洞孔，为了减少与外壳的接触电阻，可采用多触点弹簧等措施。

但是，往往仅靠外壳的屏蔽是不够的，常常还把电火工品、电源、传输电线、开关、保险机构分别或整个屏蔽在特制的金属壳内，并且外接线一律采用屏蔽电缆。

当弹体内部有发射机时，只靠屏蔽防射频是不可靠的，还需外接射频陷阱线路，其原理如图11-19所示。电容器与发火线路并联，以旁路射频电流、二极管 P 与发火线路串联以防止反向电流通过，从而组成对射频的陷阱。当输入正向发火直流或低频电流时，电容器 C 上基本没有电流通过，可以保证正常发火。实际线路很紧凑、体积很小，美国在导弹引信上已经有应用。

电火工品在导弹上使用时，除了采用上述措施外，还要在火工品的导线入口处安装穿心低通滤波器以提供必要的衰减。衰减器有多种形式，图11-20是其中的一种。当高频进入电路时，电容呈短路状态，经电感的衰减和电容的旁路，阻止射频通过火工品；当低频或直流进入电路时，电容呈开路状态，电感的衰减量也很小，电流可通过使火工品正常发火。

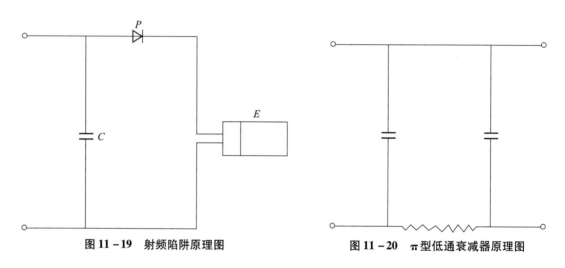

图 11-19　射频陷阱原理图　　　　　　　图 11-20　π型低通衰减器原理图

电火工品在结构设计上的防射频措施可参见第5章电雷管相关部分内容。

11.3.2　关于可靠性问题

导弹的可靠性是指在特定的条件下，按要求的时间将弹头送到目标区并发生爆炸的概率。可靠性是保证导弹成功攻击敌方的重要指标。火工品作为导弹中的部件或元件，其可靠性问题显得特别突出。

火工品是一次作用的器件，不能在使用前进行发火或爆炸性能的100%的检查。火工品又都是导弹武器中的关键件，所以火工品的可靠性的高低决定着所在系统的可靠性的高低。

一个系统中若有 i 个元件（不只是火工件），其中任一个元件不正常工作都影响整个系统的可靠性，那么这个系统可靠性的指标可表示为

$$p = p_1 \cdot p_2, \cdots, p_i$$

式中：p 为系统的可靠性；p_i 为第 i 个元件的可靠性。

假设每个元件的可靠性都是相同的，设 $i = 10$，要求 $p = 0.95$，那么

$$p_i = \sqrt[10]{p} = \sqrt[10]{0.95} = 0.994\ 88$$

当 $i = 100$，$p = 0.95$ 时，

$$p_i = \sqrt[100]{p} = \sqrt[100]{0.95} = 0.999\ 49$$

当 $i = 1\ 000$，$p = 0.95$ 时，

$$p_i = \sqrt[1\ 000]{p} = \sqrt[1000]{0.95} = 0.999\ 95$$

这就是说元件的可靠性必须高于所在系统的可靠性，而且系统越复杂，元件数越多，则要求元件的可靠性就越高。"陶"是很普通的导弹，但是可靠性却达 95%。可见导弹对于火工品这样的关键件有很高的可靠性要求。

为了提高导弹火工品的可靠性，在设计、制造和使用时必须要采取一些有效的措施。

(1) 设计时要选取合理的结构，采用保险措施，并进行严格的模拟试验。如有确定的防潮措施结构要比没有防潮措施的结构可靠。另外，只要有可能，应采用标准规格的零部件，并且要求标准件的性能与产品要求的可靠性相一致。对于桥丝式电火工品，增加一根桥丝作为保险措施则可靠性要比单桥高。

导弹结构复杂，使用环境条件的要求苛刻，作用于导弹上的随机因素很多，所以在设计阶段一定要认真进行诸如温度和交变、压力、力学以及太阳辐射等环境模拟试验，以保证使用时性能的可靠性。

(2) 生产时应严格工艺条件，严格检查挑选。生产过程应尽量提高自动化程度，因为自动化高的工艺过程有利于产品质量的提高。生产工艺条件要一致，并且不要轻易变动。如果可靠性要求很高，则对火工产品的零部件某些重要的质量情况（如焊接桥丝的质量）要进行 100% 的有效检查，剔除质量不好的产品。对于产品及其零部件，凡涉及可靠性的质量问题，应尽量用无损检验的方法进行 100% 的检验。

(3) 交验时要有科学的交验统计方法。交验时不充分考虑可靠性的不同要求和批量的大小，仅是抽取一定数量的火工产品进行上下限试验，合格就可以交验的办法是不可取的。实际上，如果置信度为 0.9，要求可靠性为 0.9，仅需要 22 次连续成功的试验即可；如果要求可靠性为 0.99，就需要 230 次连续成功的试验；如果要求可靠性为 0.999，那么就需要 2 303 次连续成功的试验。如果可靠性再要提高，则连续成功的试验的次数还要更多。所以，生产一批用于高可靠性的远程导弹的火工品应是其中的大部分被消耗掉，仅剩下很少的一部分用于导弹上。

(4) 火工品用在导弹关键部位时，可采取装设重复火工件的措施来提高可靠性。这样装设的火工件一般是并联件。各火工件发生故障是互相独立的，只有当几个并联火工件同时发生故障时才无法工作。设有 n 个火工件，每个件的可靠性相同，即

$$p_1 = p_2 = \cdots p_n$$

则总的可靠性为

$$p = 1 - (1 - p_i)^n$$

若每个火工件的可靠性为 $p_1 = p_2 = 0.9$，$n = 2$，则

$$p = 1 - (1 - 0.9)^2 = 0.99$$

可见，装设重复火工件，则部件的可靠性会显著提高。导弹发动机点火装置采用并联双

点火头就是出于这种考虑。又如，在导弹的一根导线上安装两三个切割器，以完成切割动作，其可靠性将大大提高。

（5）导弹发射前进行测试检查。导弹武器经运输和长期贮存后，其可靠性会有所降低。为了保证工作时的可靠性，应定期对火工品及其他部件、系统进行测试和检查。发射前必须对导弹的关键环节乃至全系统进行测试和检查。

要求导弹高可靠性与低成本是矛盾的，但由于火工件成本仅占导弹总成本的很小一部分，因而首先应努力采取各种必要的措施以提高可靠性。

思 考 题

1. 导弹火工品的特殊性是什么？
2. 什么是射频陷阱？如何防止射频对火工品的作用？

第 12 章

先进火工技术

12.1 概　述

火工技术是利用了火药、炸药、烟火剂等含能材料的燃烧和爆炸特点以及其他物理和化学能源转换原理实现能量的精确控制和转换的技术。火工技术广泛用于武器弹药中实现点火、起爆、传火、传爆和分离、开舱和抛散等任务，也广泛用于民用爆破器材、安全救生器材。由于采用火工技术的火工系统具有高安全性、高可靠性和高精度要求，为了实现"三高"要求，在火工系统中采用了大量的新材料、新技术和新工艺，提高含能材料的能量转换精度、安全性和可靠性。其中最具代表性的有半导体桥点火技术、激光点火起爆技术、爆炸网络技术、冲击片起爆技术和 MEMS 火工技术等，本章主要介绍这几种新技术。

12.2　半导体桥火工品技术

半导体桥（Semi Conductor Bridge，SCB）火工品是指利用半导体膜或金属—半导体膜制作发火元件的火工品。半导体桥火工品与传统的灼热桥丝式火工品相比，具有显著的优越性，其发火能量低，安全性高，作用时间短，可达到微秒量级。

半导体桥火工品诞生于 1968 年。美国桑地亚实验室于 20 世纪 80 年代中期对半导体桥火工品进行了研究和完善，并于 1987 年获得专利。半导体桥火工品最早应用于军事领域，但很快就转入民用领域的应用。半导体桥火工品现已应用于灵巧或智能武器、卫星、弹药、汽车气囊和爆破工程等领域。目前，半导体桥火工品的发展和应用已经得到广泛重视。

12.2.1　半导体桥火工品的作用机理

一般引爆炸药的方式有两种：一种是有热传导方式使炸药温度升高至发火温度；另一种是具有高能量的冲击波冲击炸药引爆。目前常用的镍—铬（Ni - Cr）或金（Au）金属桥丝，其电阻是正温度系数，温度升高，电阻值增加；在恒定的电源电压下，由于电阻值随温度的升高而加大，因而流过电阻的电流相应降低，使得桥丝的加热速度很慢。镍—铬、金材料的熔点高，汽化温度高，需要很大的外加能量和较长的时间才能形成高温等离子体，因此，镍—铬金属桥丝只能起熔断丝式的加热作用，通过热传导来引爆炸药。

图 12 - 1 是硅的电阻率与掺杂浓度和温度的关系曲线。由图 12 - 1 可见，随温度升高，高掺杂半导体材料电阻变化不大，略有升高。当温度高于 527 ℃后，其电阻变为负温度系数。该性质使得高掺杂半导体桥材料在加热过程中易形成温度升高→电阻略下降→热功率增

大的正反馈效应；同时，硅、多晶硅材料中固态原子转换为带电的气态粒子所需的电离能量远远低于镍—铬、金之类的金属材料。因此，在高温下，高掺杂半导体材料做成的半导体桥易形成高温等离子体，并以微对流的方式渗入起爆药中使之起爆。这种热交换方式具有更高的效率，可导致发火能量降低和作用时间缩短。由于半导体桥与硅衬底紧密接触，硅衬底具有良好的散热性，有利于提高半导体桥火工品的安全电流。

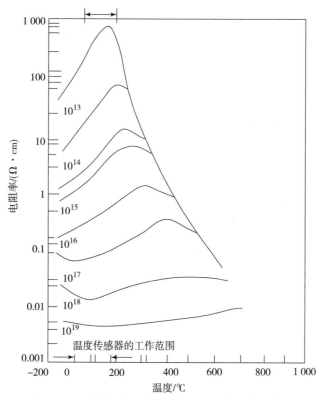

图 12 - 1　硅的电阻率与掺杂浓度和温度的关系曲线

12.2.2　半导体桥的结构和制造工艺

半导体桥的结构和灼热桥丝相比有很大的差异。半导体桥桥膜尺寸用长（L）、宽（W）、厚（t）来描述。桥的厚度由沉积在二氧化硅上的多晶硅薄膜决定。典型半导体桥尺寸为 140 μm × 40 μm × 2 μm，电阻值为 1 Ω。图 12 - 2 给出了一种半导体桥的简图，桥为 H 形。当半导体桥火工品受到发火能量激励时，二氧化硅绝热层可以确保热量集中在桥上。在掺杂浓度一定的情况下，长宽比决定了半导体桥桥膜的电阻。桥的宽度由掺杂区的形状决定，而铝电极薄膜决定了桥的长度，并为桥提供电接触。

制造半导体桥的工艺流程如图 12 - 3 所示。在蓝宝石或硅基片（面积为 2 mm²）上沉积生长一层厚度为 2 μm 的 N 形重掺杂多晶硅层，经氧化、光刻、掩模、洗蚀工序形成预定形状的半导体桥；然后在桥上沉积一层厚度为 1 μm 的铝层，再经光刻、掩模、洗蚀工序形成具有铝焊盘的成品半导体桥，将加工好的基片画线分割成芯片成品。半导体桥的封装最初采用的是陶瓷基座，即先将芯片用胶粘接在陶瓷塞内脚线柱之间，然后采用超声波将金属脚线

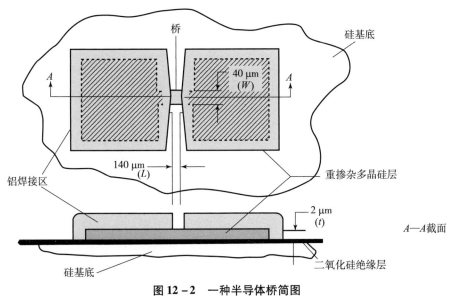

图 12 - 2　一种半导体桥简图

注：尺寸标注未按比例。

焊接在芯片上的焊盘上。但是这种工艺往往存在陶瓷破裂和焊丝断开或焊点松动的问题。为此，通常将芯片放置在绝缘电极塞的凹槽内，以保证在压药时芯片不被压碎，焊丝也不被压断；同时，电极塞材料选择耐压性和导热性好的陶瓷，并且采用多股焊丝焊接。

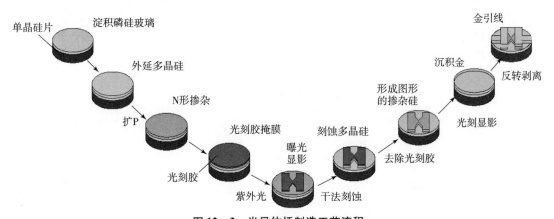

图 12 - 3　半导体桥制造工艺流程

半导体桥尺寸是半导体桥火工品设计的关键之一，如果桥区尺寸过大，提供给桥的电能不足以使电桥汽化，就会使火工品的作用不可靠。如果桥区尺寸过小，会使得桥汽化形成等离子体的量过小，达不到火工品的临界发火能量。因此，半导体桥的横截面大小要适中。

12.2.3　半导体桥火工品应用举例

半导体桥火工品的结构与常规电火工品的结构基本相似，因此，原则上能用常规桥丝式电火工品的系统都可以使用半导体桥火工品。半导体桥火工品因性能优越，自 20 世纪 80 年代后期得到了迅速发展，目前出现的半导体桥火工品品种繁多，在此仅介绍几例。

1. 点火装置

目前，主要的点火装置有火炮点火器、导弹点火器、光电炸药点火器、数字逻辑发火装置等。图12-4是美国桑地亚实验室研究的用于美国埃格林导弹上的点火器结构。该点火装置利用导弹高压脉冲，采用变压方式向半导体桥加低压而引燃（不爆）点火药。

2. 起爆装置

起爆装置主要有起爆药雷管、爆燃转爆轰（DDT）雷管、飞片雷管、冲击片雷管、灵巧半导体桥雷管、可编程电子延期雷管以及松装点火药复合延期雷管等。

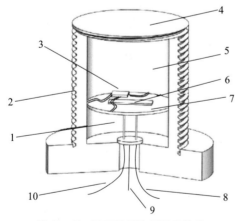

图12-4　导弹点火器结构

1—下半壶形铁芯；2—50匝初级线圈；3—半导体桥；
4—聚酰亚胺薄片包覆1匝次级线圈；5—上半壶形铁芯；6—药柱

图12-5是灵巧半导体桥雷管结构，由半导体桥、输出开关、炸药、电容器和小型电容器放电装置/逻辑发火装置组成，装在直径为19.1 mm、长为25.4 mm的外壳中。只有接通充电电路并向可控硅整流器门极输入4V编码信号后，才能导通半导体桥输入电能的通路。灵巧半导体雷管具有控制发火、精确延期、防射频防静电等功能。这种雷管体积小、激发能量低、作用快、安全可靠，能与保险、发火和开关等微电子电路集成一体，适应于多点起爆系统，可作为一种"灵巧"元件直接用于高技术弹药系统中。

图12-6是半导体桥冲击片雷管原理图。该雷管是靠半导体桥产生的等离子体迅速膨胀剪切贴在多晶硅桥箔上方的聚酰亚胺飞片，并驱动聚酰亚胺飞片高速撞击六硝基芪炸药柱输入端表面，将猛炸药引爆。由于不使用起爆药，而是用较为钝感的猛炸药，它可用于直列式爆炸序列，具有比爆炸箔雷管起爆能量低而且价格也低的特点。

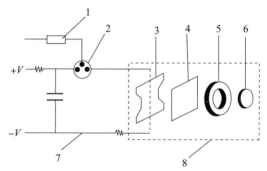

图12-5　灵巧半导体桥雷管结构

1—电容器；2—耐蚀管壳；3—输出开关；
4—盖片；5—炸药；6—半导体桥；
7—微电子代码模块；8—光电代码发火信号；
9—接地；10—输入电源

图12-6　半导体桥冲击片雷管原理图

1—触发电路；2—电子开关；3—半导体桥；
4—绝缘塑料飞片；5—圆筒；6—炸药；
7—输入电路；8—飞片装置

3. 动力源装置

动力源装置主要有半导体桥射孔弹、半导体桥气体发生器、半导体桥推冲器等。这些装置的作用过程与桥丝式相似，但是比桥丝式的作用迅速，安全性和可靠性高。其中半导体桥推冲器（图 12 – 7）用于精确制导导弹弹道末端修正弹道，使其对固定目标有较高的命中精度，从而能提高压制武器、反导武器的远程精确打击能力。动力源装置具有作用迅速、发火能量低、抗射频的特点。

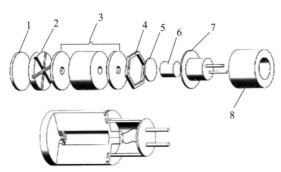

图 12 – 7　半导体桥推冲器结构

1，5—密封盘；2—挡板；3—发射药柱；4—波纹弹垫；6—点火药柱；7—电极塞；8—外壳

12.2.4　电磁环境对半导体桥火工品的影响

目前，火工品使用过程中受到影响的电磁环境主要有两种：①复杂战场电磁环境产生的干扰，如电磁脉冲弹，战场通信及雷达信号、核爆炸等；②自然环境现象产生的干扰，如静电、雷电脉冲等。

依据上述电磁环境的电磁波波形特征，电磁环境可分为连续波电磁环境和脉冲波电磁环境。连续波电磁环境一般指以一定的频率持续性、周期性出现的电磁波，如电磁辐射和电磁干扰的正弦波、战场通信及雷达信号产生的调制波均属于连续波电磁环境。其正弦波波形如图 12 – 8（a）所示，雷达脉冲波形如图 12 – 8（b）所示。

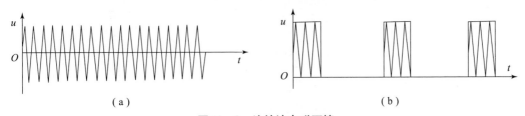

（a）　　　　　　　　　　　　　　　　　　（b）

图 12 – 8　连续波电磁环境

（a）正弦波波形；（b）雷达脉冲波形

脉冲波电磁环境指高功率或大电压产生的单次脉冲电磁环境。核电磁脉冲、雷电脉冲及静电脉冲均属于脉冲波电磁环境，典型脉冲波形如图 12 – 9 所示。脉冲波形一般用双指数函数表示：

$$E(t) = E_0 k(e^{-\alpha t} - e^{-\beta t})$$

式中：E_0 为峰值场强；k 为修正系数；α、β 分别为表征脉冲后沿、前沿的参数。

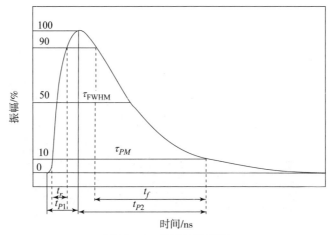

图 12 - 9　脉冲波波形图

根据图 12 - 9 定义脉冲波形的时域参数为：前沿即上升时间 $t_r(10\% \sim 90\%)$；后沿即下降时间 $t_f(90\% \sim 10\%)$；脉冲半高宽 $\tau_{FWHM}(50\% \sim 50\%)$；上升峰值时间 $t_{P1}(0 \sim 100\%)$；下降峰值时间 $t_{P2}(100\% \sim 10\%)$；脉宽 τ_{PM}（上升沿 $10\% \sim$ 下降沿 10%）。

关于静电放电国内外的标准中仅规定了静电放电的回路参数：回路电容为 500 pF，串联电阻为 500 ~ 5 000 Ω，放电电压为 25 kV。

12.2.4.1　连续电磁波环境对半导体桥火工品的影响

半导体桥火工品在连续电磁波作用下的耦合电流大小，受到 GTEM 电场辐照的场强、频率和脚线长度的影响。频率 300 ~ 375 MHz 为谐振频率段，耦合电流值较大；连续电磁波的电场强度越高，射频感应电流越大；相对于电场强度、射频感度，脚线长度对半导体桥火工品的射频感度影响更大，是决定半导体桥火工品射频感应电流最重要的参量。

射频作用会引起半导体桥火工品的意外发火，但不会影响半导体桥桥膜。射频功率越高，半导体桥火工品发火的比例越大；射频作用后半导体桥裸桥的桥膜外观与阻抗特性一般没有明显变化；射频作用在半导体桥芯片上产生的高温使得斯蒂酚酸铅（LTNR）发生分解生成不同价态的铅氧化物，颜色有明显变化，最终会影响点火性能。

射频作用后半导体桥火工品的全发火电压增大，使半导体桥火工品发火钝化，导致火工品出现瞎火或发火电压增大的情况。GTEM 电场辐照对半导体桥火工品的电爆性能没有影响。

12.2.4.2　脉冲电磁波环境对半导体桥火工品的影响

脉冲电磁波作用于半导体桥时，几次作用后多晶硅膜边缘的中间部位开始出现损伤，损伤面积随着试验次数的增加而逐渐向桥膜中心扩大。多晶硅膜的损伤会导致半导体桥火工品性能出现变化。

在相同的电磁脉冲作用条件下（峰值场强 50 kV/m），半导体桥火工品的感应电流幅值随着半导体桥尺寸的减小而增大。电磁脉冲前后，小尺寸半导体桥桥膜更易受电磁脉冲影响而损伤，使得较小尺寸的半导体桥发火能量减小。

12.2.4.3　静电环境对半导体桥火工品的影响

静电对半导体桥损伤的物理过程为电流热模式。静电放电瞬间，在桥膜的高阻区，静电放电电流会产生相应的功率密度。如果功率密度足够大，在放电的时间内所产生的热量不能有效散出，导致高阻区温度升高，从而造成结构损伤。图 12 - 10 为静电放电试验前后半导体桥电极塞的桥型图。

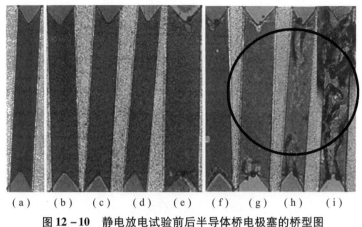

图 12 - 10　静电放电试验前后半导体桥电极塞的桥型图
(a) 0 kV；(b) 23 kV；(c) 24 kV；(d) 25 kV；(e) 26 kV；
(f) 27 kV；(g) 28 kV；(h) 29 kV；(i) 30 kV

静电作用对半导体桥火工品损伤的本质为介质的电击穿。静电作用在半导体桥火工品脚线—管壳之间，由于固体介质电击穿强度是气体的 2 000 倍，因此半导体桥脚线—管壳间静电积累后，将首先发生气体的击穿及放电，激发药剂发生点火或者起爆，从而导致火工品失效。

12. 2. 5　适应电磁环境的半导体桥火工品

电火工品的电磁兼容性设计方法包括综合防护加固技术设计（分离器件防护型设计和集成器件型防护设计）和新型钝感型电火工品设计。综合防护加固技术是通过在电火工品上增加衰减器等防护器件来吸收或旁路电火工品从电磁场中耦合的能量，使换能元上耦合的能量低于临界发火能量，从而保证电火工品的安全。由于射频和静电对电火工品造成的损伤机理不同，一般分别采用不同的防护型器件来进行电磁防护。对于射频环境，耦合入电火工品的能量一般是以热积累的形式造成损伤，常用加固器件有铁氧体材料、陶瓷电容和负温度系数热敏电阻等。对于静电环境，一般是大电流短脉冲信号瞬间产生的强电场会造成电火工品的局部击穿，常用防护器件有齐纳二极管、瞬态电压抑制二极管、压敏电阻和肖特基二极管等。而新型钝感型电火工品的设计是通过改变换能元的材料、形状或设计新型换能元的方式来实现静电和射频加固的要求。

下面介绍几种典型的半导体桥火工品防电磁环境设计方法。

12. 2. 5. 1　防静电半导体桥火工品

TVS 二极管即瞬态电压抑制二极管，是一种钳位限压型器件。TVS 二极管利用器件的非线性性能将过电压钳位到一个较低的电压值实现对电子设备的保护。TVS 二极管的正向性能与普通稳压二极管相同，反向性能为典型的 PN 结雪崩器件。在瞬态峰值脉冲电压作用下，TVS 二极管的漏电压由原来的反向漏电压变为反向击穿电压，其两极呈现的电压由额定反向关断电压上升到击穿电压，使得 TVS 二极管被击穿。随着峰值脉冲电压的出现，流过 TVS 二极管的电流达到最高值，其两极的电压被钳位到预定的最大钳位电压以下。之后，随着脉冲电压按指数衰减，TVS 两极的电压也不断下降，最后恢复到起始状态。这就是 TVS 二极管抑制可能出现的浪涌脉冲电压、保护电子设备的整个过程。

TVS 二极管具有响应时间快（小于 1 ns）、漏电流小、钳位电压易控制、无损坏极限等优点；缺点是：电流负荷能力低（一般只有数百安培），容值随着器件的额定电压变化，且其所能承受的瞬时脉冲是不重复的单一脉冲，若实际电路中出现重复性脉冲则会失效。

压敏电阻（VDR）是一种对电压敏感的非线性过电压保护半导体元件。以氧化锌压敏电阻为例，它是由微小氧化锌晶粒为主体，掺杂少量更为微小的氧化铋、氧化锌、氧化钴、氧化锰等多种金属氧化物粉末在高温下烧结而成。普通电阻遵守欧姆定律，而压敏电阻的电压和电流则呈特殊的非线性关系，其工作原理相当于半导体 PN 结的串联：当压敏电阻两端所加电压低于标称额定电压时，压敏电阻的电压值接近无穷大，内部几乎无电流通过；当压敏电阻两端电压略高于标称额定电压时，压敏电阻将迅速击穿导通，并由高阻状态变为低阻状态，把电压限制在较低的水平上。浪涌电压过后，压敏电阻又能恢复为高阻状态。

压敏电阻的优点是通流量大、常态漏电流小、伏安性能对称、残压低、反应时间快、较快放电后无续流、体积小及可靠性较高；缺点为寄生电容值较大，相对于工作电压而言，其钳位电压较高。

几种浪涌保护元器件的性能参数如表 12-1 所示，TVS 二极管反应时间最快，时间为 ps 级别；固体放电管和压敏电阻其次，时间为 ns 级别，但吸收的能量比 TVS 二极管大；气体放电管的反应速度最慢，为 ps 级别。

表 12-1　几种常用浪涌保护元器件的性能参数

器件名称	气体放电管	固体放电管	TVS 二极管	压敏电阻
器件类型	开关型	开关型	钳位限压型	钳位限压型
防护原理	气体电离导电	固态四层可控硅结构	雪崩二极管的混合	雪崩二极管
响应时间	μs 级别	10～20 ns	ps 级别	≤50 ns
分布电容	1～5 pF	约 50 pF	数百 pF	2 000 pF 左右
最大流通量	20 000 A	3 000 A	50 A	6 500 A
最大漏电流	1 pA	10 μA	20 μA	10 μA
复用性	有限次数	重复作用	易损性	易蜕化

图 12-11 是一种典型的压敏电阻防护的防静电半导体桥火工品结构。该设计将压敏电阻置于陶瓷塞背面的凹槽中，既起到了对于静电引起的电压瞬变防护作用，又没改变半导体桥塞子的外形，是半导体桥火工品脚线—脚线之间静电防护的理想方法。

表 12-2 给出了并联压敏电阻对半导体桥火工品以及半导体桥裸桥的静电放电发火试验效果。在 500 pF、5 000 Ω、25 kV 条件下，静电放电（ESD）不会引起半导体桥火工品的发火，而在 ESD 能量增大后 500 pF、500 Ω、25 kV 条件下，10 发半导体桥火工品全部发火。采用贴片压敏电阻对半导体桥火工品进行静电防护后，在 ESD 条件下的半导体桥火工品均

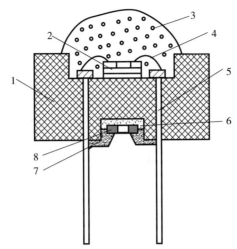

图 12 – 11 压敏电阻防护的防静电半导体桥火工品结构

1—陶瓷塞；2—芯片；3—三硝基间苯二酚铅；4—键合丝；5—脚线；
6—贴片压敏电阻；7—导电胶；8—环氧树脂

未发火。在规定条件的静电作用后，并联压敏电阻的半导体桥裸桥均未发火。表 12 – 3 的发火试验结果显示，半导体桥火工品均可以正常发火，并联压敏电阻后半导体桥火工品的发火时间和发火消耗能量没有显著性差异。这些都说明并联压敏电阻可以降低半导体桥火工品的静电感度，提高其对静电的防护能力，同时满足了分立元件对半导体桥火工品正常发火的无损性要求。

表 12 – 2 并联压敏电阻对半导体桥火工品及半导体桥裸桥静电放电发火试验效果（500 pF，25 kV）

试验样品状态	放电电阻/Ω	试验样品数/发	样品发火数量/发
半导体桥火工品	5 000	10	0
半导体桥火工品	500	10	10
并联压敏电阻的半导体桥火工品	500	10	0
并联压敏电阻的半导体桥裸桥	500	10	0

表 12 – 3 半导体桥火工品发火试验结果（47 μF，22 V）

试验样品状态	Δt 平均值/μs	ΔE 平均值/mJ
半导体桥火工品	6.32	1.06
并联压敏电阻	6.73	1.09
并联压敏电阻后 ESD 作用	6.57	1.08

12.2.5.2 防射频半导体桥火工品

电火工品常用的射频防护方法包括钝化过滤器和屏蔽等。传统的过滤器由线圈、电容器或其他有损耗的元件（如铁氧体磁珠）组合而成。但用于电火工品的普通钝化过滤器有各种缺点：体积大小往往受所允许空间的限制，装配成本高；不可以过滤可能引起火工品意外发火的低频信号，也不能衰减因整流高频产生的直流信号；屏蔽结构往往不能保证防护的完整性。

防护元件对火工品正常发火的无损性是最基本的要求，也是制约很多适用于大规模电子集成电路的电磁兼容技术用于火工品电磁防护的重要因素。

1. 铁氧体磁珠

铁氧体磁珠用于半导体桥火工品的射频防护时，对于定功率的射频传导注入，可以极大地衰减射频作用能量，降低半导体桥火工品的射频感度，防护效果高于 TVS 二极管和 NTC 热敏电阻。

但是，磁珠对低频杂散直流没有任何的抵抗能力，在 1 A、1 W、5 min 不发火试验中无法对半导体桥火工品进行保护；且由于其高频高阻抗的性能，在原本不会引起半导体桥发火的 GTEM 电场辐照测试中，在相同场强和频率条件下，脚线等长的半导体桥射频辐射的感应电流相等，串联磁珠的高阻值导致较高的焦耳热效应，反而会提高半导体桥的射频辐射感度，使其意外发火。磁珠串联防护的电路连接，也增加了与半导体桥组合时的封装难度，工艺复杂且可靠性降低。

2. TVS 二极管

TVS 二极管中的 PN 结结构，使得其在高频环境下具有较高的容值。TVS 二极管与半导体桥火工品并联后，形成了低阻抗的电流旁路，可以对半导体桥进行射频防护。TVS 二极管用于半导体桥射频防护的等效电路如图 12 – 12 所示。

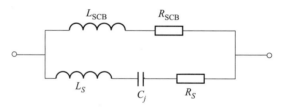

图 12 – 12　TVS 二极管用于半导体桥射频防护的等效电路

射频能量作用时，与半导体桥并联的 TVS 二极管具有容性，较低的总阻抗，对进入脚线的射频感应电流遵循欧姆定律进行分流，大部分电流流经 TVS 二级管从而减小了半导体桥上的通流量。由于其寄生电阻较小，因此分得的电流产生的焦耳热也较低，通过陶瓷塞散热后，极大地降低了半导体桥桥膜的温度，能够显著提高半导体桥火工品的射频安全性能。

与磁珠相同，TVS 二极管对于低频的直流信号没有抑制能力，且存在工作温度低、寄生电容和电阻随外加电压值漂移、参数控制复杂、直流条件下无法测量电路导通性等缺点。目前市场上的贴片 TVS 二极管的体积太大，这使得 TVS 二极管在实际应用于半导体桥火工品的射频防护时，存在封装工艺难、一致性差等问题。

3. NTC 热敏电阻

NTC 热敏电阻是一种以锰、钴、镍、铜等金属氧化物为主要原材料制造的半导体元件，具有灵敏度高、电阻值与温度性能波动性小、对各种温度变化响应快等优点。NTC 热敏电阻具有负温度系数性能，即随温度上升电阻呈指数关系减小。在温度测量、温度补偿、抑制浪涌电流等方面得到广泛的应用。小体积片式 NTC 热敏电阻具有高精度和快速反应等优点。

半导体桥火工品所受的实际射频干扰主要是通过脚线进入火工品的，属于天线耦合。实际天线可近似为许多偶极子的组合，天线所产生的电磁波就是这些偶极子所产生的电磁波的合成。半导体桥火工品耦合的杂散射频能量将会产生焦耳热，而脉冲射频波则会产生热积累效应，它们会使桥的温度升高。NTC 热敏电阻的电阻值随温度上升而减小，其电阻值与温度之间的关系可表示为

$$R_T = R_0 \exp\left[B\left(\frac{1}{T} - \frac{1}{T_0}\right)\right]$$

式中：R_0 为热力学温度为 T_0 时的电阻值；T_0 为基准温度（通常为 298.15 K）；B 为热敏电阻的材料系数，描述的是 NTC 热敏电阻材料的物理性能参数，B 值越大，热敏电阻的灵敏度就越高。可以看出 R_T 与 T 是成指数规律变化的。

利用热敏电阻的这一温度性能，将 NTC 热敏电阻封装在陶瓷塞的底部，与半导体桥芯片形成并联连接，试验用热敏电阻的初始电阻为 30 Ω 左右。射频作用时，半导体桥桥膜和陶瓷塞的温度逐渐升高。当温度上升到 140 ℃时，由于热敏电阻的负温度系数特性，电阻值迅速减小至 1 Ω 以下，分走大量的电流，抑制了半导体桥桥膜温度进一步升高。射频过后温度降低，热敏电阻又恢复原来的高阻状态，不影响半导体桥火工品的正常作用。

热敏电阻的外观如图 12 – 13 所示，在常温（25 ℃）时的初始电阻值为 30 Ω 左右，贴片封装的尺寸为 1.6 mm×0.8 mm×0.8 mm，B 值为 3 700，感温的延迟时间低于 0.1 s，工作温度范围为 –55 ~ 350 ℃，阻值随温度的变化曲线如图 12 – 14 所示。封装结构采用与贴片压敏电阻完全相同的结构和工艺，制备时不安装 SCB 芯片，即可通过测量热敏电阻的导通性来检测电路连接。

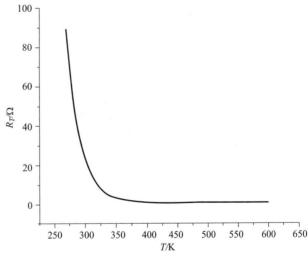

图 12 – 13　试验用 NTC 热敏电阻外壳　　　图 12 – 14　NTC 热敏电阻 R_T – T 曲线

对两种半导体桥火工品进行射频注入及 GTEM 电场辐照试验，检验 NTC 热敏电阻的抗射频危害能力。射频注入测试在 400 MHz 条件下进行，试验结果如表 12 – 4 所示。表 12 – 5 为谐振频率下半导体桥火工品 GTEM 电场辐照结果。其中，S – 半导体桥（矩形桥）桥膜尺寸为 20 μm×100 μm×2 μm，电阻为 1.4 Ω；L – 半导体桥（带有双 V 形尖角的桥）桥膜尺寸为 100 μm×400 μm×2 μm，电阻为 1 Ω。E 为 GTEM 电场强度。

表 12-4　NTC 热敏电阻对半导体桥火工品射频感度的影响

试验样品型号	防护方式	P/W	试验样品数/发	发火样品数/发
S-半导体桥火工品	未加固	9.74	10	10
	NTC 热敏电阻	9.74	10	0
	NTC 热敏电阻	20	10	1
L-半导体桥火工品	未加固	17.1	10	10
	NTC 热敏电阻	17.1	10	0
	NTC 热敏电阻	20	10	0

表 12-5　半导体桥火工品 GTEM 电场辐照测试结果

试验样品状态	电场强度 $E/(V \cdot m^{-1})$	试验样品数/发	样品发火数/发
并联热敏电阻 S-半导体桥火工品	500	10	0
并联热敏电阻 L-半导体桥火工品	700	10	0

　　表 12-4 显示，未加固的 10 发 S-半导体桥火工品在 9.74W 作用下全部发火，而 NTC 热敏电阻的 10 发火工品均未发火；在 20W 条件下，10 发 S-半导体桥火工品仅有 1 发发火；未加固的 10 发 L-半导体桥火工品在 17.1W 时全部发火，而 NTC 热敏电阻的火工品在 17.1 W 和 20 W 下都未发火。表明 NTC 热敏电阻可以有效地降低半导体桥火工品的射频感度，提高其抗射频能力。

　　表 12-5 结果显示，并联 NTC 热敏电阻后，S-半导体桥和 L-半导体桥火工品在 GTEM 电场辐照下均未发火。NTC 热敏电阻常温下的初始阻值为 30 Ω，与半导体桥芯片并联后，试验样品的总电阻减小。由于相同 GTEM 电场辐照条件下的射频感应电流相同，则焦耳热总量减小，NTC 热敏电阻不会影响半导体桥火工品的原有性能，并有效提升了其抗射频性能。

　　对未加防护和并联 NTC 热敏电阻的半导体桥火工品进行 1 A、1 W、5 min 不发火试验，研究恒流作用下，NTC 热敏电阻对半导体桥火工品的防护效果，恒流作用电路如图 12-15 所示。电源装置是 DC9801 智能雷管电参数测试仪，示波器分别测量通过半导体桥和 NTC 热敏电阻的电流。NTC 热敏电阻的分流情况如图 12-16 所示，试验结果如表 12-6 所示。

图 12-15　恒流作用电路

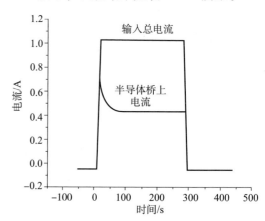

图 12-16　NTC 热敏电阻的分流情况

表 12 - 6　半导体桥火工品 1A、1 W 5 min 试验

样品型号	序号	样品状态	电阻/Ω	发火状态	发火时间/s
L - 半导体桥火工品	1	未加固	1.01	1	82
	2		0.95	1	87
	3		1.04	1	85
	6	并联 NTC 热敏电阻	0.92	0	—
	7		0.87	0	—
	8		0.92	0	—
S - 半导体桥火工品	S181	未加固	1.36	1	28
	S182		1.38	1	25
	S183		1.45	1	26
	S441	并联 NTC 热敏电阻	1.38	0	—
	S442		1.33	0	—
	S443		1.39	0	—

由表 12 - 6 可以看出，未加固的 L - 半导体桥火工品和 S - 半导体桥火工品均发火；S - 半导体桥火工品并联 NTC 热敏电阻的 L - 半导体桥火工品在测试中均未发火。

低频恒流作用时，L - 半导体桥火工品的阻值恒定为 1 Ω，当温度到达 140 ℃时，热敏电阻的阻值可以降到 0.8 Ω 以下，理论上可以最多分走超过 65% 的电流。在高频电磁波的作用下，半导体桥的阻抗达到 60 Ω，NTC 热敏电阻的阻值却不随射频频率发生变化，因此同样的感应温度下，热敏电阻对半导体桥火工品的射频防护效果远优于恒流防护。

12.2.6　集成式防护电路半导体桥

金属—氧化物半导体场效应晶体管，简称金属半场效晶体管（MOSFET）或 MOS 管，也称绝缘栅场效应晶体管（IGFET），主要由源极、栅极、漏极、沟道、金属层、氧化膜和 N 型、P 型掺杂半导体区组成。增强型 NMOS 管结构如图 12 - 17 所示。

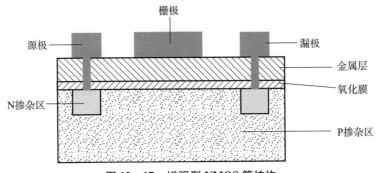

图 12 - 17　增强型 NMOS 管结构

根据导电沟道的不同，MOS 管分为 NMOS 管和 PMOS 管，而 PMOS 管因为材料价格较为昂贵，因此本文中将介绍 NMOS 管。MOS 管主要是靠栅极控制栅极源极之间的电压差来控

制沟道中的电流大小。在常态下，NMOS 管没有导电通道，只有当栅极和源极间出现偏置电压时，在电场的作用下，栅极和源极间就会形成导电通道。随着偏置电压的增大，导电能力增加到最大，也就是饱和导通的状态。因此，NMOS 管的开启就需要一定的偏置电压，而这个电压通常称为"阈值电压"。NMOS 管的转移特性，也就是在饱和导通状态下的输入信号对输出信号的控制特性，即控制信号发生变化时，输出信号的变化规律，具体指漏极电流和栅极电压的关系，呈现出抛物线的关系而非线性关系，即随着栅极电压的增大，漏极电流会迅速增大。

针对半导体桥的实际应用特性，当发火信号输入电路时，与半导体桥连接的 NMOS 管需要有一定的偏置电压来保证信号的正常输入，也就是 NMOS 管首先需要并联一个电阻以保证半导体桥发火信号的输入；而 NMOS 管在常态下呈现出的关闭状态可以有效阻止杂散电流和小幅度电流的输入，NMOS 管还需要串联一个电阻，以保证杂散信号不会干扰半导体桥。NMOS 管和电阻的混联结构能有效地保证发火信号的正常输入，也可以防止小幅度电流、杂散电流和通过耦合方式产生的感应电流通过半导体桥火工品。

当使用瞬态抑制二极管对半导体桥进行防护时，半导体桥的静电防护能力加强，但是半导体桥无法在恶劣的射频环境下保持良好的性能；当使用 NMOS 电阻混联结构对半导体桥进行防护时，半导体桥的射频防护性能加强，但是半导体桥在恶劣的静电放电环境下无法保持良好的性能。两种单一器件无法对半导体桥性能进行有效全面的电磁防护，只能在静电防护和射频防护某一方面对半导体桥进行防护，在此基础上，南京理工大学周彬团队提出了一种集成方式：采用将两种防护结构进行并联的方式对半导体桥形成全面有效的电磁防护，集成防护电路等效图如图 12-18 所示。

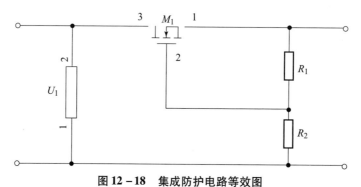

图 12-18　集成防护电路等效图

U_1—TVS 二极管（双向 PN 结设计）；M_1—增强型 NMOS 管；1—端口—漏极（D 极）；

2—端口—栅极（G 极）；3—端口—源极（S 极）；R_1—与 MOS 管并联的电阻；R_2—与 MOS 管串联的电阻

在图 12-18 中，当静电能量进入集成防护电路时，TVS 二极管在纳秒级的时间内响应，电阻变小，吸收了大部分的静电能量，MOS 管电阻混联结构也会吸收部分静电能量，从而起到保护半导体桥的作用；当小电流通过集成防护电路时，M_1 会在纳秒级别的时间内响应，其中端口 2 和端口 3 的电压未达到 MOS 管的阈值电压，端口 1 关闭，加载能量均消耗在集成防护电路上，从而防护半导体桥火工品；当发火信号通过集成防护电路时，TVS 呈现高阻抗状态，不会形成电流分流，GS 两端的电压超过阈值电压，MOS 管呈现饱和导通的状态，而 MOS 管在饱和导通的状态下呈现出极低的阻抗，发火信号能成功输入半导体桥，集成防护电路不会影响半导体桥发火。

12.2.7　复合半导体桥火工品

复合半导体桥火工品是一类改进的新型火工品，其换能元件由半导体桥材料与可反应材料构成，通过可反应材料之间的化学或物理反应所释放的能量达到点火起爆的目的。这种复合半导体桥火工品不但发火所需能量低、安全性好、作用迅速，而且具有更高的温度和输出能量，在输入能量不变的情况下可以提高半导体桥点火能力，是提高半导体桥点火能力的有效途径。复合半导体桥火工品按换能元的结构分为金属膜型复合半导体桥和反应性复合半导体桥。

12.2.7.1　金属膜型复合半导体桥

多晶硅半导体桥的输出能量在一定程度上取决于输入能量，而且受桥区质量和等离子体能量在空气中迅速耗散的影响，多晶硅半导体桥不足以实现间隙点火。为了提高多晶硅半导体桥的输出能量，研究人员在半导体桥的多晶硅层上沉积一层或多层金属，与多晶硅膜共同作为换能元件。其中，金属材料有钨、钛、铝、铬、镁等。按沉积金属的层数，金属膜型复合半导体桥分为单层金属膜复合半导体桥和多层金属膜复合半导体桥。

以单层钨复合半导体桥（图 12－19）为例，其作用过程为：电流流经桥区时，由于导电性差异，大量电流首先从钨层流过产生焦耳热，钨/硅层被加热，钨层电阻伴随着温度升高不断增大，从而流过钨层的电流减少；同时由于硅的负阻效应电阻迅速减小，电流急剧增加，最后硅层首先汽化形成等离子体放电，并作用于钨层产生固体粒子点燃药剂。

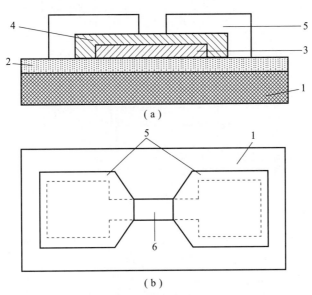

图 12 –19　单层钨复合半导体桥结构示意图

（a）主剖视图；（b）俯视图

1—基底；2—二氧化硅；3—多晶硅；4—钨；5—焊接区；6—桥区

单层复合半导体桥依靠多晶硅膜气化产生的等离子体起复合膜的作用。由于复合膜没有进一步进行能量释放，在增大半导体桥输出能量方面的作用有限，这就需要新的结构或技术提高半导体桥的点火能力。

12.2.7.2 反应性复合半导体桥

研究最多的反应性复合半导体桥为铝热薄膜复合半导体桥（RSCB）。RSCB 是在多晶硅桥基础上集成了反应性铝热薄膜材料，通电后形成的等离子体中不仅有多晶硅汽化电离后形成的物质和能量，还包含了铝热薄膜释放的化学能，可以进一步增加半导体桥的输出威力。铝热含能复合薄膜是一种特殊层状结构的薄膜形式——纳米铝热剂，通常是指由纳米铝薄膜和纳米金属氧化物薄膜交替沉积得到的纳米级金属基薄膜状含能材料的反应体系。由于这种反应体系中不同组分实现分子级别组合，因此这种反应体系被称为亚稳态分子间复合物（MICs），也被称为超级铝热剂。

早期的 RSCB 结构如图 12 − 20 所示，RSCB 的换能元主要由基底、电阻层、绝缘层、金属/金属氧化物层、焊盘以及黏结层等组成。电阻层的热积累激发金属/金属氧化物发生化学反应，在作用过程中金属/金属氧化物产生了大量的热量和火花，使桥与药剂之间的距离增加到 3 mm 时，药剂依然能可靠点火，但是高隔热性能的绝缘层阻碍了热量向反应材料传递，导致了 RSCB 的发火时间长，点火效率低。

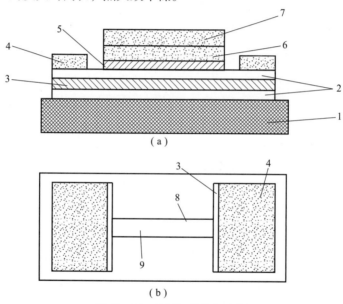

图 12 − 20　RSCB 结构示意图

(a) 主剖视图；(b) 俯视图

1—基底；2—黏结层；3—电阻层；4—焊盘；5—绝缘层；6—金属层；7—氧化物层；8—桥区；9—共反应物

为了降低绝缘层影响，研究人员直接将铝热薄膜沉积到多晶硅层上，使半导体桥火工品点火能力进一步增强。南京理工大学采用磁控溅射的方法，在多晶硅半导体桥上，沉积多层铝/氧化铜纳米复合薄膜，如图 12 − 21 (a) 所示，铝/氧化铜调制周期为 30 nm/45 nm，总厚度为 3 μm，差示扫描量热仪（DSC）测量结果表明铝/氧化铜纳米含能复合薄膜的放热量达到 2 181 J/g。电爆试验结果表明铝/氧化铜纳米含能复合薄膜的化学反应增强了半导体桥的点火输出能量，铝/氧化铜—半导体桥的输出能量效率高于半导体桥，电爆火焰高度达 7 mm。除此之外，采用同样的方法在多晶硅半导体桥上沉积了多层铝/三氧化钼纳米复合薄膜，如图 12 − 21 (b) 所示。铝/三氧化钼纳米复合薄膜调制周期分别为 30 nm、45 nm，总厚度分别为 3 μm、6 μm，并采用并联 NTC 热敏电阻的方法防射频、防静电。试验结果表明，并联的 NTC 热敏电阻对铝/三氧化钼—半导体桥复合半导体桥的电爆性能没有影响。铝/三氧化钼—半导体桥的电爆输出能量随着铝/三氧化钼纳米复合薄膜的厚度增加而增强，并且具备间隙点火的能力。

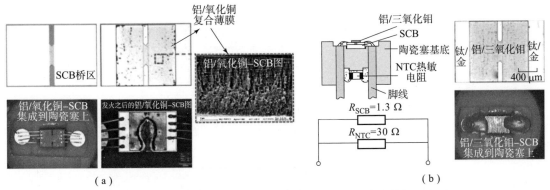

图 12 - 21　铝/氧化铜—半导体桥与铝/三氧化钼—半导体桥示意图

（a）铝/氧化铜—半导体桥；（b）铝/三氧化钼—半导体桥

随着加工艺技术以及纳米材料技术的不断发展，研究人员将纳米材料加工技术应用于含能材料的制备，提升了含能材料的能量释放效率，制备出了不同形状结构的纳米级含能材料，并且将其应用于含能半导体桥换能元。利用纳米级含能材料高反应活性的特点进一步提高了半导体桥的换能效率，如三维有序结构的纳米含能薄膜、纳米棒状含能薄膜等。

图 12 - 22 为 4 层硼和钛交替沉积在绝缘层上作为换能元件的反应性含能桥。在较低的激发能量（314 μJ）下，该种含能桥作用时间较快（3.7 μs），但是产生的火花持续时间短，火花高度低（3 mm），同时复杂的结构增加了加工的难度。除此之外，金属/非金属类复合薄膜如钛/硅、钛/碳、锆/碳等也可用于制备反应性含能桥。

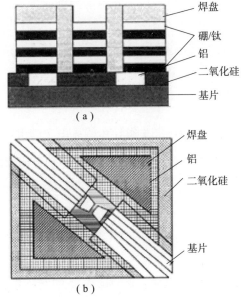

图 12 - 22　合金薄膜反应性含能桥结构示意图

（a）主剖视图；（b）俯视图

表 12 - 7 是典型含能复合薄膜材料和部分高能炸药的能量特性。由于增加了反应材料，通过材料之间的化学反应或物理过程释放的能量，达到点火起爆的目的，反应性复合膜半导体桥的点火性能大大提高；桥膜材料的多样化、高能化以及多种复合膜相互组合等为提高半导体桥点火性能提供了可行的发展方向。

表 12 - 7   典型含能复合薄膜材料和部分高能炸药的能量特性

材料名称	分子式	质量能量密度/ ($kJ \cdot g^{-1}$)	体积能量密度/ ($kJ \cdot cm^{-3}$)	绝热火焰温度/K
铝/氧化铜	Al/CuO	4.08	20.83	2 843
铝/三氧化钼	Al/MoO_3	4.70	17.99	3 253
铝/氧化铁	Al/Fe_2O_3	3.96	16.52	3 135
铝/氧化镍	Al/NiO	3.44	17.95	3 187
铝/镍	Al/Ni	1.38	7.16	>1 910
硼/钛	B/Ti	2.73	10.72	>2 452
梯恩梯（TNT）	$C_7H_5N_3O_6$	4.58	7.57	——
黑索金（RDX）	$C_3H_6N_6O_6$	6.35	11.42	——

12.2.8   半导体桥火工品的发展趋势

尽管半导体桥火工品本身具有优越的防静电防射频性能，但是由于存在电导线，仍然不能完全摆脱电磁环境的潜在危险。随着现代军用和民用火工品的要求以及现代微电子技术和火工药剂的发展，半导体桥火工品将沿着以下几个方面发展：

（1）降低制造成本。

（2）钝感化，发展和完善满足直列式爆炸序列的钝感火工品，如光电半导体桥火工系统。

（3）小型化，满足现代小型引信的发展要求。

（4）安全、精确。

为此，研制小型钝感的半导体桥是未来半导体桥火工品的主要发展方向之一，最简单的方法是研制复合半导体桥，以提高半导体桥区汽化的等离子体能量；同时在桥塞上集成非线性元件，提高抗静电和抗射频的能力。

12.3   激光点火与起爆技术

激光是 20 世纪 60 年代发展起来的新技术。激光点火（起爆）技术的研究始于 20 世纪 60 年代中期，世界上许多国家对激光点火（起爆）系统的研究和发展作出了巨大努力。

1960 年出现了第一台红宝石激光器，之后气体激光器、固体激光器、半导体激光器等技术的陆续出现，为激光在科学技术中的应用提供了条件。激光经过 Q 突变技术（或叫调

Q、Q 开关），可产生强峰值功率、短持续时间的脉冲波，而猛炸药的直接起爆正需要一个强冲击，因而，采用 Q 突变技术措施的固体激光器（又称大功率激光器、巨脉冲激光器）可以用作为直接起爆猛炸药的起爆源。利用激光能量起爆装有猛炸药的火工品，称为激光雷管；点燃装有烟火剂的火工品，称为激光点火器。统称为激光火工品。

布登与约夫在《固体中的快速反应》一书中讲到用氙灯的光能可以起爆起爆药的相关研究。美国和苏联于 1966 年发表过用激光起爆猛炸药的文章。从国外公开发表的文章来看，把激光这门新技术应用到火工品方面的发展过程，首先是研究激光对起爆药、猛炸药、烟火剂、推进剂起爆的可能性，尤其是研究激光对猛炸药、烟火剂起爆的可能性。当可能性成为现实的时候，就为激光起爆器提供了条件。这类激光起爆器多用于宇宙航行及导弹技术，其优点是防静电与射频的能力比爆炸桥丝和灼热桥丝式起爆器要好，多发作用的同步性要好；可以方便地作成多点点火/起爆系统，将点火器或起爆器按需要分布在适当的地方，多点同时点火/起爆时，具有微秒同步性能；作用前便于测试检查，适于装有多种用途电爆装置的宇航器及导弹使用。激光起爆器的装药部分结构简单，但是对光学纤维和激光源的要求严格。

12.3.1　激光点火技术

12.3.1.1　激光点火机理

研究人员认为激光束直接作用于炸药的效应有：高功率激光束在炸药中造成的强电场，引起含能材料的电击穿；光冲量造成的光电压、光化学、冲击波作用；光能作用下的热效应。大多数研究者倾向于热起爆机理，即当激光照射到含能材料上以后，一部分被反射和散射，剩余部分被一定深度的药剂吸收而转换为热能，产生热击穿或形成热点引爆含能材料。从激光与含能材料的作用过程来看，激光点火过程将经历如下几个阶段：

（1）含能材料吸收入射激光能量，因为光热转换作用使得激光作用区域的含能材料表面被加热。

（2）含能材料因为被加热，发生凝聚相的化学反应，温度继续升高。

（3）不仅在药剂的表面发生凝聚相化学反应，而且在表面上方也存在气相化学反应，这一阶段被认为点火已经发生。

在此过程中的热平衡方程可用下式表示，即

$$\rho c \frac{\partial T}{\partial t} = \lambda \frac{\partial^2 T}{\partial x^2} + \rho Q Z e^{-\frac{E}{RT}} + \alpha I e^{-\alpha x}$$

式中：I 为炸药表面处激光束能量密度；α 为炸药对激光的吸收系数。

初始条件：

$$t = 0, \quad T = T_0, \quad x > 0$$

边界条件：

$$x = 0, \quad \partial T / \partial x = 0, \quad t > 0$$

假设激光是矩形脉冲，经近似变换可推导求得发生爆炸时药剂表面临界温度 $T_{s,c}$、激光临界点火能量密度 I_c 和临界点火延迟期 $t_{i,c}$。所谓临界点火延迟期是指从激光照射到药剂表面到发生燃烧或爆炸所经过的时间。表 12－8 和表 12－9 是某厂对猛炸药和起爆药的计算结果。

表 12 - 8　猛炸药的计算结果（$\alpha = 50$ cm，$t_0 = 0.1$ μs，$T_0 = 300$ K）

炸药	泰安（PETN）	黑索金（RDX）	特屈儿（Tetryle）	奥克托今（HMX）
$I_c/(\text{J} \cdot \text{cm}^{-3})$	9.2	18.5	20.2	14.6
$T_{s,c}/\text{K}$	548	597	948	615
$t_{i,c}/\text{μs}$	133	123	215	106

表 12 - 9　起爆药的计算结果（$\alpha = 10^3$ cm，$t_0 = 0.1$ μs，$T_0 = 300$ K）

炸药	Pb（N$_3$）$_2$	LTNR	Hg（ONC）$_2$	DDNP	AgN$_3$
$I_c/(\text{J} \cdot \text{cm}^{-3})$	0.12	1.21	0.77	0.92	0.27
$T_{s,c}/\text{K}$	385	1 045	715	1 094	411
$t_{i,c}/\text{μs}$	0.9	1.16	4.75	1.88	0.55

从数量级上看，计算结果与试验值大体相同，计算出的临界温度偏低。

在激光低能量密度时，该模型与试验值有一定吻合；但在高能量密度时，与试验值相差较大。因此该模型需要进一步的修正。

除此之外，Lin 等计算了 Pb（N$_3$）$_2$ 的临界温度、爆炸延滞期等。Henric Ostmark 等运用有限元算法模拟了 Mg/NaNO$_3$ 药剂的激光点火感度与入射激光参数的关系。Ewick 应用一维和二维有限元差分模式模拟了 CP/炭黑、Ti/KClO$_4$ 的点火时间和点火能量阈值。其中 Ewick的二维模型的模拟结果与试验值较为符合，Henric Ostmark 对感度的模拟结果也与试验值有较好的一致性，但对点火延滞期的模拟存在较大的误差。

南京理工大学沈瑞琪等多年来对激光与含能材料相互作用的机理进行了系统的研究，采用反应性光声技术检测出凝聚相的快速化学反应过程，明确了激光与含能材料互作用过程的光热机理。试验中观察到了烧蚀、等离子体和二次燃烧现象，典型的激光点火曲线如图 12 - 23 所示。由图12 - 23 的曲线可以看出，当激光脉冲

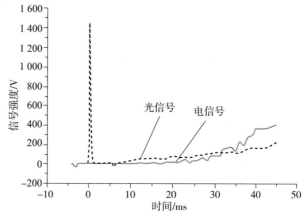

图 12 - 23　典型的激光点火曲线

入射到药剂表面时，激光导致第一次燃烧，其中包括光化学、汽化、烧蚀和等离子体过程。随着激光能量的撤离，体系进入热积累过程，这时存在两种结果：如果热量积累达到药剂的燃烧温度，则体系进入自持的化学反应阶段，即出现二次燃烧，并探测到第二个燃烧峰；如果热量的积累达不到药剂的燃烧温度，则不会进入自持反应阶段，探测不到第二个燃烧峰。沈瑞琪等在光热机理的基础上建立了含有凝聚相化学反应的一维到三维理论模型，该模型能较好地描述较低功率的激光与含能材料的相互作用的过程和非激光支持下的二次燃烧现象。图 12 - 23 中点画线为试验所测得的结果，实线为数值模拟的结果，可以看出二者较为吻合。

研究中还发现，当激光能量密度较高时，就会产生烧蚀现象，表面形成明显的烧蚀坑，严重的烧蚀现象会导致能量的损失，甚至会导致点火失败。图 12 - 24（a）和图 12 - 24（b）分别是入射激光能量分别为 15.2 mJ 和 22.7 mJ 时硼/硝酸钾点火烧蚀的扫描电镜图。

（a）　　　　　　　　　　　　　　　　（b）

图 12 - 24　不同激光能量下硼/硝酸钾点火烧蚀的扫描电镜图

（a）激光能量为 15.2 mJ 时；（b）激光能量为 22.7 mJ 时

用共焦点法测得烧蚀坑的深度分别为 0.02 mm、0.03 mm。由烧蚀坑的大小可以看出入射激光能量越大烧蚀越厉害，即烧蚀程度随能量增大而增大。

另外，孙同举、周鸣飞、沈琪瑞等借助飞行时间质谱研究了硼/硝酸钾系列点火药激光作用下的点火特性，揭示了硼/硝酸钾系列点火药在激光直接作用下产生的正负离子碎片，增进了对其反应机理的认识，为进一步深入研究其历程和机理提供了有益的信息。

12.3.1.2　药剂的激光感度

国外将激光应用到火工品领域，最初的工作是测定各种药剂对激光的感度，即研究激光直接起爆各种药剂的可能性。

1958 年前，科研人员研究过以氙灯的光能起爆起爆药。氙灯产生的光束分散，光的强度随距离的增加迅速衰减，不能用于测定感度。而激光的光通量密度很大，光束分散性小，在空气中不易衰减，可以用来测定药剂的激光感度。药剂的激光感度的测定，可以提供药剂的一种重要性能参数，为设计研究激光起爆器时提供选择药剂的依据。

美国加利福尼亚工艺研究院喷气推进实验室测定了 5 种猛炸药的激光感度，其顺序是泰安、黑索金、特屈儿、奥克托今和 3,3′ - 二氨基六硝基联苯。泰安对激光最敏感，在 400 kg/cm² 装填压力时，所需的最小激光能量为 1.0 J，装填压力提高，能量随之提高。激光起爆与爆炸桥丝起爆相比，装填密度的影响不明显。该实验室用钕玻璃激光器测定了 22 种药剂的激光感度，其中包括起爆药、点火药、延期药、烟火药、猛炸药和推进剂。其结果显示，点火药和延期药之类的烟火药剂对激光较敏感，比常用的糊精氮化铅和斯蒂酚酸铅还要敏感，这就为研制激光直接起爆烟火剂装药的激光点火器提供了条件。泰安是猛炸药中对激光最敏感的炸药，这也使研制激光起爆器成为可能。

药剂的粒度、形状、颜色以及表面光洁度都与对激光的反射率有关，因而影响到激光能量的吸收与利用。综合来看，提高药剂激光点火感度的技术途径主要有以下几点：

（1）选择高光吸收系数的药剂，如硼/硝酸钾。

（2）在低光吸收系数药剂中掺杂高吸收系数的物质，如炭黑、碳纳米管等。

（3）在药剂中采用酚醛树脂等热固性或热塑性黏合剂，可在一定范围内降低点火阈值约20%。

（4）在药剂表面加入透光介质（如玻璃、树脂片），可减少点火过程中的能量损失，从而降低点火阈值。

采用升降法获得的不同配比硼/硝酸钾和硼/硝酸钾/酚醛树脂的激光点火感度如表12-10所示（药剂表面无约束）。激光器为自由振荡 Nd：YAG 脉冲激光器，波长为 1.06 μm，脉宽为 230 μs，最大输出激光能量为 500 mJ。硼粉、硝酸钾和酚醛树脂分别取 150 目（粒度为 0.1 mm）的筛下物进行按配比混合。

表 12 - 10   硼/硝酸钾和硼/硝酸钾/酚醛树脂的激光点火感度

药剂	激光点火感度/mJ	药剂	激光点火感度/mJ
硼/硝酸钾（30/70）	7.64	硼/硝酸钾/酚醛树脂（30/70/5）	5.98
硼/硝酸钾（40/60）	7.70	硼/硝酸钾/酚醛树脂（40/60/5）	4.05
硼/硝酸钾（50/50）	7.60	硼/硝酸钾/酚醛树脂（50/50/5）	5.79
硼/硝酸钾（60/40）	9.60	硼/硝酸钾/酚醛树脂（60/40/5）	6.06
硼/硝酸钾（70/30）	19.40	硼/硝酸钾/酚醛树脂（70/30/5）	9.40

可以看出质量比为 50/50 的硼/硝酸钾激光点火感度最高，质量比为 40/60/5 的硼/硝酸钾/酚醛树脂激光点火感度最高。掺杂酚醛树脂的药剂比相应比例下不掺杂药剂的激光点火感度高。研究普遍认为酚醛树脂在硼/硝酸钾中起黏结剂的作用，抑制烧蚀、溅射程度，有助于阻止能量和物质量流入周围介质。

12.3.1.3   药剂的激光点火延滞期

激光点火延滞期的定义：从激光开始作用到含能材料表面到含能材料发生自持燃烧的时间。使用光电传感器来测量不同配比的硼/硝酸钾和硼/硝酸钾/酚醛树脂在不同激光能量密度下的激光点火延滞期，试验装置结构如图 12 - 25 所示，其中药剂表面为无约束状态。

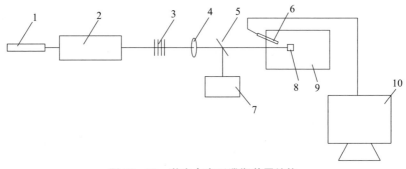

图 12 - 25   激光点火延滞期装置结构

1—He - Ne 激光器；2—Nd - YAG 激光器；3—减光片；4—凸透镜；5—半反镜；

6—光电二极管；7—激光能量计；8—样品；9—防护装置；10—示波器

研究结果显示（图 12-26）：不同配比的硼/硝酸钾和硼/硝酸钾/酚醛树脂的激光点火延滞期随能量密度的增大呈减小的趋势；另外，同一激光能量水平下测得的点火延滞期比较分散，这说明点火过程的复杂性。图中 BK 为硼/硝酸钾，BKP 为硼/硝酸钾/酚醛树脂。从图 12-26 看，一般情况下加酚醛树脂的硼/硝酸钾比相同配比不加酚醛树脂的点火延滞期要短（硼/硝酸钾（40/60）相反），硼/硝酸钾/酚醛树脂（50/50/5）相对最短。

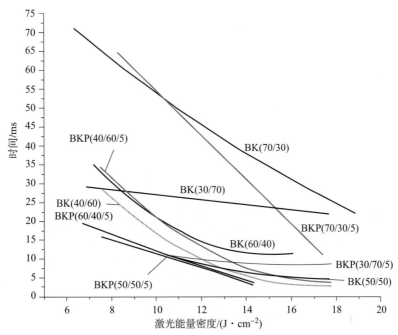

图 12-26　不同配比的硼/硝酸钾和硼/硝酸钾/酚醛树脂在不同激光能量密度下的点火延滞期

12.3.1.4　激光点火系统

激光点火系统一般由 3 部分组成：激光器、光导纤维、激光点火器。为了提高激光点火系统的安全性和可靠性，激光点火系统中还应包括系统电路和保险装置。图 12-27 是基本的激光点火/起爆系统原理。

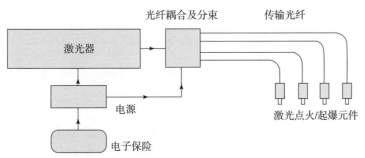

图 12-27　基本的激光点火/起爆系统原理

其中，控制器控制激光器的供电、安全保险和发火。激光点火/起爆系统的工作原理是：当激光器接受到正确指令后输出脉冲激光，通过聚焦透镜将激光聚焦到石英光纤内并传输到激光点火器中，激光点火器内装有对激光敏感的点火药，在激光能的作用下含能材料发生燃烧或爆炸，完成预定的任务。

下面介绍激光点火系统的组成部分。

1. 激光器

激光器要设计成一个完整的、紧凑的结构，重量要尽可能轻，体积要尽可能小。美国喷气推进实验室曾公开报道了一种激光器，重量为 0.77 kg，体积为 5.1 cm × 7.6 cm × 12.7 cm，产生的能量为 2.8 J，脉冲持续时间为 1.5 ms；工作物质为钕玻璃，采用氙灯激发；电源采用适用于飞机、导弹及宇航器上应用的一般电源，如低压直流，经升压后，充电到电容器中；电容器放电使氙灯闪光，激发钕玻璃棒而产生激光。

随着激光技术的飞速发展，激光二极管的输出功率已经能满足大部分激光点火系统的能量需求。目前激光二极管的功率已经达到数十瓦甚至上百瓦，并且具有体积小、重量轻且效能高的特点，大大拓宽了激光点火系统在整个武器系统中的应用领域。

2. 光导纤维

将激光自激光器传送到起爆器的传输线采用光学纤维（简称光纤），这与在电起爆器中用电线把电源的电能传输到起爆器上的原理是一样的。

光纤是一种由不同材料的纤芯和包层两部分组成的同心圆柱体，即裸光纤。有的光纤除了纤芯和包层外，还有涂覆层和套层作为保护层共同组成光纤，其结构如图 12 - 28 所示。

光纤的材料和折射率不同，因此分类也不同，如图 12 - 29 所示。按照光纤组成材料可分为石英系列光纤、液芯光纤、多组分光纤和塑料光纤；按照传输模式可分为单模光纤和多模光纤；按包层和纤芯折射率分布可分为阶跃型（SI）光纤和渐变型（GI）光纤。

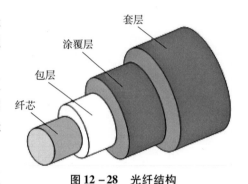

图 12 - 28　光纤结构

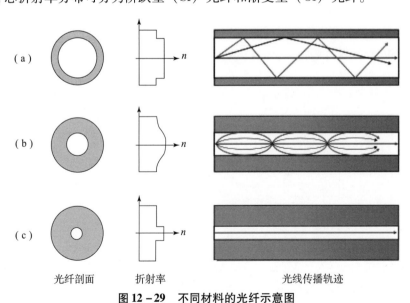

光纤剖面　　　折射率　　　　　　光线传播轨迹

图 12 - 29　不同材料的光纤示意图

（a）阶跃型光纤；（b）渐变型光纤；（c）单模光纤

目前激光点火系统使用的光纤大多是石英光纤，主要分为阶跃型光纤和梯度型光纤两大类。阶跃型光纤纤芯的折射率是常数，而梯度型光纤纤芯的折射率由光纤轴心沿径向方向向外逐渐减少，所以，梯度型光纤具有自聚焦的特点，可以提高激光输出的功率密度，这对激光点火十分有利。

激光点火系统中使用的光纤芯径一般为 $100 \sim 300~\mu m$，激光在光纤的内壁与内壁间连续反射而传播。由于存在一定的吸收作用，激光传播时有一些损耗。光纤的光性能与材料、形状、绝缘外层、端面磨光的情况有关。用于激光起爆器中的光纤，要有很好的柔韧性，可以打结，能经受坠落、震动。

除了光纤外，激光传输单元另一个重要的元件是光纤连接器，它影响着光纤之间的能量传递效率。光纤连接器是由两个陶瓷插针和适配器准直套筒组成的用于连接两根光纤的器件，如图 12 - 30 所示。激光点火系统常用的光纤连接器为 SMA 型和 FC 型两种类型（图 12 - 31）。

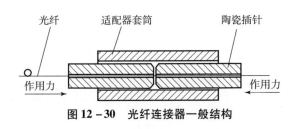

图 12 - 30　光纤连接器一般结构

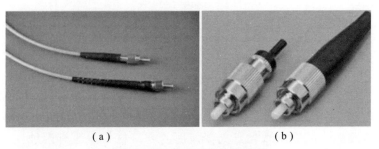

（a）　　　　　　　　　　（b）

图 12 - 31　常见的光纤连接器

（a）SMA 型；（b）FC 型

此外，光纤耦合器对光能传输效率影响较大。激光通过光纤耦合器耦合到点火器中，耦合器设计和制造工艺质量的好坏直接关系到激光传输的效率，从而影响到激光点火系统的性能。

3. 激光点火器

点火器中光纤与点火药的耦合方式有 3 种基本方式：光纤插入式耦合；光纤与点火药接触式耦合；光纤与点火药通过光学窗间接式耦合，如图 12 - 32 所示。

前两种方式的激光能量利用率较窗口间接式耦合高，但是难以实现点火器的密封。间接式耦合较易实现结构密封，并且通过透窗将光纤耦合器和点火药隔开，这种结构的好处是点火器与激光器和光纤系统分离，有利于点火器的制造、检测和验收，还能满足武器系统对火工品的密封要求。图 12 - 33 是采用光学窗口间接式激光点火器结构。

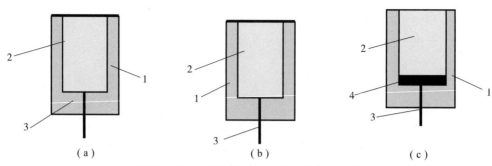

图 12 – 32　点火器中光纤与点火药耦合方式

（a）光纤插入式耦合；（b）光纤接触式耦合；（c）光纤间接式耦合

1—壳体；2—点火药；3—光纤；4—透窗

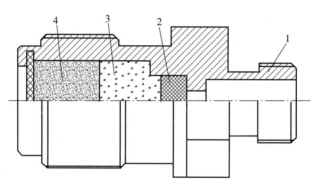

图 12 – 33　间接式激光点火器结构

1—点火器壳体；2—透窗；3—点火药；4—输出药

　　窗口材料的选择基于材料的光折射率、材料的热导率、点火器所需的强度以及窗口材料与壳体之间的热膨胀系数。激光点火器使用的窗口材料一般有两种：蓝宝石和 K9 玻璃。蓝宝石强度高、光透过率高，但是它又具有强高的热导率，热损失增大，导致点火能量阈值增大。K9 玻璃具有低熔点、热导率比蓝宝石小的特点，折射率也比蓝宝石小，其强度也能满足激光点火器窗口元件的要求，对其表面做抛光处理后就具有较为优越的透光率。

　　目前，可以用于激光点火的药剂有硼/高氯酸钾、钛/高氯酸钾、硼/硝酸钾等。激光点火系统因其固有的安全性，可用于火箭和导弹的直列式点火系统。美军标 MIL – STD – 1901 中明确规定了硼/硝酸钾是直列式点火系统中惟一许用的点火药。该标准还规定，其他点火药剂只有当其感度等于或低于硼/硝酸钾时才可用于直列式点火系统。所以，在激光点火系统中首选硼/硝酸钾作为点火药。

　　影响激光点火特性的主要因素有点火药、能量损耗、激光参数等。点火药的影响因素是指硼/硝酸钾的配比、压药压力、粒度和掺杂物等；激光参数的影响的主要因素是指激光能量密度（功率密度）、波长和脉宽等；能量损耗包括激光器—光纤耦合损耗、光纤传输损耗、光纤—光纤耦合损耗、光纤端面加工质量造成的损耗等；另外，光纤直径的大小也对点火特性有影响。

12.3.2　激光起爆技术

高能炸药的激光起爆技术通常有以下几种：

（1）激光直接起爆技术。激光直接与高能炸药起作用，如图 12 – 34（a）所示，简称激光直接起爆技术。这一方式与桥丝式电雷管的作用相似，利用热效应引爆炸药，引爆的感应期长达数十微秒。这种方式要求的激光强度不高，已经应用于航天飞行器的爆炸分离器等装置中。

（2）激光薄膜起爆技术。激光通过炸药表面的薄金属膜的快速加热而起作用，简称激光膜薄起爆技术。薄膜在激光辐照后可以产生较多的粒子，这些粒子可以被视为人为增加的热点，对药剂的顺利引燃有着促进作用。这一方式与 EBW 式电雷管作用相似，如图 12 – 34（b）所示，其中金属膜的作用是提高激光的吸收，产生高温热点，引爆的感应期可缩短为若干微秒。

（3）激光飞片起爆技术。激光通过烧蚀金属箔产生高速飞片撞击高能炸药而起作用，简称激光飞片起爆技术。这一方式与爆炸箔冲击片起爆器（EFI）的作用过程相似，如图 12 – 34（c）所示，可以真正实现猛炸药（甚至是钝感炸药）的瞬间起爆，引爆时间小于 1 μs。

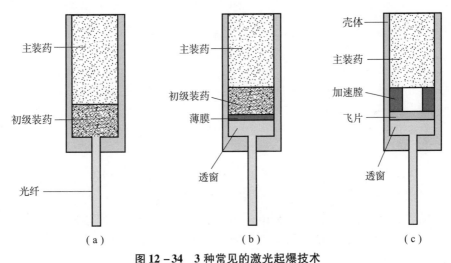

图 12 – 34　3 种常见的激光起爆技术
（a）激光直接起爆技术；（b）激光薄膜起爆技术；（c）激光飞片起爆技术

激光直接起爆技术属于直接起爆，激光薄膜起爆技术和激光飞片起爆技术都属于间接起爆。

12.3.2.1　激光起爆机理

激光直接起爆方式中，激光辐照在药剂表面后，药剂表面附近"热点"温度升高至反应温度时，药剂局部开始化学反应并迅速蔓延至整个药剂导致爆燃，反应区压力持续上升，到一定阶段后会产生爆轰。整个起爆过程属于燃烧转爆轰（DDT）机理。

激光薄膜起爆方式过程与激光直接起爆类似，不同之处在于激光辐照薄膜后直接促使薄膜温度迅速升高并发生解离，形成"热点"，通过这些"热点"引发其余药剂发生反应。薄膜在整个过程中充当了吸光粒子的作用。

不同于前两种方式，激光飞片起爆方式通过光纤将激光脉冲传导至光纤尾端的薄膜表面，使薄膜表面迅速升温并等离子化，高温高压等离子体扩散驱动剩余薄膜形成飞片，飞片经一定距离加速后高速撞击到药剂表面，直接使药剂发生爆轰，该过程属于冲击转爆轰（SDT）机理（图 12 - 35）。

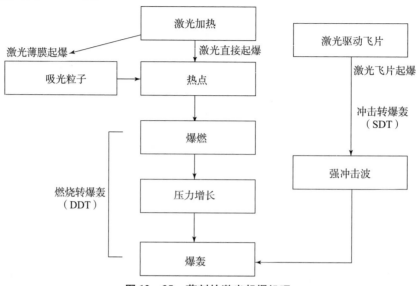

图 12 - 35　药剂的激光起爆机理

12. 3. 2. 2　激光起爆感度

本节只介绍激光直接起爆炸药的相关内容。采用激光直接起爆高能炸药往往需要较高的激光脉冲能量。为了提高药剂的激光吸收系数，可以通过对药剂进行一定的掺杂，并在药剂表面进行一定的强约束（例如加玻璃片），可以降低炸药的激光起爆阈值，提高炸药的激光起爆感度。

南京理工大学科研人员系统地研究了黑索金（RDX）、泰安（PETN）、奥克托今（HMX）和六硝基芪（HNS）4 种典型炸药的激光起爆感度。炸药密度为 1. 6 ~ 1. 7 g/cm³，炸药的平均粒径分别为黑索金 16. 4 μm、泰安 15. 1 μm、奥克托今 10. 2 μm、六硝基芪 16. 4 μm。为了提高这几种炸药的激光吸收系数，使用了炭黑和碳纳米管两种掺杂物质。密闭腔约束材料分别为 K9 玻璃和蓝宝石。试验采用脉冲 Nd：YAG 激光器。激光器的相关参数：波长为 1. 06 μm，自由振荡模式下脉宽为 106 μs，最大脉冲输出能量为 480 mJ；调 Q 模式下脉宽为 34 ns，最大脉冲输出能量 300 mJ，光斑平均直径 0. 8 mm。试验装置如图 12 - 36 所示。

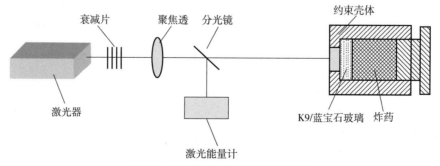

图 12 - 36　激光起爆感度试验装置

炸药表面对 1 064 nm 波长激光的反射率如图 12－37 所示。忽略药剂的激光透射和散射，则反射率＋吸收率＝100%。将炸药的反射率做成柱状图可以明显看出，每种炸药的反射率由高到低依次是：单质＞单质＋铌 1%＞单质＋铌 2%＞单质＋碳纳米管 1%＞单质＋碳纳米管 2%。掺杂铌和碳纳米管可以使单质炸药的激光反射率大为降低。掺杂碳纳米管比掺杂铌的效果更好，这是因为碳纳米管的颜色比铌的颜色更深，对应激光的反射系数更低。

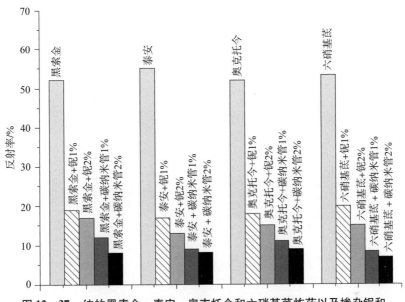

图 12－37　纯的黑索金、泰安、奥克托今和六硝基芪炸药以及掺杂铌和碳纳米管的炸药对波长 1 064 nm 激光的反射率

4 种炸药的激光起爆感度结果如下：

（1）4 种炸药中，黑索金、泰安和奥克托今 3 种炸药在不掺杂的情况下未起爆，而掺杂了铌和碳纳米管后这 3 种炸药均成功起爆；在试验激光能量下，六硝基芪无论是单质还是掺杂后都无法起爆。

（2）适量掺杂铌和碳纳米管可以提高黑索金、泰安和奥克托今炸药的激光吸收率，进而提高炸药的激光起爆感度，因为掺杂铌和碳纳米管明显增加了药剂对激光的吸收系数。

（3）对于黑索金、泰安和奥克托今 3 种炸药，总体而言，碳纳米管在 2% 掺杂量时起爆感度最高，并且碳纳米管的掺杂对这 3 种炸药的起爆阈值改善作用比铌要好。

六硝基芪在试验中未能顺利起爆，其原因是：①在 4 种炸药中，六硝基芪的反应温度最高，为 346 ℃；而泰安、黑索金和奥克托今的反应温度分别为 204 ℃、238 ℃和 285 ℃，均低于六硝基芪。②六硝基芪分子式中含有两个苯环，性质更加稳定，这也增加了六硝基芪的起爆难度。六硝基芪对热、静电、机械等能量相对不敏感，但是对短脉冲冲击波相对敏感。故要想改变其激光起爆特性，还是要加强起爆约束条件，相应地增加激光脉冲的瞬间功率密度，从而增加激光起爆产生的瞬间脉冲压力，增加六硝基芪起爆的概率。

12.3.2.3　激光起爆延滞期

起爆延滞期是起爆重要的特征参量之一。起爆延滞期是指从外界能量激励开始到含能材料维持稳态爆轰的这段时期，通常包含惰性加热期、混合期和反应期，但是这3个特征期并没有明确的界限。起爆延滞期取决于很多因素，包括含能材料的光和热性质、化学反应动力学、表面约束情况和激光特性等。

图12-38展示了一种激光起爆延滞期测试原理。该激光起爆延滞期定义为从激光开始作用到炸药产生爆轰输出的时间。试验中，激光脉冲辐照到炸药表面时，反射光通过光纤传到光电探测器转化为电信号，在示波器中显示为起始峰。一定时间后，炸药开始燃烧瞬间转化为爆轰，爆轰信号冲击药柱尾端的PVDF应力计产生压电信号，输入示波器，显示为第二个信号峰。试验将两个信号峰出现的起始时刻之间的时间间隔定义为激光起爆炸药的起爆延滞期。

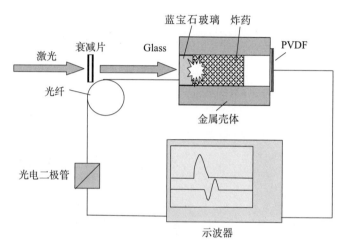

图12-38　激光起爆延滞期测试原理

1. 约束条件对起爆延滞期的影响

约束是在炸药表面所加的一种局部物理条件，目的是延缓炸药表面在起爆时的热量和压力损失，使得炸药在很短的时间内可以实现燃烧转爆轰或者在瞬间直接实现爆轰。

使用K9玻璃和蓝宝石作为炸药表面透窗，PETN的延滞期均为10 μs量级，而无约束的炸药是无法用激光直接起爆的，说明相对于敞口状态，约束条件确实可以改善炸药的起爆延滞期。在敞口状态下，激光作用到药剂表面后发生烧蚀、汽化等现象，并伴随着少量的物质喷溅，这些都会造成点火能量的损失，使化学反应阶段释放的能量得不到有效积累，导致炸药难以起爆；而在约束条件下，烧蚀、汽化等消耗的能量短时间内并不会散失，这就增强了药剂表面的温度和压强，加速了药剂的化学反应，从而使点火延滞期变短，如图12-39所示。

K9玻璃和蓝宝石透窗对炸药的起爆延滞期影响也有区别。由测试结果可知，蓝宝石透窗比K9玻璃透窗表现更加优异，同等激光能量范围内，蓝宝石透窗约束下的炸药起爆延滞期整体上均要短于K9玻璃约束下的延滞期。这是由于蓝宝石硬度为9，远大于K9玻璃的硬度5.5，硬度更大，在激光起爆炸药过程中就能更好地抑制烧蚀气体和压力的泄漏，保证炸药在更短的时间内起爆。如图12-41所示，在起爆过程中，K9玻璃经常被爆炸烧蚀物冲击形成小坑，有时候还会整体在爆炸压力下"破碎"，K9玻璃甚至被炸药直接炸穿。图12-41显示了蓝宝石透窗在起爆过程良好的硬度性能。

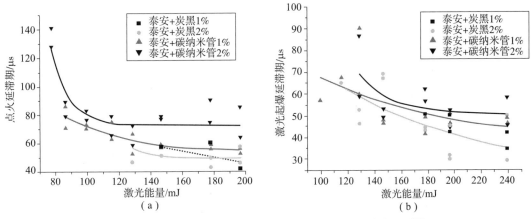

图 12-39　调 Q 激光作用下不同约束条件下的激光起爆延滞期

(a) K9 玻璃约束；(b) 蓝宝石约束

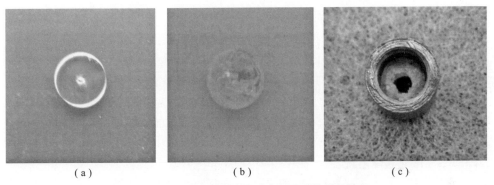

(a)　　　　　　　　　　(b)　　　　　　　　　　(c)

图 12-40　激光起爆过程中 K9 玻璃的损坏情况

(a) 冲击形成小坑；(b)"破碎"；(c) 炸穿

(a)　　　　　　　　　　(b)

图 12-41　激光起爆过程中蓝宝石透窗的损坏情况

(a) 表面沾有少许药粉；(b) 表面平滑完整

2. 激光脉冲模式对起爆延滞期的影响

自由振荡激光和调 Q 激光由于脉宽长度的显著差异，使得它们与炸药作用的过程有明显的不同。自由振荡激光脉宽长（106 μs），使得激光能量作用在炸药上的时间长，便于激光向炸药的热传导，一般属于热起爆，缺点是激光瞬时功率较低。调 Q 激光脉宽较窄（34 μs），辐照在炸药上的时间短，瞬时功率高，导致表面炸药瞬间发生烧蚀现象；烧蚀产生的高温高压气体不断膨胀，使炸药发生爆轰，起爆机理更倾向于冲击起爆。

表12-11为两种激光模式对起爆延滞期的影响。可以看出，在同等激光能量下，炸药在自由振荡激光作用下的起爆延滞期与在调Q激光作用下的延滞期相比，调Q激光模式在缩短延滞期方面没有明显的优势。

表12-11　同等激光能量下调Q激光与自由振荡激光起爆延滞期

炸药种类	约束物质	能量范围/mJ	调Q激光延滞期均值/μs	自由振荡激光延滞期均值/μs
泰安+碳纳米管1%	K9	180~200	70	67
泰安+碳纳米管2%			76	74
泰安+碳纳米管1%	蓝宝石	180~240	47	53
泰安+碳纳米管2%			52	67

3. 不同掺杂对起爆延滞期的影响

掺杂铌和碳纳米管等于将炸药中有利于对激光能量的吸收，增加了许多"热点"，促进了激光起爆的发火率。对炸药而言，掺杂物质的量也并非越多越好，而是存在一个最佳值。掺杂过多，反而会影响炸药本身的性能。掺杂物相对来说都是"惰性物质"，在激光作用下不会产生热量，所以掺杂物越多，含能材料本身的爆炸威力就会减小。因此，在理论上，含能材料中的掺杂物的质量百分比存在一个最优值。对于不同的含能材料类型、密度以及平均粒径，这个最优值是不同的。

12.3.2.4　激光起爆系统

激光起爆系统一般由3部分组成：激光器、光纤、激光雷管。前两部分与激光点火系统相同，不同的是激光起爆炸药的雷管结构与激光点火器相比要复杂。

使激光雷管实现爆轰输出的途径有3种：

（1）用激光点燃起爆药实现爆燃转爆轰，这种方式容易实现，但是起爆药的存在会使激光雷管的感度增加，从而削弱了激光起爆的优势。

（2）通过激光直接作用于猛炸药，通过加强约束实现爆燃转爆轰，尽管工艺比较复杂，但是由于不存在起爆药，保持了激光起爆的优越性，有利于生产和使用。

（3）使用激光飞片雷管。

首先介绍一种典型的激光起爆器（激光直接起爆猛炸药）。该起爆器采用玻璃透窗结构。起爆器的外形与一般电起爆器一样，而其内部结构却简单得多。它不需要金属桥丝、火花间隙或薄膜电桥，也不需要陶瓷或塑料塞之类的元件。它的结构就是在一个金属外壳中压装所需的猛炸药或烟火剂，上部密封一光学性能优良的能传播激光的玻璃（俗称"玻璃透窗"），图12-42为窗口式激光起爆器结构。

激光起爆器的作用过程分为点火和爆燃转爆

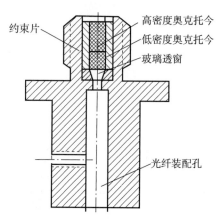

图12-42　窗口式激光起爆器结构

轰两个阶段。低密度奥克托今的前端由密封窗口约束，后端用约束片约束。接受激光能量后低密度的奥克托今在约束环境中燃烧，形成高温高压气体，直至约束片破裂。破裂的约束片将对高密度的奥克托今快速压缩，形成冲击波并实现爆燃转爆轰。

窗口材料的作用及选择原则与激光点火器相同。激光起爆器中的两部分装药除了密度不同以外，作为点火端的装药，通常掺入一定质量比的炭黑来提高激光感度。起爆器中另一个重要的元件是约束片。约束片的作用有两个：①对点火药（低密度奥克托今）约束，使之完全燃烧形成高温高压气体；②起到加速片的作用，一旦约束片被高温高压气体切断，该约束片快速进入输出装药（高密度奥克托今）中，压缩作用将形成冲击波，并使爆轰成长区缩短。因此，约束片必须具有强度高、质量轻的特点，既可保证在点火阶段提供足够的约束，又有利于形成高速飞片。根据爆轰理论，当药剂具有较大空隙度时，有利于热点形成，所以，输入端的装药应采用较低的密度。

激光驱动飞片起爆器作用原理如图 12-43 所示。当高能激光束辐照在玻璃透窗后面的金属膜时，激光将烧蚀金属膜的前表面部分并产生高温高压等离子体，等离子体膨胀驱使金属膜的剩余部分瞬间加速形成高速飞片（每秒几百至几千米），飞片撞击炸药柱并使炸药柱起爆。

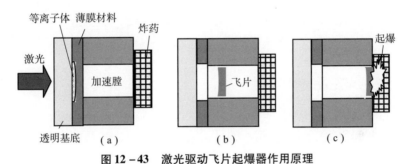

图 12-43　激光驱动飞片起爆器作用原理

(a) 等离子体产生阶段；(b) 驱动飞片加速阶段；(c) 飞片冲击起爆阶段

图 12-44 为激光飞片雷管结构。激光飞片雷管的引爆时间小于 1 μs。所以，激光飞片雷管可以缩短起爆时间，为点火提供更加精确的时间控制。另外，由于采用较钝感炸药作为引爆对象，激光飞片雷管的安全性能要优于一般的激光雷管。图 12-45 为南京理工大学研制的激光飞片雷管。

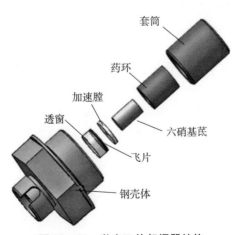

图 12-44　激光飞片起爆器结构

图 12-45　激光飞片雷管实物与零件分解尺寸对照图
（a）实物尺寸对照图；（b）零件分解尺寸对照图

12.3.3　激光火工品应用案例

从 20 世纪 80 年代开始，随着半导体激光器和光纤技术的发展，激光点火技术逐步进入实用阶段。20 世纪 90 年代，美国将激光点火技术列入重点发展技术，大力推进应用进程。Ensign – Bickford 航空公司从 20 世纪 80 年代后期开始激光火工品的研制工作，并生产出供火箭使用的激光点火系统。1991 年，该公司在 F – 16A 战斗机飞行员逃生系统中使用了激光点火系统。1992 年，美国印第安头领师（第二步兵师）海军面武器中心 Thomas J. Blachowski 等在飞行员逃逸系统使用了激光点火系统。同年，美国空军 Clarence F. Chenault 在小型洲际弹道导弹（ICBM）使用激光火工系统，完成助推发动机的点火、起爆、弹药地面弹射、推冲器加速、阀门打开、电池激活和级间分离等一系列功能。

2001 年，美国第二步兵师海军面武器中心 Thomas J. Blachowski 等报道了激光火工系统在弹射座椅项目用信号传输系统的应用，用于点燃逃逸系统的弹药筒及动作装置。

应美国国防部要求，从 2003 年开始，美国 PSEMC 公司为升级的萨德高空拦截导弹系统配备了激光火工系统，以防止意外带来的点火安全性问题，萨德系统各种激光火工品器件如图 12 – 46 所示。

法国航天局从事激光火工系统研究较早，于 2004 年通过了微小型卫星 Demeter 飞行试验验证，在欧洲首次将激光点火起爆技术应用到空间领域。ISI 激光起爆器搭载在 Demeter 卫星上，电源为 28~32 V 直流供电，提供给半导体激光器的瞬时电源功率仅为 32 W，相比较电爆发火则需要 140~200 W，降低了对电源功率要求，具有重量轻、成本低的优势。

2005 年，美国陆军研究实验室报道了阿帕奇直升机上 M230 加农炮激光火工系统的应用，该系统主要用于点燃传爆药和主装药，如图 12 – 47（b）所示。

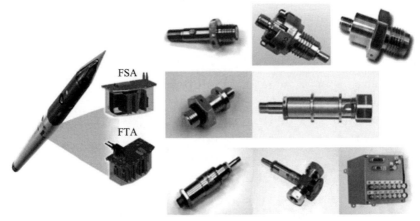

图 12 – 46　萨德系统激光火工品器件

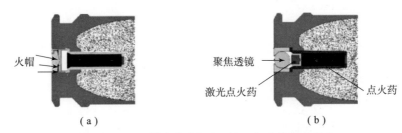

（a）　　　　　　　　　　　　（b）

图 12 – 47　阿帕奇直升机上 M230 加农炮激光底火

（a）传统底火；（b）激光底火

2010—2017 年，Campbell J. W、Michael Börner 等科学家对液体运载火箭发动机点火装置使用激光点火技术开展了研究，使用激光点火技术，代替了运载火箭发动机用的火药点火火工装置。针对液氧甲烷低温推力室的激光点火装置，科学家进行了大量测试，验证了激光点火系统对各种发动机点火结构的适用性、稳定性和可靠性，同时满足发动机二次启动要求。奥地利卡林西亚（Carinthian）研究中心在欧洲航天局的支持下，将激光点火技术装置应用在阿丽亚娜 VI 运载火箭上。

在各个武器系统和运载平台逐渐采用激光点火这一新技术的同时，为提高安全性和可靠性，激光点火系统设计的规范和标准制定工作也在逐步推进。1997 年，美国空军靶场安全部在发射飞行器、有效载荷和地面支持设备的设计和测试总要求中，详细论述了对飞行中止系统（FTS）中激光器、激光起爆弹药电路、光纤/光缆、电学和光学连接器以及激光起爆器的设计要求。1999 年，美国国防部颁布《空间飞行器用炸药系统和装置的规范》（MIL – HDBK – 83578），明确指出激光点火系统是传递激光能量密度输入给爆炸序列的首发元件，并提出应遵循的设计规范。2001 年，EBA&D 公司的 M. Barglowski 研究表明半导体激光点火系统的工作极限和可靠性。2005 年，美国航天航空局颁布《空间和发射飞行器中爆炸系统标准》（AIAA S – 113 – 2005），该标准给出了激光点火系统的一般设计要求、裕度设计要求、系统设计要求、组件设计要求和校验的一般要求，这是目前检索到的最详细、最全面的标准。

12.4　爆炸逻辑网络技术

爆炸网络是一种由爆炸元件构成、通过爆轰信号传递起爆指令的火工系统。这里的爆炸元件指的是能够传递和调制爆轰信号的装药载体或装药结构。根据装药载体的不同，爆炸网络可以分为刚性网络和柔性网络；根据功能不同，又可分为爆炸逻辑网络、同步起爆网络和异步起爆网络。常用的爆炸网络有爆炸逻辑网络和刚性同步爆炸网络，本节主要介绍爆炸逻辑网络。

在定向战斗部中，有许多按炸药装药外表面排列的雷管，以及提供目标与战斗部相对位置的近炸选择器，然后是起爆与爆炸方向相反的一列雷管，目的是使爆炸波指向目标。安全性要求定向战斗部中的每个雷管处于安全和解除保险状态。具有 24 个方位区域瞄准定向战斗部和一个全向战斗部引爆将需要 25 个雷管处于安全和解除保险状态。由于体积和成本的增大，使用这样多的雷管是不现实的。而用爆炸逻辑网络，其二进制定序输入信号，只需要 5 个雷管处于安全和解除保险状态即可。爆炸逻辑装置起一次性使用的电子或机械控制系统的作用，是由传爆序列（爆炸敷设）按一定顺序连接的爆炸开关（爆炸逻辑元件）组成的。爆炸逻辑元件是决定爆炸逻辑装置特点、工艺过程和性能特点的主要元件之一。

12.4.1　爆轰波拐角现象

组成爆炸网络的小尺寸通道装药存在拐角与弯曲通道，当爆轰波通过装药拐角时会产生拐角效应与延迟爆轰，通过小尺寸弯曲通道装药时会产生爆速亏损。

所谓的拐角现象是指爆轰波从小药柱向大药柱传爆时产生散心爆轰波，其传播方向偏离起爆方向的现象。爆轰波拐角过程中出现的波阵面滞后或局部区域不爆轰的现象称为拐角效应。

1969 年，Siliva 和 Rmay 提出利用拐角效应可以实现爆炸元件的逻辑化。有拐角的凝聚炸药装药爆轰时在拐角的顶点仍留有部分未充分爆轰的炸药，拐角过程中不爆轰区的存在条件及其爆轰状态，是发展爆炸逻辑元件的基础。

在拐角爆轰绕行时散布区的形状和大小，取决于与临界直径（临界厚度）有关的一切参数，取决于粒子的密度、大小、有无壳体；另外，还取决于装药中心的爆压，爆压有时也与装药尺寸（直径或厚度和宽度）有关。

对于装药尺寸明显大于临界值（大一倍），爆轰参数又接近理想参数的装药，散布区极限厚度的关系可用下式表示：

$$\Delta = Ka_{kp}$$

式中：Δ 为散布区的宽度；a_{kp} 为装药的临界厚度；K 为装药拐角试验测出的系数。

对密度为 1 000 kg/m³ 的泰安来说，系数 K 的值为：

当装药拐角为 60° 时，$K = 2.6$；当装药拐角为 90° 时，$K = 1.6$；当装药拐角为 120° 时，$K = 0.5$。

图 12 - 48 是由印痕所得出的不同拐角时散布区的试验轮廓线。通过分析可以得出，在 α 角变小时散布区宽度的增加会造成爆轰阵面拐弯提前，这是因为靠近拐弯处的炸药层厚度增加了，主要是能使稀疏波衰减的壳体所起的作用。

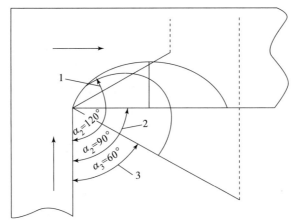

图 12 - 48　不同拐角时散布区轮廓线

1—拐角为 120°时散布区极限厚度；2—拐角为 90°时
散布区极限厚度；3—拐角为 60°时散布区极限厚度

12.4.2　爆炸逻辑元件和网络

爆炸逻辑零门是爆炸逻辑网络的基本元件，它是小尺寸装药爆轰波非直线传播特性的典型应用。现简单介绍一下爆炸逻辑零门和爆轰逻辑与门。

1. 爆炸逻辑零门

能够切断或破坏爆炸网络通道装药，从而关闭爆轰通道的爆炸逻辑元件称为爆炸逻辑零门。爆炸逻辑零门是最简单也最基本的爆炸逻辑元件，更为复杂的爆炸逻辑网络往往由两个或多个爆炸逻辑零门组成。爆炸逻辑零门是设计和研究复杂爆炸逻辑网络的基础和关键。

爆炸逻辑零门的装药通道一般是 T 形，其作用原理如图 12 - 49 所示。

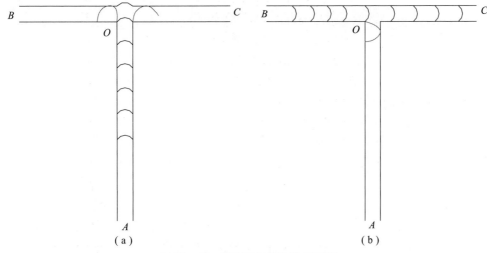

图 12 - 49　爆炸逻辑零门作用原理

（a）A 端引爆切断 BC 两端；（b）B、C 双向可传播

爆炸逻辑零门的原理是：自 A 端引爆的爆轰波传至 O 点时就将 BC 通道装药于 O 处切断，爆轰波不能绕过装药直角传播至 B、C 两端，从而关闭爆轰通道 BC，如图 12-49（a）所示；而爆轰波由 B 端传至 C 端，或由 C 端传至 B 端均能稳定可靠传播，但不能绕过装药直角而传播至 A，如图 12-49（b）所示。爆轰波在一定尺寸直线装药能够稳定传播的情况下，通过装药拐角时会出现熄爆现象，这就是爆炸逻辑零门的设计原理。

在设计爆炸逻辑零门时要根据药和基板材料的性质，选择适当的装药尺寸，使爆轰波能够经过 BC 通道稳定传播，而经过 AO 通道的爆轰波将 BC 通道装药于 O 处切断，并且不能通过装药拐角传播至 B、C 两端。

2. 爆轰逻辑与门

（1）同步与门。图 12-50 是同步与门的逻辑原理。两个输入爆轰必须同时到达输出端才能输出爆轰称为爆轰逻辑同步与门，其主要利用了爆轰波汇聚效应。图 12-50 中 O 为爆轰输出端，A、B 为两个爆轰输入端。

如果在 A、B 单独输入爆轰波，O 点没有输出；只有当 A、B 同时输入爆轰波，O 点才有爆轰波输出。

（2）异步与门。图 12-51 是异步与门的包逻辑原理图。两个爆轰输入端必须以一定的先后次序并间隔一定时间输入，输出端才能输出爆轰称为爆轰逻辑异步与门。图 12-51 中 A、B 为两个爆轰输入端，N_1、N_2 为爆炸逻辑零门，O_1、O_2 为输出端。

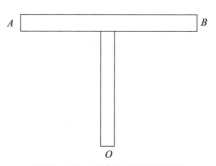

图 12-50　同步与门逻辑原理

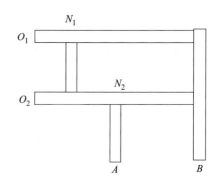

图 12-51　异步与门包逻辑原理

当仅有 A 输入，O_1、O_2 均无输出；仅有 B 输入，O_1 有输出，O_2 无输出；A、B 按一定时序输入，O_2 才有输出。值得注意的是，导爆索的连接也有可能因拐角效应而难以传爆。

3. 几种典型的爆炸逻辑网络

图 12-52 是几种常用的爆炸逻辑元件的结构。图 12-52（a）所示的爆炸逻辑元件，塑性炸药装在塑性（壳体）槽 2 内。在这种情况下，有缩小截面 $A-B$ 的基本装药和与其相连的带收缩 C 的装药组成爆炸开关。基本装药的缩小截面要选择能使爆轰一直从 A 点传到 B 点，也就是要求截面比较小，接近临界尺寸。在装药 C 起爆时爆轰作用于 F 点的缩小截面，使其未起爆就损坏。

图 12-52（b）采用了类似图 12-52（a）的线路，在这种情况下，缩小的装药截面应从拐角爆轰环绕的临界条件中选择，即截面应在装药拐弯时与非爆轰区的厚度相适应。因此，爆轰从 A 点传到 B 点，但传不到 C 点。在装药 C 起爆时，基本装药 AB 在 F 点受到损伤，因为爆轰在这点熄爆，不能从 A 点传向 B 点。

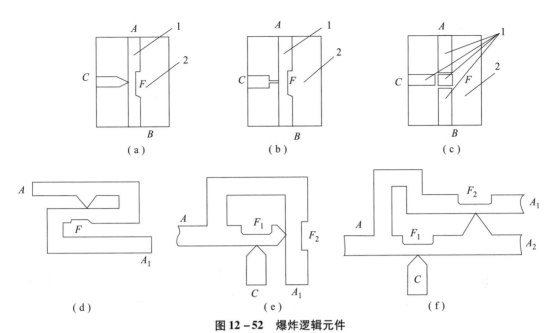

图 12 – 52　爆炸逻辑元件

（a）爆炸开关；（b）有条件爆炸开关；（c）基于隔板传爆逻辑元件；（d）无控二极管；
（e）可控二极管；（f）转换开关
1—炸药；2—壳体

图 12 – 52（c）的爆炸逻辑元件采用了隔板传递爆轰的原理。当装药 C 起爆时爆轰通过隔板传给装药 F，但不通过其他隔板引爆装药 A 和装药 C，因为装药 C 的爆轰方向同装药的起爆方向不一致，而冲击波的侧面部分作用于装药 A 和装药 C，这里的压力实际上低于冲击波阵面的压力。在装药 A 起爆的情况下爆轰传给装药 F，装药 F 爆轰并通过隔板冲击波引爆装药 B。该爆炸逻辑元件由壳体 2 及槽内装满的炸药 1 组成，压装药和铸装药都可用作炸药。

根据上述的爆炸逻辑元件可以制作无控二极管、可控二极管和转换开关等最简单的逻辑控制装置。

图 12 – 52（d）是无控二极管，爆轰只能从 A_1 点传向 A 点。当 A 点的装药起爆时爆轰通过狭窄区传向 F 点时该点装药受到损伤，爆轰在这点中断。

图 12 – 52（e）是可控二极管，能使 F_2 点的基本装药爆轰中断的药段额外设置一个带装药 C 的爆炸逻辑元件。如果装药 C 完好，该装置可像无控二极管一样工作，爆轰因在 F_2 点中断而不能由 A 点传向 A_1 点；如果装药 C 先起爆，F_1 点发生短路，此后爆轰就可以通过完好药段 F_2 从 A 点传向 A_1 点。

图 12 – 52（f）是一种转换开关，它与可控二极管的不同之处在于有两个输出端，而不是一个。如果装药 C 无损，则爆轰由 A 点传向 A_2 点，而传不到 A_1 点。如果装药 C 先爆，爆轰就传向 A_1 点，而不是传向 A_2 点。

12.5　直列式起爆技术

弹药引信历史上一直使用敏感的炸药元件，在解除保险之前引信的输出被机械地隔断。

这些引信中解除保险装置的控制是用机械方法完成的。固态电子器件的出现和迅速发展为引信安全设计带来了变化。近年来，炸药爆炸元件的发展为引信发展提供了一些新的选择，即爆炸序列的机械隔断不再是必需的了。

《WSESRB 非隔断式爆炸序列电子安全与解除保险装置技术手册》增加了一些 MIL - STD - 1316 中没有的引信和其他起爆系统的特殊设计安全准则，特别适用于直列式爆炸或起爆器序列的武器系统的保险与解除保险装置。

所谓序列是指从第一个爆炸元件（如火帽、雷管）开始到主装药（如弹药作用机构、猛炸药、烟火药）结束的传爆或传火序列（即传输机构）。序列中无机械隔断的称为直列式传爆（或传火）序列。用于非隔断式爆炸序列的电发火的起爆器应符合下列要求：①满足 MIL - I - 23659B 类起爆器所列的相应特性；②不能被低于 500 V 的电压不安全起爆或性能衰变；③当电子保险和解除保险装置暴露于闪电、特定的电磁辐射、静电放电、电磁脉冲和核辐射环境中时不应被起爆。

点火系统与起爆系统的组成基本相同，其中的换能元件均采用爆炸箔。惟一的区别是：起爆系统是用爆炸箔起爆炸药，而点火系统则是将炸药换成钝感点火药。下面着重介绍冲击片雷管。

12.5.1　冲击片雷管

冲击片雷管于 20 世纪 70 年代出现于美国，冲击片雷管是以爆炸桥丝雷管为基础衍生出来的一种新式雷管。冲击片雷管的结构如图 12 - 53 所示，主要由金属箔、飞片、加速膛及起爆炸药柱等组成，图 12 - 53 未标出装药部分。图 12 - 54 为冲击片雷管组成部分相互位置关系。

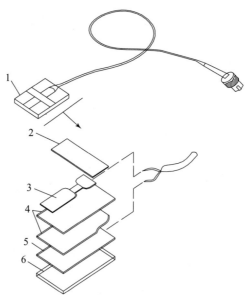

图 12 - 53　冲击片雷管示意图

1—冲击片雷管外形；2—飞片；3—金属箔；
4—绝缘片；5—导电片；6—底座

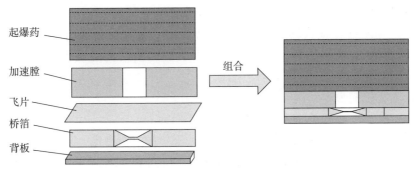

起爆药
加速膛
飞片
桥箔
背板
组合

图 12 - 54　冲击片雷管组成部分相互位置关系

冲击片雷管的起爆机理与爆炸桥丝雷管相近，即电容器供给大电流能源，使金属箔加热汽化，发生爆炸；所产生的等离子体流驱动紧贴箔桥的绝缘材料薄膜从加速膛的孔中冲出，成为飞片；飞片穿过加速膛，冲击在高密度炸药上。当飞片撞击炸药产生的入射能量大于炸药的冲击起爆临界能量时，炸药将会起爆。冲击片雷管不需要像爆炸桥丝雷管那样的低密度装药，同时金属爆炸箔与炸药是完全分开的，并且可以具有高的密度，因此，冲击片雷管可以比其他雷管做得小些。爆炸箔是用介质衬底的金属箔刻蚀出来的，金属箔的材料通常为铜或铝。飞片的材料采用聚酯或聚酰亚胺薄膜。加速膛一般采用绝缘材料或半导体材料，如玻璃纤维、陶瓷、乙酸丁酯纤维、有机玻璃、石英玻璃及蓝宝石等。采用蓝宝石作为加速膛材料时，能将加速膛制得很圆，使之均匀剪切飞片，有助于对准受主炸药柱，达到较好的起爆效果。冲击片雷管中高密度的炸药是以六硝基芪（HNS）为主要成分的一种塑料黏结炸药，是一种耐热炸药（熔点 313 ℃）。其配方为：六硝基芪与聚三氟氯乙烯之比为 95∶5（重量百分比）。此雷管总高在 5 mm 以下，除开关和底座外，其他部件只有 3.54 mm 高。

带有保险与解除保险装置的冲击片雷管的发火部分由爆炸箔、飞片和隔板组成，其结构如图 12 - 55 所示，在加速度膛上有一隔板和可滑动的保险装置。

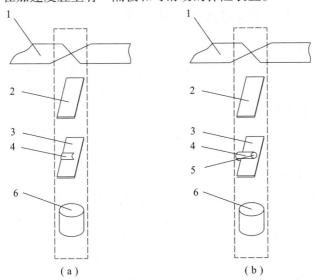

1
2
3
4
6
（a）

1
2
3
4
5
6
（b）

图 12 - 55　具有保险与解除保险功能的冲击片雷管的发火部分结构

（a）处于保险状态的保险装置，隔板关闭；（b）解除保险状态的保险装置，加速膛打开

1—爆炸箔；2—飞片；3—隔板；4—滑动装置；5—加速膛；6—炸药柱

这个可滑动的保险装置从保险状态滑动到解除保险状态，是由一个 MEMS 高能作动器控制完成的。MEMS 高能作动器的一个或多个闭锁装置使可滑动的保险装置处于关闭状态。当受到一个预定的刺激后，闭锁装置打开，释放滑动保险装置，解除雷管的保险。图 12 – 55（a）为保险状态的保险装置，隔板关闭；图中 12 – 55（b）为处于解除保险状态的保险装置，加速腔打开。

与其他类型的雷管相比，冲击片雷管具有以下特点：

（1）起爆阈值能量高（数千伏），具有固有的安全性，对静电、杂散电流、射频等意外干扰钝感，能适应战争中复杂的电磁环境；适用于构成直列式传爆序列，可简化引信的保险机构。

（2）不含起爆药和松装猛炸药，炸药的密度较高；发火元件桥箔与受主猛炸药被绝缘层和空气间隙完全隔开，适应于高的冲击过载和机械冲击环境。

（3）电爆炸箔起爆器耐高温、低温等自然环境，作用时间小于 1 μs，能满足各种战术应用要求，尤其适用于多点起爆系统，作用同步性的偏差为纳秒量级。

（4）电爆炸箔起爆器中关键部件即桥箔是印刷电路元件，可以大批量自动化生产，制造成本低。美国的爆炸箔起爆器现已商品化和通用化，完全自动化生产，不但尺寸大为减小，最低发火能量也从开始时的 3.2×10^4 J 降低到目前的 0.1 J。

还有一种结构与之类似的低压飞片雷管，其实际上是低压灼热桥丝、无起爆药、火花不敏感的改进型灼热式电雷管。该雷管的施主装药处在灼热桥丝和飞片之间。发火源为灼热桥丝，由灼热桥丝点燃烟火药炸药或炸药混合物（如泰安或奥克托今），再由燃烧的气体推动铝飞片，以起爆炸药。据报道，该雷管铝飞片厚为 1 mm，飞片腔直径为 2.5 mm，长为 6.4 mm。这类雷管对火花放电比较钝感（能经受 20 KV、600 PF、500 Ω 情况下的放电），在低发火能量（40 mJ）输入下作用可靠，装配工艺安全；缺点是最小尺寸要受飞片腔的限制。

12.5.2　影响冲击片雷管性能的主要因素

1. 桥箔材料、厚度

桥箔是冲击片雷管的核心元件，原则上任何能够形成薄膜的导电材料（金属、半导体）都可用作桥箔材料。由于铝和铜具有良好的电爆性能，且加工方便，所以，常用的桥箔材料为铝或铜。要求材料致密性好、无针孔、表面光亮、无微细裂纹等。

桥箔材料确定后，厚度是很关键的参数，太薄的金属箔不能提供足够的膨胀力将较厚的飞片驱动到所需的速度，通常厚度为 4 ~ 75 μm。

2. 飞片材料及厚度

飞片材料一般为绝缘材料。飞片形成过程中，力学特性特别是剪切特性起着主要作用。从能量角度来看，飞片材料与桥箔贴合得越紧，材料阻止桥箔放电的效率越高，桥箔爆炸后所形成的等离子体切割和推动飞片的能量利用率也就越高。

冲击片雷管的飞片材料可使用玻璃、陶瓷、聚酰亚胺、各种普通塑料（PC）以及绝缘介质与金属的夹层结构等。图 12 – 56 为电爆等离子体驱动聚酰亚胺飞片和 PC 飞片的飞行图像。由于聚酰亚胺弹性较好，飞片剪切过程类似于"鼓泡"；而 PC 飞片则沿着加速腔边缘被电爆等离子体剪切出来。由于聚酰亚胺飞片在"鼓泡"过程中越来越薄，在飞片撞击炸药时刻聚酰亚胺飞片的厚度是难以确定的；而 PC 飞片被剪切出来，状态相对确定。研究结果表明，聚酰亚胺的力学性能、耐热性能、绝缘性能、放电阻抗以及与桥箔的贴合性能等方面均符合作为飞片材料的条件，综合性能最好，是最常见的飞片材料。

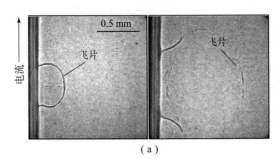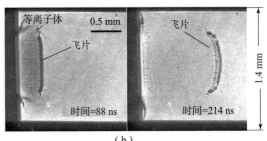

图 12 - 56 聚酰亚胺飞片和 PC 飞片的瞬态飞行图像

(a) 聚酰亚胺飞片；(b) PC 飞片

飞片厚度决定飞片与炸药的作用时间大小，飞片越厚，其作用时间越长；但飞片太厚时，又会导致飞片速度降低。另外，厚度不均匀时，将会影响起爆效果。因此，飞片的厚度及厚度的均匀性是两个重要的参数。由于飞片受桥箔爆炸的等离子体膨胀驱动，所以，飞片厚度与桥箔厚度有一定的匹配关系。通常飞片厚度为桥箔厚度的 5 ~ 10 倍。

3. 加速膛

加速膛也称"炮筒"，是爆炸箔起爆器的核心部件之一，其作用如下：①将 PC 薄膜剪切成与其内径近似相等的圆片；②为飞片加速提供空间；③限制稀疏波对等离子体压力的影响。要求加速膛内径圆、垂直度好、"刀口"锋利、硬度高。

在设计加速膛时，主要考虑材料、直径和长度等因素。

加速膛一般采用绝缘材料或半导体材料，如玻璃纤维、陶瓷、乙酸丁酯纤维、有机玻璃、石英玻璃及蓝宝石等。采用蓝宝石、不锈钢作加速膛材料时，能将加速膛制作得很圆，使之均匀剪切飞片，有助于对准受主炸药柱，达到较好的起爆效果。

加速膛的直径一般为桥箔宽度的 1.5 倍，一方面提高了能量利用率；另一方面，对加速膛在桥箔基片上的位置要求不很严格，便于装配定位。飞片的质量取决于加速膛的直径大小，因此，一般结合飞片厚度来考虑加速膛的直径。

加速膛的长度决定了飞片撞击目标以前运动的距离。加速膛过短，飞片在撞击炸药时可能达不到其极限速度。理想的加速膛长度，应保证飞片飞行至加速膛末端时速度恰好达到最大值。冲击片雷管加速膛最佳长度为桥箔厚度的 50 ~ 100 倍，这是一种经验做法。科学的做法是通过光子多普勒测速仪（Photonic Doppler Velocimeter，PDV）得到真实的飞片速度曲线，获得飞片速度 u_f 与时间 t 的关系。通过对飞片速度 $u_f(t)$ 积分，即可求出飞片飞行距离，从而确定最佳加速膛长度，即

$$h_b = \int_0^t u_f(t)\,\mathrm{d}t$$

4. 起爆炸药

冲击片雷管用起爆炸药应选择爆轰成长期短、满足传爆药安全性要求、冲击片起爆阈值能量较低的炸药，一般选用六硝基芪炸药。

12.5.3　冲击片雷管现状与发展趋势

冲击片雷管概念在1965年由美国劳伦斯利弗莫尔国家实验室（LLNL）的Stroud提出。经历半个多世纪的发展，冲击片雷管从制备工艺到发火性能上均有了很大改进。爆炸箔起爆器（EFI）的概念也逐渐被用来代替冲击片雷管。先后三代爆炸箔起爆器的发展历程如图12-57所示。

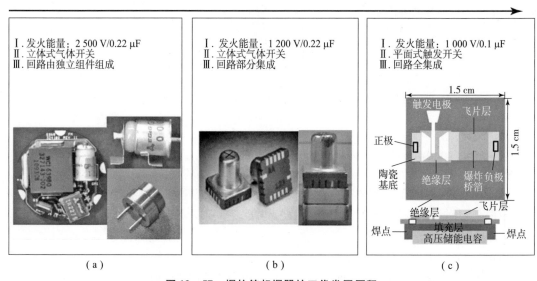

图12-57　爆炸箔起爆器的三代发展历程

（a）第一代：传统爆炸箔起爆器；（b）第二代：低能量爆炸箔起爆器；（c）第三代：微芯片爆炸箔起爆器

第一代传统爆炸箔起爆器由分立元件组成，回路电阻和电感大，导致发火能量高，为2 500 V/0.22 μF（687.5 mJ）。

为降低起爆器发火能量，提高发火感度，在传统爆炸箔起爆器基础上，将放电回路部分集成，制备出第二代低能量爆炸箔起爆器（LEEFI），在一定程度上提升了起爆器的发火感度，降低了发火能量，发火能量为1 200 V/0.22 μF（158.4 mJ）。

当前，国内外结合先进加工工艺，如微机电系统（MEMS）工艺和低温共烧陶瓷（LTCC）工艺，采用平面式高压开关集成爆炸箔起爆器，实现开关和爆炸箔起爆器芯片化，然后在芯片背部布设高压电容等，已能实现爆炸箔起爆器放电回路全集成，制备出第三代微芯片爆炸箔起爆器（MCEFI）。高压电容、高压开关、MCEFI及扁平传输电缆组成的电容放电单元（CDU）的全集成使得回路电阻和电感进一步减小，发火能量仅为1 000 V/0.1 μF（50 mJ），能量利用率大大提高。

随着技术升级、设计理念以及制造工艺的革新，利用微机电系统工艺和低温共烧陶瓷工艺将脉冲功率单元与MCEFI集成化的微芯片爆炸箔起爆系统（MCEFIs）成为研究热点，其系统结构原理如图12-58所示。目前MCEFIs的研究进展情况为：基于微机电系统工艺，国内外对于MCEFI及其平面高压开关的研究正朝着工程化方向迈进；基于低温共烧陶瓷工艺制备MCEFI极其平面高压开关正处于技术优化阶段。随着武器系统对于MCEFIs小型化、低能量化的迫切需求，在保证系统作用可靠性的前提下，提高MCEFIs集成度、降低

MCEFIs 发火能量将成为未来主要的研究趋势。

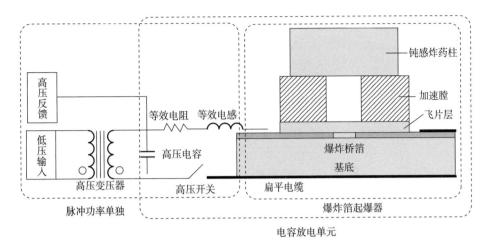

图 12－58　集成化 MCEFIs 的结构原理

12.6　微机电系统火工技术

12.6.1　基本概念

微机电系统（MEMS）火工技术采用微机电的设计思想和制造技术，将微点火桥、微型装药、微机械零部件和微电子线路等集成在一片基片上，形成具有功能可选择、信息可识别和内置安保机构的火工品或火工芯片。由于采用集成设计、冗余设计和微型精密制造技术等先进思想和技术，微机电系统火工品具有微型化、高安全性、高可靠性、多功能性和信息识别的特点。这种具有智能特点的 MEMS 火工品技术在未来不仅能够满足 MEMS 引信和微型武器对火工品微型化的要求，而且也将推动弹药和武器装备的变革。

12.6.2　分类与特点

国内外针对微机电系统火工技术的主流研究内容主要分为微机电系统微推冲阵列、微机电系统微传爆序列和微机电系统自毁芯片 3 大类，并已逐渐应用于弹道修正、微型弹药和微型卫星的姿态控制等领域。下面分别介绍微机电系统微推冲阵列、微机电系统微传爆序列和微机电系统自毁芯片的基本概念、作用方式及特点。

12.6.2.1　微机电系统微推冲阵列

微机电系统微推冲阵列，即在一个芯片上大规模集成微推进器单元并形成阵列以满足微推进系统的要求。如图 12－59 所示，其典型结构类似"三明治"，主要由点火桥层、微燃烧室层和喷口层 3 部分组成，在未工作时微燃烧室也作为推进剂的储存室。其工作原理是基于储存在燃烧室内固体推进剂的燃烧，对选定的微推进器单元供电，点火桥温度不断升高至推进剂的点火温度，引燃推进剂，高温、高压的燃烧产物冲破隔膜，经喷口产生推力。

根据喷口方向与微推冲阵列基片表面的相对位置关系，现有的微机电系统微推冲阵列主要有平板式结构和垂直式结构两种类型。

图 12 – 59 "三明治"式 MEMS 微推冲阵列

平板式结构（又称卧式结构）属于一种二维结构，是将推进器的整体部件横向集成在同一张芯片上，其喷口方向与基片表面法线方向垂直。其优势在于喷口形状可以按需求调整，可以精确控制隔膜层的厚度，无须考虑喷口层和药室层的键合、对准问题，减少了工艺步骤；而其应用受到集成规模的限制，集成时附加组件增加了空间需求和工艺复杂性，降低了系统的可靠性。

垂直式结构则是采用多层芯片堆栈式，分层加工再组装，其喷口方向与基片表面法线方向平行，可采用底部点火式和顶部点火式两种结构。图 12 – 60（a）为底部点火式结构，即点火层在最下层，通过底层点火桥作用点燃与其接触的点火药，接着引燃推进剂，在中空层提供的空腔内充分燃烧；当生成的气体产物积累到一定压力后会冲破中空层隔膜层，从喷口流出，并产生推力。图 12 – 60（b）为顶部点火式结构。此结构将点火桥层移到点火药层与喷口层之间，在点火桥层的背面刻蚀圆柱形背腔，留下一定厚度的硅膜作为点火桥的支撑；同时在点火初期达到密封效果，使点火药燃烧生成的热向推进剂方向形成热对流，以引燃推进剂，辅助燃烧室内压力的建立，使药剂燃烧完全，最后冲破硅膜，喷出气体做功。

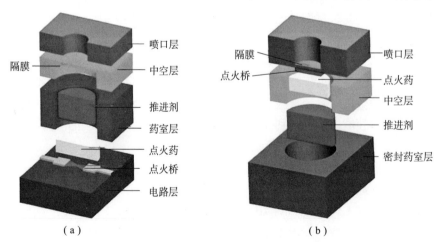

（a） （b）

图 12 – 60 MEMS 微推冲阵列的垂直式结构

（a）底部点火式结构；（b）顶部点火式结构

底部点火式结构简单，工程上较容易实现，但是，有可能造成药剂燃烧不完全的情况，如加上中空层和隔膜后，这一问题会有所改善。顶部点火式结构理论上能增大比冲，提高推进剂的利用率，在国内外的研究团队中备受青睐，但其结构复杂，加工难度大，尤其是硅膜的厚度（即背腔的刻蚀深度）较难控制，极容易造成硅膜偏薄使点火桥在后续工艺中破损的情况。

相比典型"三明治"结构，垂直式结构更能适应未来越来越高的集成度要求，且其在空间高度上没有限制，更方便做结构上的改进设计和试验，此结构为研究的主流结构。截至目前，国内外各机构所研制的 MEMS 微推冲阵列的技术性能对比如表 12-12 所示。

表 12-12　MEMS 微推冲阵列技术性能对比

研究单位	微推冲阵列结构	点火桥材料	阻值/Ω	点火电压/V	点火功率/W	推进剂	单元冲量/N·s
美国 TRW 公司	典型"三明治"结构	多晶硅	210	100	47.6	斯蒂酚酸铅	10^{-4}
美国 Honeywell 技术中心		电热丝	$2.1 \times 10^4 \sim$ 1.26×10^5	—	0.01	斯蒂酚酸铅	0.5×10^{-6} $\sim 20 \times 10^{-6}$
法国 LAAS 实验室	顶部点火式结构	多晶硅	7 000	40	0.228	GAP	7.3×10^{-3}
日本 Tohoku 大学		硼/钛	5~10	35	122.5	—	5×10^{-4}
韩国 KAIST	底部点火式结构	铂	5 000	45	0.405	斯蒂酚酸铅	3.81×10^{-4}
清华大学		铂	2 000	39	0.725	AP/HTPB/Al	$4 \times 10^{-6} \sim$ 13×10^{-6}
国防科技大学		铬	59	19.3	6.3	黑索金	$1 \times 10^{-5} \sim$ 3×10^{-5}
南京理工大学		铬	360	30	2.5	AP/NHN	—
		镍/铬	63.3	30	14.2	斯蒂酚酸铅	2.56×10^{-4}

12.6.2.2　MEMS 微传爆序列

MEMS 微传爆序列是将 MEMS 技术、微纳米含能材料、微尺度点火及爆轰技术等融为一体，实现点传火、起爆传爆、安全保险控制，可应用于未来智能小口径武器、多点多模战斗部发火控制系统、侵彻钻地弹发火控制系统、火工品安全系统安保机构等领域，具有信息化、智能化、灵巧化、低成本等特点。

典型的 MEMS 传爆序列结构最早由美国国防预研局（DAPRA）于 1997 年报道，主要应用于理想单兵作战武器（OICW）20 mm 空爆弹引信中，由微雷管和 MEMS 安全保险机构组成，其传爆序列设计原理如图 12-61 所示。

随着武器技术的发展，采用 MEMS 先进制造技术将武器系统中的安全保险机构芯片

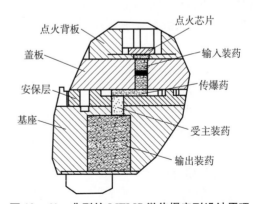

图 12-61　典型的 MEMS 微传爆序列设计原理

化和小型化，置于安全系统中，与微电子线路、微传感器以及微传爆序列相结合，形成小型化、智能化的 MEMS 安全保险装置成为主要发展方向。根据作用原理不同，可以将 MEMS

安全保险装置分为两大类：机械式 MEMS 安全与解除保险装置；机电式 MEMS 安全与解除保险装置。其中后者根据解除保险的微作动器的不同分为电磁式、电热式、记忆合金式等驱动方式。微作动器是指 MEMS 安全保险机构中使用的作动器，主要为安全保险机构安全锁的解锁装置提供推力或位移，是 MEMS 安全保险机构中重要组成部分，担负着安全保险机构内的能量转换、运动和力的传递以及对系统信息进行响应等功能，其技术发展动向由启动载荷、推动载荷、装置结构与尺寸、用途等反映出来。在 MEMS 安全保险机构中多使用微性含能作动器作为执行机构驱动装置。

如图 12-62 所示，含能作动器是指由火药燃烧或者炸药爆炸产生气体推动活塞、滑块或杠杆的动力源火工装置。微型含能作动器一般是由含能材料和若干运动机械零件组成的机构。执行机构的机械能来源于微作动器的含能材料，含能材料需要一定的外界刺激能够释放化学能量和产生大量气体产物，气体膨胀转换为执行机构的机械能。

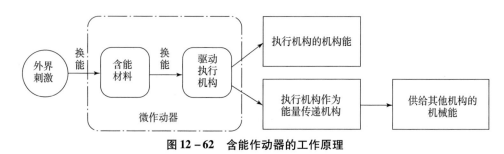

图 12-62　含能作动器的工作原理

MEMS 安全保险机构具有以下几个特点：①极大地促进引信的体积和质量的减小，从而大幅度增加战斗部装药，进而提高战斗部威力；②采用 IC 工艺加工，使得 MEMS 安全保险机构具有一致性，并提高了可靠性，易于排除手工装配中由于人为失误造成的不良影响；③具有明显优于传统安全保险机构的抗高冲击过载性能；④批量化生产的成本更低。

12.6.2.3　MEMS 自毁芯片技术

信息安全问题是国家重大安全问题。存储器、运算器、译码器、探测传感器等芯片中存储了一些重要数据和专用软件，对信息安全至关重要。为了确保信息的绝对安全，世界各国的科研人员均在研发一种能够让电子设备在战场上"消失"的自毁技术，从而避免技术落入敌手中进行再利用或者再研发，因此，研究自毁技术对防止己方高新技术泄露具有重要意义。

自毁是指可以使设备在预定义环境下自行销毁或者在远程信号下控制自行销毁的技术。目前，自毁芯片技术按原理主要分为物理自毁和化学自毁两种方式。物理自毁是通过加温熔化/升华、微爆轰等方式实现自毁，化学自毁主要通过使用化学物质与芯片材料发生化学反应而自毁。另外，也可以将物理与化学方法结合起来实现芯片自毁，例如物理方式引发化学腐蚀。

1. 国外研究现状

为了确保信息的绝对安全，美国国防部高级研究计划局（DARPA）提出了战场上不再需要或落入敌方的电子设备瞬时清除的概念（图 12-63），并且在 2014 年实施了消除程控源（VPR）计划，其目的是实现在可控触发方式下物理清除电子系统的能力，要求瞬时消除电子元器件在功能上与商业电子元器件兼容，同时具备编程、实时调整、可控触发等能力。作为 VPR 计划的组成部分，DARPA 资助了 Xerox PARC、IBM 和 BAE Systems Advanced Technologies 等公司研究芯片自毁技术。

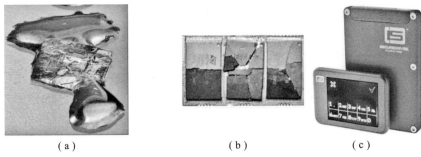

（a）　　　　　　　　　　　　　（b）　　　　　　　　　（c）

图 12 – 63　电子设备瞬时清除概念

（a）DARPA 的自毁芯片概念；（b）已实现自毁功能的数据存储芯片；（c）已实现自毁功能的数据存储器

2015 年，Xerox Parc 研究了沉积反应性金属薄膜的破碎玻璃衬底（SGS）技术（图 12 – 64）。在外界信号触发下，沉积在玻璃衬底上的含能金属薄膜（图 12 – 64 中箭头指向位置）发生爆炸，爆炸冲击导致玻璃衬底破碎，并且导致与 SGS 键合的 CMOS 芯片部分或全部破碎，整个自毁过程在 5 ~ 10 s 完成，其自毁过程如图 12 – 65 所示。Xerox Parc 的 SGS 技术已经应用于固态硬盘和 U 盘的自毁数据存储芯片验证，如图 12 – 66 所示。

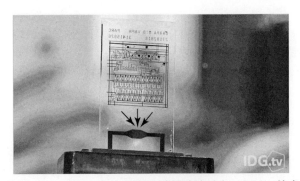

图 12 – 64　Xerox Parc 研制的破碎玻璃衬底（SGS）技术

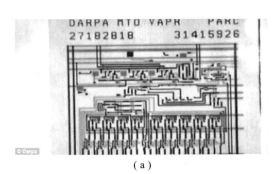
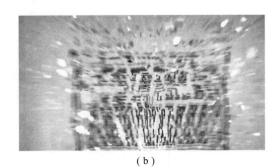

（a）　　　　　　　　　　　　　　　（b）

图 12 – 65　破碎玻璃衬底（SGS）的自毁过程

（a）自毁前；（b）自毁后

 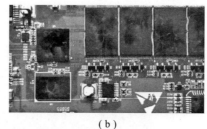 

（a）　　　　　　　　　　　　　（b）　　　　　　　　　　　（c）

图 12 - 66　采用 SGS 技术的自毁芯片、硬盘和 U 盘

（a）自毁存储芯片；（b）使用自毁存储芯片的固态硬盘；（c）使用自毁存储芯片的 U 盘

IBM 也在探索使用类似的破碎玻璃衬底对 CMOS 芯片进行自毁的应用研究，并且研究了针对 CMOS 装置自毁的各种增强型破碎玻璃衬底技术。

针对自毁芯片的触发方式，美国将激光触发的光电二极管作为自毁电路开关。美国空军技术研究所采用极微小的电阻加热器件作为自毁电路核心器件，美国国际数据集团通讯社表示在未来芯片中将使用机械开关或射频信号作为触发器。

2018 年，美国犹他大学的 Pandey 等研制出了含能薄膜爆炸自毁和酸腐蚀自毁两种自毁芯片方式，其原理如图 12 - 67 所示。含能薄膜爆炸自毁芯片采用自组装方法制备的氧化铜/铝热薄膜，通电后氧化铜/铝热薄膜发生爆炸将芯片损坏，芯片自毁前后形貌如图 12 - 68 所示。第二种自毁芯片方式是通过嵌入芯片顶部的微加热器作为触发层。当微加热器通电后温度升高，储层材料熔化后腐蚀溶液释放出来，继而使芯片表面金属层和/或半导体层发生化学反应导致芯片永久失效。二者相比，含能薄膜爆炸自毁芯片的作用时间（0.7~1.5 s）比酸腐蚀自毁芯片（3~13 s）短得多，即自毁效率高出很多。

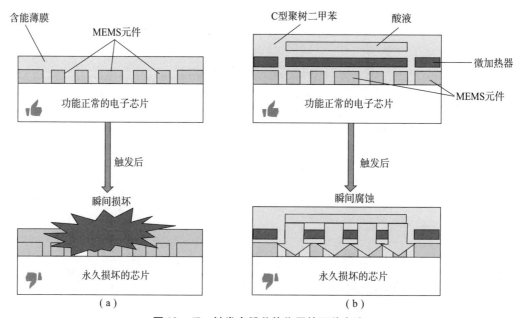

图 12 - 67　触发自毁芯片作用的两种方法

（a）通过氧化铜/铝热剂薄膜爆炸毁坏芯片；（b）通过腐蚀性酸的释放毁坏芯片

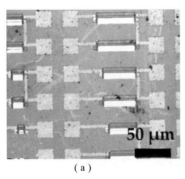

（a）　　　　　　　　　　　　　　　（b）

图 12 - 68　含能薄膜爆炸自毁芯片作用前后形貌

（a）点火前放大 10 倍；（b）点火后放大 10 倍，显示芯片表面的金属与沉积的金属薄膜均发生熔融过程

2. 国内研究现状

国内从事自毁芯片的研究工作比较少，但是相关的基础研究工作也在逐步开展，如与 CMOS 工艺兼容且有可能在自毁芯片上应用的纳米结构含能薄膜材料技术。

2014 年，国内提出了采用光电触发和高压放电自毁电路方式的自毁芯片原理，即采用普通 COMS 管设计了高压产生电路——电荷泵，当光电探测器探测到敌方拆卸芯片外封装时，光电触发和内部电路产生的高压烧毁芯片电路，从而防止信息外漏。该专利提出了一种基于 MEMS 金属桥换能元结构的集成电路芯片级自毁方法及结构，具有结构简单、成本低、工艺难度小、工艺兼容性好、不增加额外的自毁装置、自毁烈度可控、易于集成的特点。

国内系统地开展了可以用于自毁芯片的关键含能薄膜材料研究，如铝/氧化铜（Al/CuO）、铝/三氧化钼（Al/MoO$_3$）、铝/三氧化二铋（Al/Bi$_2$O$_3$）、硼/钛（B/Ti）、镍/铝（Ni/Al）、多孔硅、多孔铜等高能量含能材料，如图 12 - 69 所示，并且将这些含能材料与半导体桥、金属桥集成成为点火含能芯片、起爆含能芯片和微卫星推进阵列芯片等，用于军用装备的点火和起爆装置，提高点火和起爆能力。

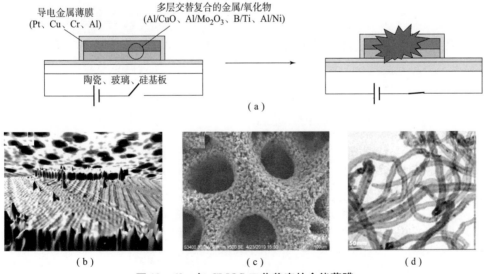

图 12 - 69　与 CMOS 工艺兼容的含能薄膜

（a）铝/氧化铜含能薄膜、镍/铝含能薄膜体系；（b）多孔硅含能薄膜体系；

（c）多孔铜含能薄膜体系；（d）碳纳米管含能体系

沈云研究了不同电压下的镍铬薄膜电爆性能，发现在低能量激励下（30 V，47 μF），铝—氧化铜薄膜的存在对镍—铬桥的电爆具有一定的阻滞作用，火焰持续时间和空间尺寸低于相同电压下的镍—铬桥；在高能量激励下（50 V，47 μF），铝—氧化铜—镍—铬桥的火焰面积及持续时间远远超过镍—铬桥，因为后期铝—氧化铜—镍—铬桥的电爆过程主要是含能薄膜发生的自蔓延燃烧反应，含能薄膜的化学反应又进一步促进了镍铬桥的电离。所以铝—氧化铜对桥膜的增强作用主要体现为含能薄膜的自蔓延燃烧反应性能。与普通的镍—铬薄膜桥相比，在较高电压下（50 V）含能复合薄膜桥产生的火焰面积、火焰高度以及火焰持续时间远高于镍—铬薄膜桥，同时其电爆产物中还伴有飞散的燃烧产物灼热粒子（图 12 – 70）。

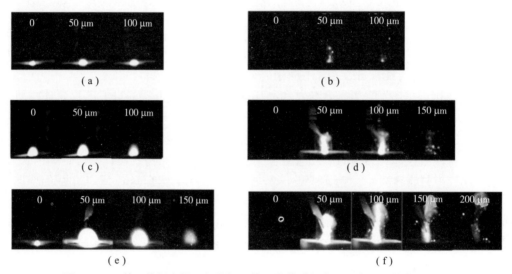

图 12 – 70　镍 – 铬桥和铝 – 氧化铜 – 镍 – 铬薄膜桥在不同电压下的电爆过程

（a）镍—铬：30 V；（b）镍—铬：40 V；（c）镍—铬：50 V；
（d）铝—氧化铜—镍—铬：30 V；（e）铝—氧化铜—镍—铬：40 V；（f）铝—氧化铜—镍—铬：50 V

随着信息化技术的飞速发展，电子设备储存信息已经非常普遍，研究自毁芯片技术对提升信息安全具有重要意义。自毁芯片未来的发展方向在于如何提高自毁效率、提升自毁模块与 MEMS 芯片的工艺兼容性以及做功稳定性等方面。

12.6.3　微机电系统火工品制造工艺

MEMS 火工品制造主要是将微机电的设计思想和制造方法引入到火工品的设计和制造中来，其核心是制造微含能芯片。典型的含能芯片是微结构换能元与微纳结构药剂集成的产物。

微结构换能元是 MEMS 火工品的能量转换器件，主要功能是将电能转化为可引起火工药剂燃烧、爆炸的热能、光能和飞片动能等。换能元的制作需要采用 MEMS 工艺，典型的"三明治"结构如下：

（1）点火桥层的制作过程：在硅片或其他基片上沉积具有镍/铬合金或在硅片上掺杂磷形成具有点火作用的桥，涉及的微加工工艺主要有光刻、掩膜、蚀刻、镀膜等。

（2）药室层的制作方法：采用约束电化学腐蚀或约束光化学腐蚀的细微加工方法，在石英玻璃片等基片上制造有一定深度和容腔的推进剂药室。

（3）喷孔口层的加工方法：在硅或碳化硅基片上通过掩膜和离子腐刻或化学腐刻的方法制造具有密封结构的喷口。

微纳结构药剂是采用模版技术、光刻掩膜技术、物理气相沉积、化学气相沉积、电化学沉积、磁控溅射等技术集成在 MEMS 芯片上的含能材料，主要包含点火药、推进剂、纳米结构含能材料、亚稳态分子间复合物、多孔复合材料等。由于受到芯片药室微米到毫米级尺度的限定，常规的装药方法已经不能满足要求，必须采用真空注装、激光写入、快速成型和沉积等方法。另外，还出现了很多新型微纳结构装药技术：在微结构换能元芯片对应位置直接生成点火（起爆）装药的原位装药技术；在含能材料中适当地加入溶剂、黏结剂、添加剂配成含能油墨，采用微控制成型技术在 MEMS 组件上进行直写得到所需形状和对应功能的药剂的含能油墨直写技术；使用三维打印技术直接获得所需尺度和功能的药剂的含能材料三维打印技术等。

12.6.4　存在问题与发展方向

将 MEMS 技术应用于火工系统，会极大地降低目前火工装置和系统的尺寸及能源需求，从根本上改变原有的设计观念，满足系统化、集成化的设计理念。现阶段 MEMS 火工品技术的发展存在以下问题：

（1）研究内容涉及微尺度下含能材料的响应特性和能量传递问题，因此在探索过程中出现大量新现象、新问题。传统的理论与设计思想已不能完全解释这些问题，需要多交叉学科在研究过程中协同作用，并不断注入新思想、新设计理念和新方法。

（2）适配与微尺度下的 MEMS 加工制造工艺技术还有进一步提升的空间。

（3）在实现 MEMS 火工系统小型化的过程中需要匹配必要的安全性和可靠性。

在解决好现阶段存在问题的基础上，高速发展的科学技术以及未来潜在战争形式对 MEMS 火工品技术的未来发展也提出了新要求：

（1）逐步推进微尺度点传火、起爆传爆和安全保险机构的一体化、集成化，提高 MEMS 火工品的安全性与可靠性。

（2）传统的单点单模起爆（点火）方式已经很难适应未来复杂多样的战争环境，需在进一步装置小型化的基础上进行多种起爆（点火）方式的耦合协同设计，实现可完成多点多模起爆（点火）任务的多功能化 MEMS 火工系统。

（3）引入新技术以实现 MEMS 火工系统的灵巧化与智能化，如能够对爆炸信号进行识别等。

思　考　题

1. 半导体桥火工品与冲击片火工品各有什么特点？各自的发火机理是什么？有何应用前景？

2. 半导体桥火工品在连续电磁波和脉冲电磁波环境下各有哪些有效防护技术途径？针对这两种电磁环境，给出一种集成防护方法。

3. 激光火工品的特点是什么？影响药剂激光感度的因素有哪些？激光点火技术与激光起爆技术的区别有哪些？

4. 爆炸网络的特点是什么？爆炸逻辑网络的技术原理是什么？

5. 试述冲击片雷管的发展的 3 个阶段。

6. MEMS 火工品的概念是什么？请举例说明 MEMS 火工品的具体应用类型。

参 考 文 献

［1］戴实之. 火工技术［M］. 北京：兵器工业部教材编审室，1987.

［2］钟少昇. 中国古代火药火器史研究［M］. 北京：国防工业出版社，1995.

［3］蔡瑞娇. 火工品设计原理［M］. 北京：北京理工大学出版社，1999.

［4］国防科学技术工业委员会科学技术部. 中国军事百科全书（火炸药、弹药分册）［M］.
北京：军事科学出版社，1991.

［5］松金才，杨崇惠，金韶华. 炸药理论［M］. 北京：兵器工业出版社，1997.

［6］劳允亮. 起爆药化学与工艺学［M］. 北京：北京理工大学出版社，1997.

［7］王凯民，温玉全. 军用火工品设计技术［M］. 北京：国防工业出版社，2006.

［8］GJB347A－2005K. 火工品分类及命名原则［S］. 2005.

［9］冯国田，刘伟钦. 火工品综合技术手册［M］. 北京：北京理工大学出版社，2004.

［10］Spear R，Elischer P. Studies of stab initiation. Sensitization of lead azide by energetic sensitizers
［J］. Australian Journal of Chemistry，1982，35（1）：1－13.

［11］黄寅生. 炸药理论［M］. 北京：北京理工大学出版社，2016.

［12］刘伟钦. 火工品制造［M］. 北京：国防工业出版社，1981.

［13］李国新，程国元，焦清介. 火工品实验与测试技术［M］. 北京：北京理工大学出版
社，2007.

［14］GBJB5309.8－2004《火工品试验方法 针刺感度试验》［S］. 2004.

［15］WJ2241－1994《针刺感度试验用击针规范》［S］. 1994.

［16］WJ232－1964《针刺火帽试验：电落锤仪》［S］. 1964.

［17］WJ2168－1993《火帽、雷管锤击试验方法》［S］. 1993.

［18］WJ231－1977《运输安全性试验：震动试验机》［S］. 1977.

［19］Maclain J M. Pyrotechnics from the View Point of Solid state Chemistry［M］. Penna：The
Franklin Institute Press，1980.

［20］张学舜，沈瑞琪. 火工品动态着靶模拟仿真技术研究［J］. 火工品，2003（4）：1－
4.

［21］张学舜，沈瑞琪，等. 雷管抗过载能力的安全性试验评价［J］. 火工品. 2004（2）：
4－7.

［22］张学舜. 火工品动态着靶模拟仿真技术研究［D］. 南京：南京理工大学，2004.

［23］王娜. 冲击波加载过程中火工品的受力分析［D］. 南京：南京理工大学，2004.

［24］王娜，沈瑞琪，叶迎华. 霍普金森杆测量火工品过载情况的研究与数值模拟［J］. 火工品，2004（1）：42 - 47.

［25］吴艳霞. 高加速度过载对硼系延期药延期性能的影响［D］. 南京：南京理工大学，2005.

［26］邓强. 波形整形器在火工品高过载实验中的应用［D］. 南京：南京理工大学，2005.

［27］蔡吉生. 高过载加速度下延期装置的加固技术［D］. 南京：南京理工大学，2006.

［28］成一. 火工药剂［D］. 南京：南京理工大学，2004.

［29］Scoot C L. The Propagation of Reaction Across a Lead Azide - PETN Interface. 6th Symp［M］. On Explosives and Pyrotechnics，1969.

［30］郭三学. 燃烧、爆炸及特种效应测试技术［M］. 西安：西安电子科技大学出版社，2014.

［31］叶迎华. 凹坑法测雷管的输出性能［J］. 火工品. 1998（1）：18 - 21.

［32］戴实之. 用锰铜压阻技术研究雷管的动态输出特性［J］. 爆破器材. 1987，16（2）：1 - 4.

［33］刘举鹏. 快速电雷管输出压力场的锰铜法测试［J］. 火工品，1988（4）：6 - 9.

［34］陈西武. 雷管起爆能力的非动态测量法［J］. 爆破器材，1998，27（2）：21 - 23.

［35］陈西武. 雷管起爆能力的动态测量法［J］. 爆破器材，1998，27（5）：24 - 26.

［36］GJB736. 11 - 1990《电火工品静电感度试验》［S］. 1990.

［37］赵文虎. 某导弹用电点火具防静电技术研究［J］. 火工品，2001（3）：24.

［38］胡亚平. 小尺寸电起爆器防静电设计方法［J］. 火工品，1996（4）：27.

［39］北京工业学院八四教研室. 火工品［M］. 北京：北京工业学院，1979.

［40］刘自锄，蒋荣光. 工业火工品［M］. 北京：兵器工业出版社，2003.

［41］兵器工业科学技术词典编辑委员会. 火工品与烟火技术［M］. 北京：国防工业出版社，1998.

［42］BicksRW. Smart Semiconductor Bridge Ignitier for Explosives［M］. 3rd Canadian Symposium on Mining Automation，1988.

［43］Bicks R W. An Overview of SCB Applications at Sandia National Laboratoies［M］. DE95011877，1995.

［44］刘举鹏，褚恩义，张同来. 火工品电磁环境作用机理研究［M］. 北京：兵器工业出版社，2014.

［45］谢彦召，王赞基，王群书，等. 高空核爆电磁脉冲波形保准及特征分析［J］. 强激光与粒子束，2003，15（6）：781 - 787.

［46］MIL - STD - 331B F2 试验高空电磁脉冲（HEMP）试验［M］∥美英火工品及相关专业资料译文集，1998（9）：219 - 233.

［47］陈飞. SCB 火工品静电、射频损伤机理及其加固技术的研究［D］. 南京：南京理工大学，2012.

［48］BaginskiT A. Radio electro - explosive devices having frequency and electrostatic discharge insensitivenon - linear resistances［P］. US，5905226，1997 - 11 - 13.

［49］张君德，铁氧体磁珠用于 SCB 防射频技术的研究［D］. 南京：南京理工大学，2011.

［50］ 任钢，半导体桥火工品电磁兼容技术研究［D］. 南京：南京理工大学，2012.

［51］ 封青梅，呼新义，邢显国. 电火工品抗电磁干扰测试方法的研究［［J］. 火工品，2001（3）：19－23.

［52］ 王为民，赵鸣，张慧君，等. NTC 热敏电阻材料组成及制备工艺研究进展［J］. 材料科学与工程学报，2005，4（2）：286－289.

［53］ 杜伟强. SCB 火工品电磁防护集成研究［D］. 南京：南京理工大学，2018.

［54］ 李勇，周彬，秦志春，等. 火工品用复合半导体桥技术的研究与发展［J］. 含能材料，2013，21（3）：387－393.

［55］ Fahey W D. An improved ignition device the reaction semiconduc－tor bridge［R］. AIAA，2001：2001－3484.

［56］ Martinez－Tovar B，Montoya J A. Semiconductor bridge device and method of making the same：USP6133146［P］，2000.

［57］ Roland M F，Winfried B，Ulrich K. Bridge igniter［P］. US：USP6810815B2，2004.

［58］ Zhu P，Shen R，Ye Y，et al. Characterization of Al/CuO nanoenergetic multilayer films integrated with semiconductor bridge for initiator applications［J］. Journal of Applied Physics，2013，113（18）：184505.

［59］ Zhu P，Jiao J S，Shen R Q，et al. Energetic semiconductor bridge device incorporating Al/MoOx multilayer nanofilms and negative temperature coefficient thermistor chip［J］. Journal of Applied Physics，2014，115（19）：194502.

［60］ 郑国强. 纳米核/壳结构 Co_3O_4/Al 薄膜的制备及其在半导体桥上的应用［D］. 南京：南京理工大学，2016.

［61］ 李东乐. 反应性半导体桥含能复合薄膜的制备及其特性研究［D］. 南京：南京理工大学，2014.

［62］ Liu Z，Hu B，Li D，et al. Preparation and characterization of Co_3O_4/Al core－shell nanoenergetic materials and their application in energetic semiconductor bridges［J］. The European Physical Journal Applied Physics，2015，72（3）：30401.

［63］ Bernhard W，Mueller L，Kmz U. Bridge－type igniter ignition element［P］. US：USP6986307B2，2006.

［64］ Baginski T A，Parker T S，Fahey W D. Electro－explosive device with laminate bridge：US 2005/0115435 A1［P］. 2005.

［65］ Fischer S H，Grubelich M C. Theoretical energy release of thermites，intermetallics，and combustible metals［R］. Sandia National Labs.，Albuquerque，NM（US），1998.

［66］ Bowden F P，Yoffe A D. Fast reaction in solids. London Butterworths Scientific Publications，1958.

［67］ 胡艳，沈瑞琪，叶迎华. 激光点火技术发展［J］. 含能材料，2000，8（3），141－143.

［68］ 孙同举. 激光与火工药剂互作用特性及机理的实验研究［D］. 南京：南京理工大学，1995.

［69］ 舒浪平. 激光与含能材料相互作用机理和特性研究［D］. 南京：南京理工大学，

2004.

[70] 沈美. 激光与含能材料相互作用机理研究 [D]. 南京：南京理工大学，2004.

[71] 叶迎华. 火炮的激光多点点火技术研究 [D]. 南京：南京理工大学，2001.

[72] 曙光机械厂. 国外激光引爆炸药问题研究概况.（内部）[M]. 1980.

[73] 沈瑞琪，叶迎华，戴实之. 激光对固体推进剂点火形成的二次燃烧现象 [J]. 应用激光，1995（5）：207 - 208.

[74] 孙同举，沈瑞琪，等. 激光点燃烟火药过程中的二次发火现象 [J]. 兵工学报（火化工分册），1996，13（6）：12 - 14.

[75] 王子庚. 激光点火过程中介质效应研究 [D]. 南京：南京理工大学，2007.

[76] 孙同举，周鸣飞，沈瑞琪，等. B/KNO3 点火药剂在激光作用下的飞行时间质谱研究 [J]. 应用激光，1995，15（4）：160 - 162.

[77] Bourne. On the laser ignition and initiation of explosives [J]. Proc. R. Soc. Lond. A，2001（457）：1401 - 1426.

[78] 徐姣. 炸药的激光起爆特性及规律实验研究 [D]. 南京：南京理工大学，2014.

[79] 陈健. 等离子体与含能材料相互作用的理论与实验研究 [D]. 南京理工大学，2002：9 - 10.

[80] H. Östmark and R. Gräns. Laser ignition of explosives：Effects of gas pressure on the threshold ignition energy [J]. Journal of Energetic Materials，1990（8）：308 - 322.

[81] H. Östmark，M. Carlson，and K. Ekvall. Laser ignition of explosives：effects of laser wavelength on the threshold ignition energy [J]. Journal of Energetic Materials，1994（12）：63 - 83.

[82] 严楠，张慧卿，华光，等. 压药压力及密封性对 B/KNO3 激光点火特性的影响 [J]. 应用激光，2001，21（6）：389 - 391.

[83] R. G. Jungst，F. J. Salas，R. D. Watkins，and L. Kovacic. Development of Diode Laser - Ignited Pyrotechnic and Explosive Components [D] . 15th International Pyrotechnics Seminar. 1990. Boulder，CO：549 - 568.

[84] D. W. Ewick. Feasibility of laser ignited HMX DDT devices for the U. S Navy LITES program [P]. DE91015210.

[85] Thomas J. Blachowski，Advanced Development of the Laser Initiated Transfer Energy Subsystem（LITES）[J]. Proceedings of the 18th International Pyrotechnic Seminar.，1992.

[86] Clarence F. Chenault，Jack E. McCrae Jr.，Robert R. Bryson and Lien C. Yang，The Small ICBM Ordnance Firing System [C]. AIAA 92 - 1328.

[87] Thomas J. Blachowski，Peter P. Ostrowski. Update on the Development of a Laser/Fiber Optic Signal Transmission System for the Advanced Technology Ejection Seat（ATES）[C]. AIAA 2001 - 3635.

[88] Thaad Theatre High Altitude Area Defense—Missile System. www army - technology. com.

[89] USGA Office. Missile Defense：Actions Needed to Improve Transparency and Accountability [R]，03，2011.

[90] Campbell J W，Edwards D L，Campbell J J. Aerospace laser ignition/ablation variable high

precision thruster [J]. 2015.

[91] Thomas J. Blachowski, Advanced Development of the Laser Initiated Transfer Energy Subsystem (LITES) [J]. Proceedings of the 18th International Pyrotechnic Seminar. , 1992.

[92] John M. Hirlinger, Gregory C. Burke, Richard A. Beyer ets. A laser ignition system for the M230 cannon [J]. Proc. of Spie, 2005, 5871: 587101 – 1 – 587101 – 7.

[93] Richard A. Beyer. Laser ignition for artillery cannon [J]. Proc. Of SPIE, 2005, 5871: 58710A – 1 – 58710A – 7.

[94] Campbell J W, Edwards D L, Campbell J J. Aerospace laser ignition/ablation variable high precision thruster [J]. 2015.

[95] Gerhard Kroupa, Michael Börner. A miniaturized high energy laser for ignition of rocket engines [C]. International Conference on Space Optics, ICSO 2018 Project: Laser ignition for liquid propulsion rocket engines.

[96] Manfletti C, Michael Börner. Future Space Transportation, Propulsion Systems and Laser Ignition [C]. Laser Ignition Conference. 2017.

[97] J, Tauer, H, et al. Laser – initiated ignition [J]. Laser & Photonics Reviews, 2010, 4 (1): 99 – 122.

[98] Kroupa G, Brner M. A miniaturized high energy laser for ignition of rocket engines [C]. International Conference on Space Optics – ICSO 2018. 2019.

[99] Austrian researchers to adapt laser ignition for rockets. https: //optics. org/news/6/11/12.

[100] Chapter 3: Launch Vehicle, Payload and Ground Support Equipment Documentation, Design, and Test Requirements [Z]. Florida: Range Safety Office Patrice Air Force Base, 1997.

[101] Chapter 4: Airborne Range Safety System Documentation, Design, and Test Requirements [Z]. Florida: Range Safety Office Patrice Air Force Base, 1997.

[102] MIL – HDBK – 83578. Criteria for Explosive Systems and Devices used on Space Vehicles [S]. USA, 1999.

[103] M. Barglowski. Laser Initiated Ordnance Systems Advancements in System Performance and Reliability [J]. AIAA 2001 – 3634.

[104] AIAA S – 113 – 2005. Criteria for Explosive Systems and Devices on Space and Launch Vehicles [S]. USA, 2005.

[105] 冯长根. 小尺寸微通道爆轰学 [M]. 北京. 化学工业出版社, 1999.

[106] Sanchez N J, Jensen B J, Neal W E. Dynamic exploding foil initiator imaging at the advanced photon source [C]. Shock Compression of Condensed Matter, St. Louis, Maryland, United States, 2017.

[107] O'Brien D W, Druce R L, Johnson G W, et al. Method and system for making integrated solid – state fire – sets and detonators: US, WO/1998/037377 [P]. 1998.

[108] George Hennings, Dieter Teschke, Richard Reynolds. Energetic material initiation device utilizing exploding foil initiated ignition system with secondary explosive material [P]. US 2004/0107856A1. 2004.

［109］ Baginski T A，Dean R N，Wild E J. Micromachined planar triggered spark gap switch ［J］. IEEE Transactions on Components，Packaging and Manufacturing Technology，2011，1 （9）：1480 – 1485.

［110］ 杨智，朱朋，徐聪，等. 微芯片爆炸箔起爆器及其平面高压开关研究进展 ［J］. 含能材料，2019，27 （2）：167 – 176.

［111］ Richard Clutterbuck. Precision Guided Bomb （PGB） Fuze ［C］//USA：48th Annual Fuze Conference. 2004.

［112］ Max Perrin. European LEEFI Based Fireset and ESAD. 59th NDIA Fuze Conference "Fuzing Systems for Advanced Weapon Performance" CHARLESTON，SC，May 3 – 5，2016.

［113］ Ken O'Neill. High Reliability FPGAs in Fuze and Fuze Safety Applications ［C］//USA：59th Annual Fuze Conference. 2016.

［114］ Oliver Barham. Technology Trends in Fuze and Munitions Power Sources ［C］//USA：Armament Research，Development and Engineering Center （ARDEC），2010.

［115］ Coaker B M，Seddon R J，Bower J S，et al. Miniature triggered vacuum switches for precise initiation of insensitive loads in demanding environments ［C］//Plasma Science （ICOPS），2012 Abstracts IEEE International Conference on. IEEE，2012：1P – 108 – 1P – 108.

［116］ Thomas Harward，Tim Bonbrake. Enhanced Weapon Arming Safety By Controlled Accumulation of Arming Energy ［C］//USA：55th Annual Fuze Conference，2011.

［117］ Milton E. Hedderson. U. S. Army Aviation and Missile Research，Development，and Engineering Center Fuze Efforts ［C］//USA：56th Annual Fuze Conference，2012.

［118］ Ken O'Neill. High Reliability FPGAs in Fuze and Fuze Safety Applications ［C］//USA：59th Annual Fuze Conference，2016.

［119］ Max Perrin. Fuzing Systems for Advanced Weapon Performance ［C］//USA：59th Annual Fuze Conference，2016.

［120］ Michael Deeds. Navy S&T Strategy ［C］//USA：60th Annual Fuze Conference，2017.

［121］ R. Scott. McEntire. Fuzing & Firing Systems at Sandia National Laboratories ［C］//USA：53th Annual Fuze Conference，2009.

［122］ Mark Etheridge. Guidelines for Implementing a Low Voltage Command Arm Distributed Fuzing System ［C］//USA：62th Annual Fuze Conference，2019.

［123］ Jason Koonts. Naval surface warfare center dahlgren division ［J］. 62nd NDIA FUZE CONFERENCE，2019.

［124］ 张彦梅，李世义，王翠珍，等. 引信电子安全系统可靠性建模 ［J］. 兵工学报，1998，19 （4）：4.

［125］ 何光林，李杰. 基于三环境信号的引信电子安全系统安全性分析 ［J］. 兵工学报，2002，23 （2）：5.

［126］ 韩克华，任西，秦国圣，等. 引信电子安全起爆系统抗电磁干扰加固方法 ［J］. 探测与控制学报，2010，32 （5）：83 – 88.

［127］ 王兵，阮朝阳. 引信电子安全系统片上可编程测试仪通用性技术 ［J］. 探测与控制学

报，2013，35（3）：5.

［128］李甲连，刘永利，党瑞荣. 引信全电子安全系统高压变换器的研究与设计［J］. 现代引信，1996（1）：23－28.

［129］李维，蒋小华，蒋道建. 微机电灵巧起爆器研究［J］. 四川兵工学报，2011，32（4）：50－52.

［130］Robinson C H. Miniature，planar，inertially－damped，inertially－actuated delay slider actuator：U. S. Patent 5，705，767［P］. 1998－1－6.

［131］曾文光. 新型复合结构电热微驱动器［D］. 上海：上海交通大学，2008.

［132］Shashank S. Pandey，Niladri Banerjee，Yan Xie，and Carlos H. Mastrangelo. Self－Destructing Secured Microchips by On－Chip Triggered Energetic and Corrosive Attacks for Transient Electronics. Advanced Materials Technologies，2018：1800044.

［133］赵越，娄文忠，宋荣昌. 一种基于微系统集成技术的 MEMS－CMOS SAF 一体化芯片［P］. 2014.

［134］沈云. 微点火序列能量转换及传递机理研究［D］. 南京：南京理工大学，2022.

［135］褚恩义，张方，张蕊等. 第四代火工品部分概念初步探讨［J］. 火工品，2018，000（001）：1－5.

［136］叶迎华，沈瑞琪，肖贵林，等. 微化学推力器推力测试技术研究［J］. 火工品，2006（1）：25－28.

［137］王建. 化学芯片的喷墨快速成型技术研究［D］. 南京：南京理工大学，2006.

［138］Chopin H. Low－cost MEMS initiator［C］. NDIA 54th Annual Fuze Conference，2010.

［139］Robert C，David C. MEMS detonator：US，20130008344［P］. 2013.

［140］汝承博，张晓婷，叶迎华等. 用于喷墨打印微装药方法的纳米铝热剂含能油墨研究［J］. 火工品，2013（4）：33－36.

［141］宋长坤，安崇伟，叶宝云，等. 含能油墨微流动直写沉积三维数值模拟［J］. 火工品，2017（4）：34－38.

［142］胡孔明. 数码电子雷管的力学冲击测试与分析［D］. 南京：南京理工大学，2020.